이지스에듀

지은이 | 징검다리 교육연구소, 최순미

징검다리 교육연구소는 적은 시간을 투입해도 오래 기억에 남는 학습의 과학을 생각하는 이지스에듀의 공부 연구소입니다. 아이들이 기계적으로 공부하지 않도록, 두뇌가 활성화되는 과학적 학습 설계가 적용된 책을 만듭니다.

최순미 선생님은 징검다리 교육연구소의 대표 저자입니다. 지난 20여 년 동안 EBS, 동아출판, 디딤돌, 대교 등과 함께 100여 종이 넘는 교재 개발에 참여해 온, 초등 수학 전문 개발자입니다. 이지스에듀에서 《바빠 연산법》, 《나 혼자 푼다 바빠 수학 문장제》 시리즈를 집필, 개발했습니다.

나혼자 푼다 바빠 수학 문장제 6-1

(이 책은 2020년 10월에 출간한 '나 혼자 푼다! 수학 문장제 6-1'을 새 교육과정에 맞춰 개정했습니다.)

초판 인쇄 2026년 4월 1일
초판 발행 2026년 4월 1일
지은이 징검다리 교육연구소, 최순미
발행인 이지연 **펴낸곳** 이지스퍼블리싱(주)
출판사 등록번호 제313-2010-123호 **제조국명** 대한민국
주소 서울시 마포구 잔다리로 109 이지스 빌딩 5층 (우편번호 04003)
대표전화 02-325-1722 **팩스** 02-326-1723
이지스퍼블리싱 홈페이지 www.easyspub.com **이지스에듀 카페** www.easysedu.co.kr
바빠 아지트 블로그 blog.naver.com/easyspub **인스타그램** @easys_edu
페이스북 www.facebook.com/easyspub2014 **이메일** service@easyspub.co.kr

기획 및 책임 편집 김현주 | 박지연, 김경진, 이지혜 **교정 교열** 김정수, 김민경 **전산편집** 이츠북스
표지 및 내지 디자인 손한나, 김세리 **일러스트** 김학수, 이츠북스 **인쇄** 보광문화사 **독자지원** 박애림, 이세진, 김수경
영업 및 문의 이주동, 김요한(support@easyspub.co.kr) **마케팅** 라혜주

ISBN 979-11-6303-838-2 64410
ISBN 979-11-6303-590-9(세트)
가격 15,000원

• **이지스에듀**는 이지스퍼블리싱(주)의 교육 브랜드입니다.
  (이지스에듀는 학생들을 탈락시키지 않고 모두 목적지까지 데려가는 책을 만듭니다!)

이제 문장제도 나 혼자 푼다!

막막하지 않아요! 빈칸을 채우면 저절로 완성!

∷ 개정된 검정 교과서의 대표 유형 문장제를 모두 담았어요!

'나 혼자 푼다 바빠 수학 문장제'는 개정된 검정 교과서 10종을 모두 분석해 대표 유형 문제를 선별해 담았습니다. 수학 교과서 전 단원의 대표 유형을 개념이 녹아 있는 문장제로 훈련해, 이 책만 다 풀어도 한 학기 수학의 기본 개념이 모두 잡힙니다!

∷ 나 혼자서 풀도록 도와주는 착한 수학 문장제 책이에요.

'나 혼자 푼다 바빠 수학 문장제'는 어떻게 하면 수학 문장제를 연산 풀듯 쉽게 풀 수 있을지 고민하며 만든 책입니다. 이 책을 미리 경험한 학부모님들은 '어려운 서술을 쉽게 알려주는 착한 문제집!', '쉽게 설명이 되어 있어 아이가 만족하며 풀어요!'라며 감탄했습니다.

이 책은 조금씩 수준을 높여 도전하게 하는 '작은 발걸음 방식(스몰 스텝)'으로 문제를 구성했습니다. 누구나 쉽게 도전할 수 있는 단답형 문제부터 학교 시험 문장제까지, 서서히 빈칸을 늘려 가며 풀이 과정과 답을 쓰도록 구성했습니다. 아이들은 스스로 문제를 해결하는 과정에서 성취감을 맛보게 되며, 수학에 대한 흥미를 높일 수 있습니다.

∷ 수학은 혼자 푸는 시간이 꼭 필요해요!

수학은 혼자 푸는 시간이 꼭 필요합니다. 운동도 누군가 거들어 주게 되면 근력이 생기지 않듯이, 부모님의 설명을 들으며 푼다면 사고력 근육은 생기지 않습니다. 그렇다고 문제가 너무 어려우면 아이들은 혼자 풀기 힘듭니다.

'나 혼자 푼다 바빠 수학 문장제'는 쉽게 풀 수 있는 기초 문장제부터 요즘 학교 시험 스타일 문장제까지 단계적으로 구성한 책으로, 아이들이 스스로 도전하고 성취감을 맛볼 수 있습니다. 문장제는 충분히 생각하며 한 문제라도 정확히 풀어야겠다는 마음가짐이 필요합니다. 부모님이 대신 풀어 주지 마세요! 답답해 보여도 조금만 기다려 주세요.

혼자서 문제를 해결하면 수학에 자신감이 생기고, 어느 순간 수학적 사고력도 향상되는 효과를 볼 수 있습니다. 이렇게 만들어진 문제 해결력과 수학적 사고력은 고학년 수학은 물론이고, 중학 수학도 잘할 수 있는 디딤돌이 될 거예요!

1 교과서 대표 유형 집중 훈련!

같은 유형으로 반복 연습해서, 익숙해지도록 도와줘요!

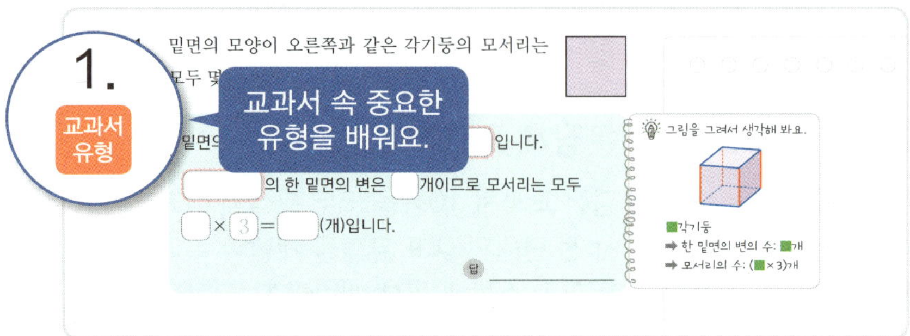

유형별로
문제를 반복해서
연습할 수 있어요!

2 혼자 푸는데도 선생님이 옆에 있는 것 같아요!

친절한 도움말이 담겨 있어요.

혼자 도전할 수 있도록,
친절한 도움말이
담겨 있어요!

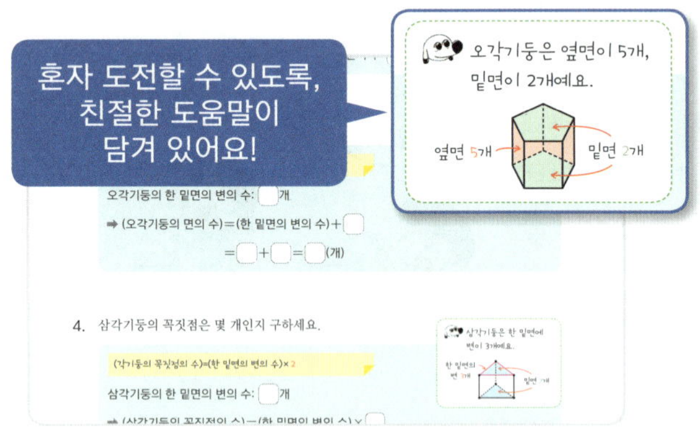

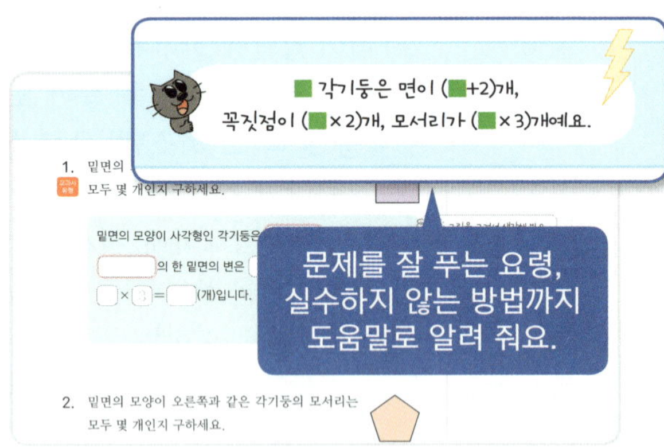

문제를 잘 푸는 요령,
실수하지 않는 방법까지
도움말로 알려 줘요.

3 문제 해결의 실마리를 찾는 훈련!

숫자에는 동그라미, 구하는 것(주로 마지막 문장)에는 밑줄을 치며 푸는 습관을 들여 보세요.
문제를 정확히 읽고 빨리 이해할 수 있습니다. 소리 내어 문제를 읽는 것도 좋아요!

숫자

모서리의 길이가 모두 같은 삼각기둥의 모든 모서리의 길이
의 합은 36 cm입니다. 삼각기둥의 한 모서리의 길이는 몇
cm일까요?

구하는 것

나만의 문제 해결 전략 만들기!

스케치북에 낙서하듯, 포스트잇에 필기하듯 나만의 해결 전략을 만들어 쉽게 풀이를 써 봐요.

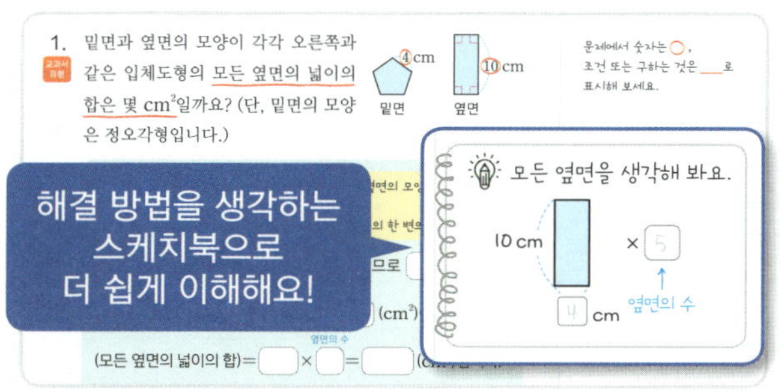

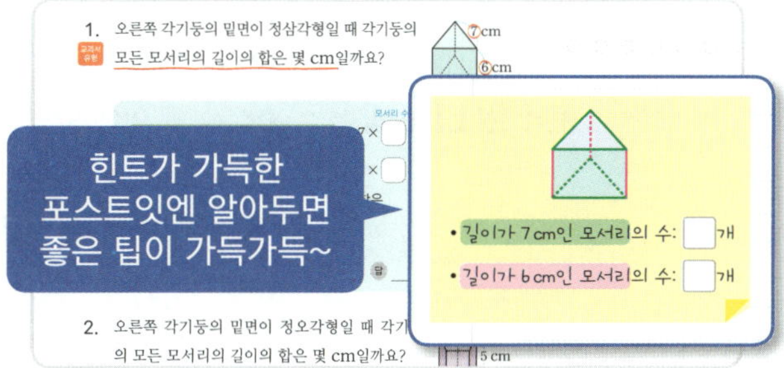

5 빈칸을 채우면 풀이는 저절로 완성!

빈칸을 따라 쓰고 채우다 보면 긴 풀이 과정도 나 혼자 완성할 수 있어요!

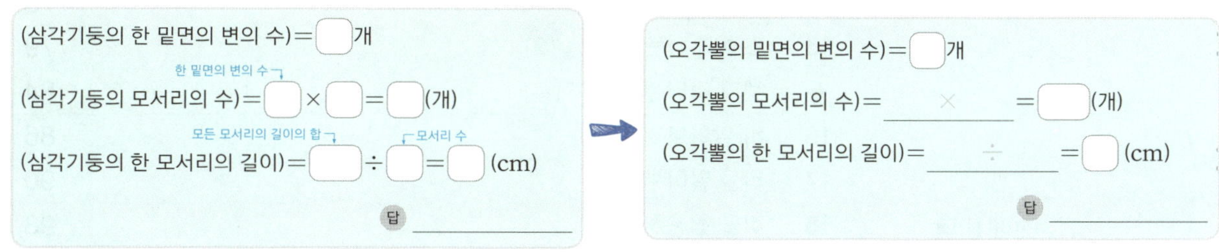

6 시험에 자주 나오는 문제로 마무리!

단원평가도 문제없어요! 각 마당마다 시험에 자주 나오는 주관식 문제를 담았어요.
실제 시험을 치르는 것처럼 풀면 학교 시험까지 준비 끝!

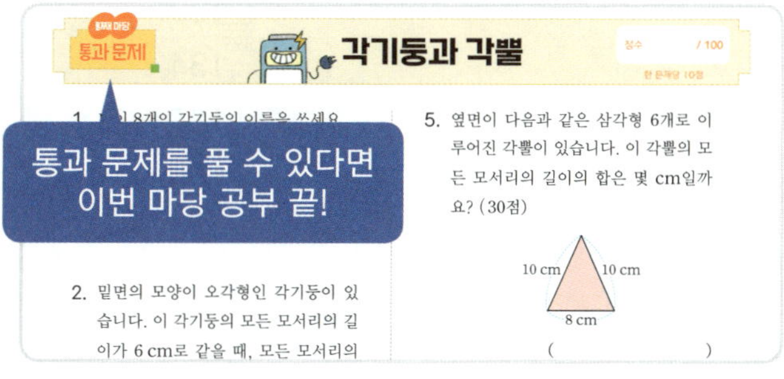

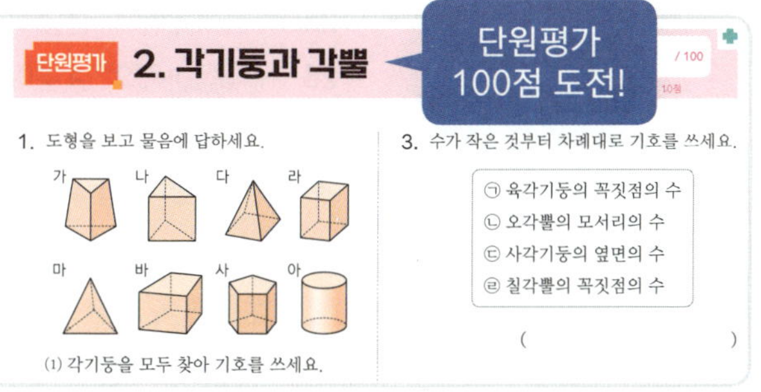

나혼자 푼다 바빠 수학 문장제 6-1

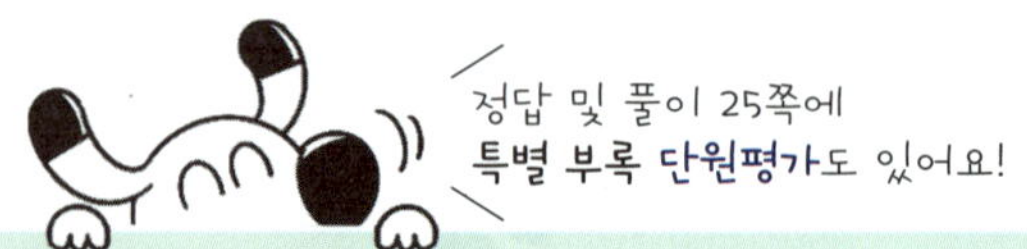

분수의 나눗셈

첫째 마당에서는 분수의 나눗셈을 활용한 문장제를 배웁니다.
자연수끼리의 나눗셈의 몫을 분수로 나타내는 방법과
분수의 나눗셈을 분수의 곱셈으로 바꾸어 계산하는 방법으로
생활 속 문장제를 해결해 보세요.
□를 채워 문장을 완성하면, 학교 시험 자신감 충전 완료!

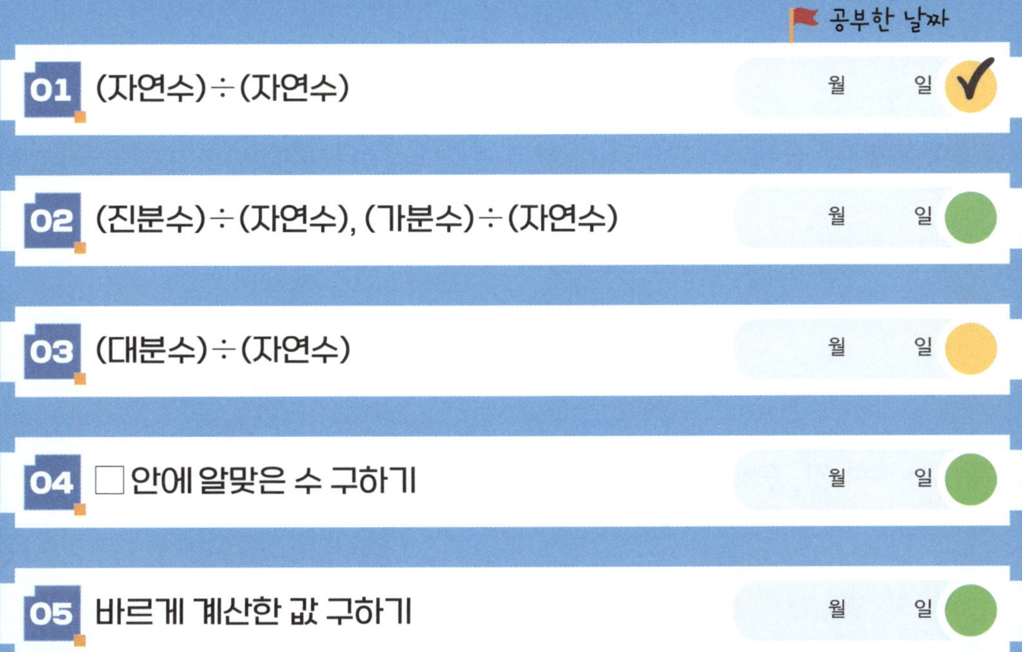

01 (자연수)÷(자연수)

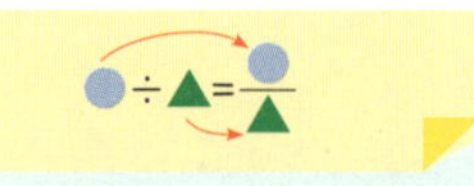

1. 3÷7의 몫을 분수로 나타내세요.

$1 \div 7 = \dfrac{1}{7}$ 이고, 3÷7은 $\boxed{\dfrac{1}{7}}$ 이 $\boxed{}$ 개입니다. ➡ $3 \div 7 = \boxed{}$

2. 11÷5의 몫을 두 가지 방법을 이용하여 분수로 나타내세요.

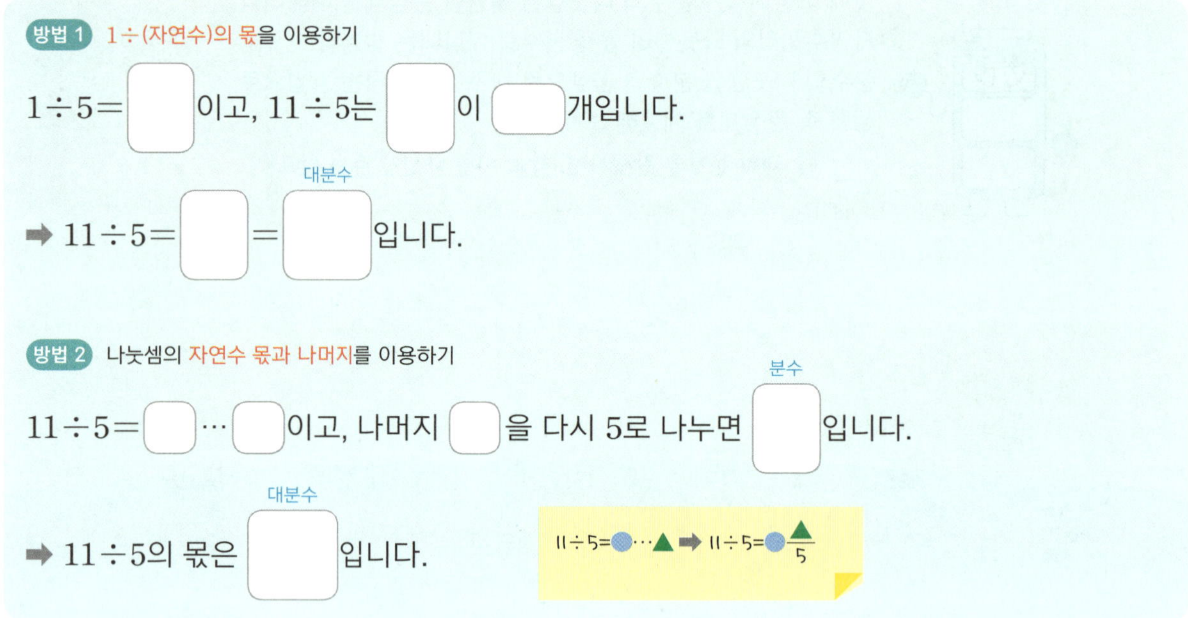

3. 2 m를 9등분한 것 중의 하나는 몇 m인지 분수로 나타내세요.

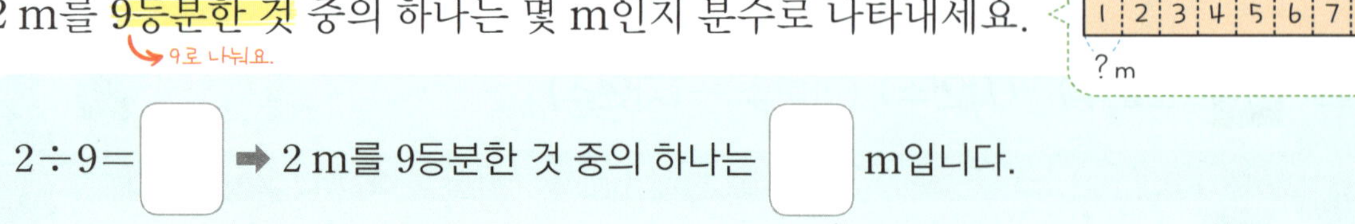

4. 14 m를 3등분한 것 중의 하나는 몇 m인지 분수로 나타내세요.

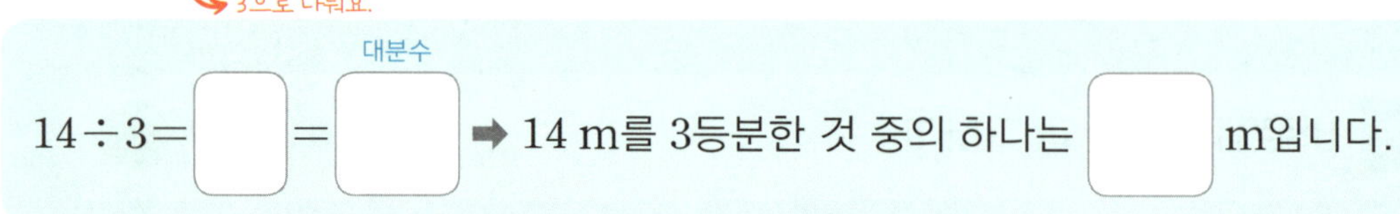

1. 넓이가 11 m²인 텃밭을 똑같이 둘로 나누어 상추와 오이를 각각 심었습니다. 상추를 심은 텃밭의 넓이는 몇 m²인지 분수로 나타내세요.

(상추를 심은 텃밭의 넓이)

=(전체 텃밭의 넓이)÷(텃밭에 심은 채소 종류의 수)

대분수

=11○○=□=□ (m²)

답 _____________

2. 넓이가 20 m²인 텃밭을 똑같이 셋으로 나누어 가지, 고추, 애호박을 각각 심었습니다. 가지를 심은 텃밭의 넓이는 몇 m²인지 분수로 나타내세요.

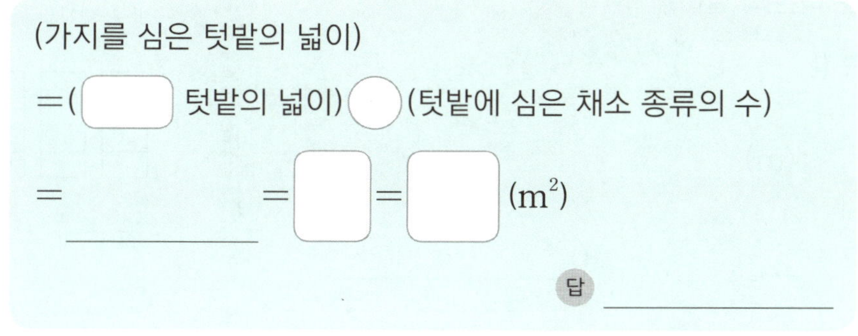

(가지를 심은 텃밭의 넓이)

=(□ 텃밭의 넓이)○(텃밭에 심은 채소 종류의 수)

= _______ =□=□ (m²)

답 _____________

3. 넓이가 13 m²인 텃밭을 똑같이 넷으로 나누어 다예와 친구 3명이 콩을 각각 심었습니다. 다예가 콩을 심은 텃밭의 넓이는 몇 m²인지 분수로 나타내세요.

답 _____________

1. 밀가루 ②kg을 ⑤봉지에 똑같이 나누어 담으려고 합니다. 한 봉지에 몇 kg씩 담아야 하는지 분수로 나타내세요.

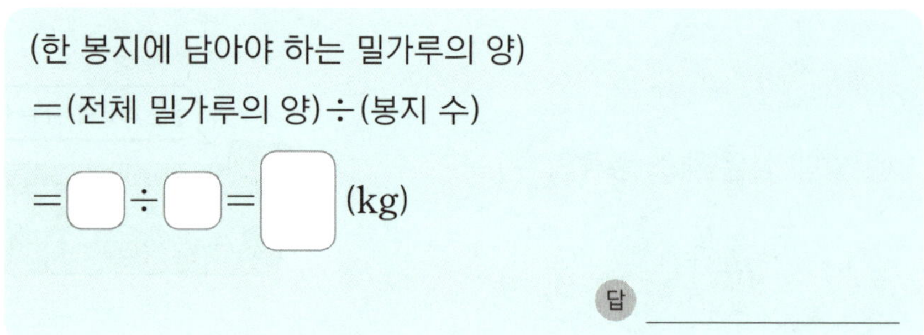

(한 봉지에 담아야 하는 밀가루의 양)

＝(전체 밀가루의 양)÷(봉지 수)

＝ ☐ ÷ ☐ ＝ ☐ (kg)

답 ____________

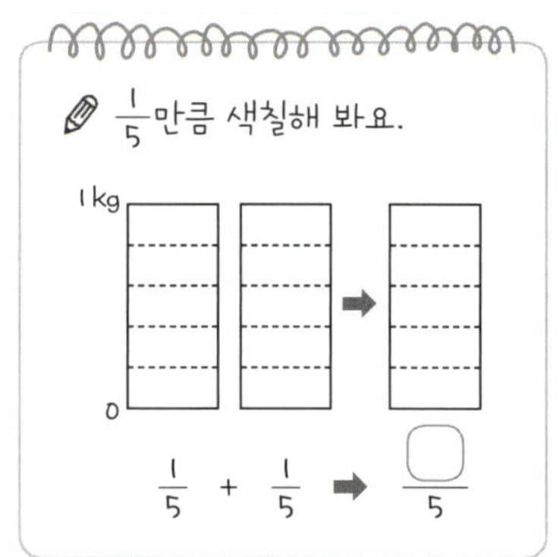

2. 리본 3 m를 4명이 똑같이 나누어 가지려고 합니다. 한 사람이 가질 수 있는 리본은 몇 m인지 분수로 나타내세요.

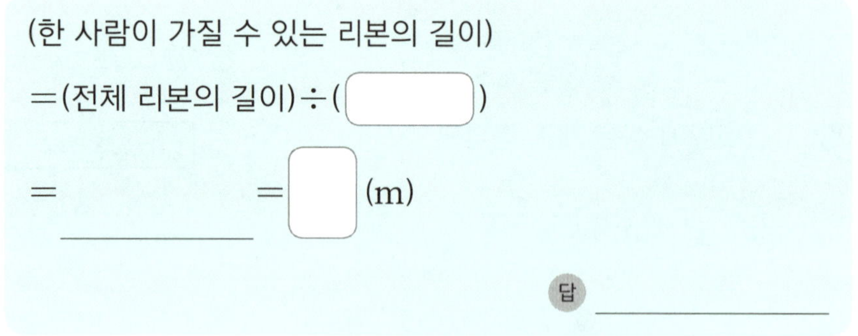

(한 사람이 가질 수 있는 리본의 길이)

＝(전체 리본의 길이)÷(☐)

＝ ―――― ＝ ☐ (m)

답 ____________

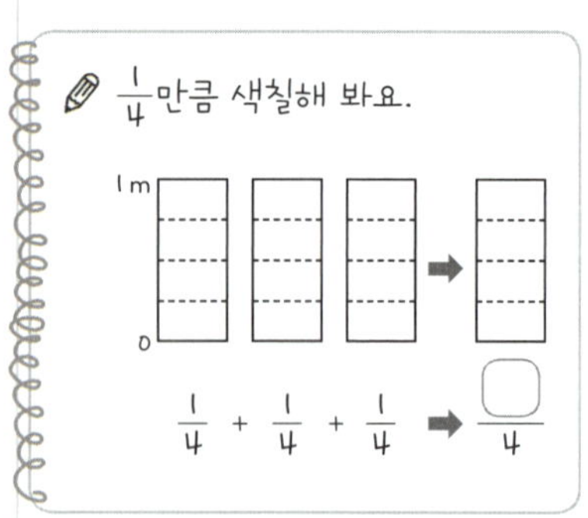

3. 간장 7 L를 병 10개에 똑같이 나누어 담으려고 합니다. 병 한 개에 몇 L씩 담아야 하는지 분수로 나타내세요.

답 ____________

1. 둘레가 4 m인 정오각형의 한 변의 길이를 분수로 나타내세요.

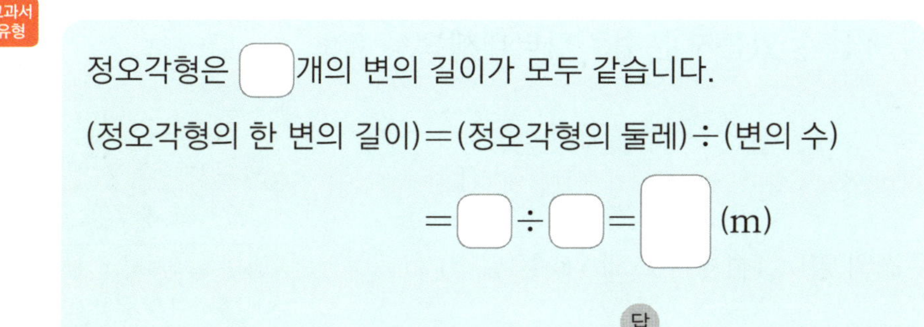

정오각형은 ☐개의 변의 길이가 모두 같습니다.

(정오각형의 한 변의 길이)=(정오각형의 둘레)÷(변의 수)

$$= ☐ ÷ ☐ = ☐ \text{(m)}$$

답 ____________

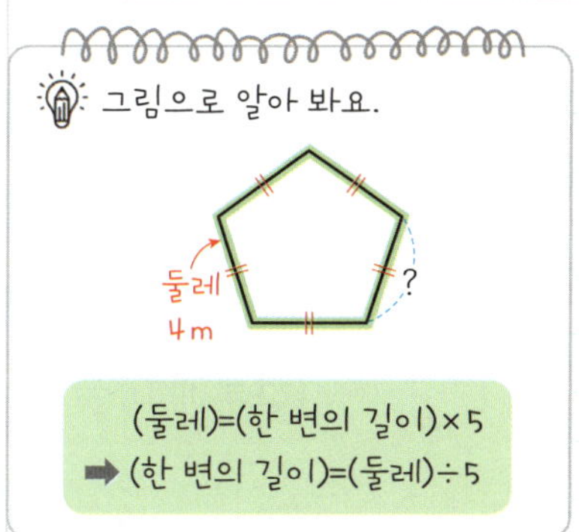

2. 둘레가 13 m인 정팔각형의 한 변의 길이를 분수로 나타내세요.

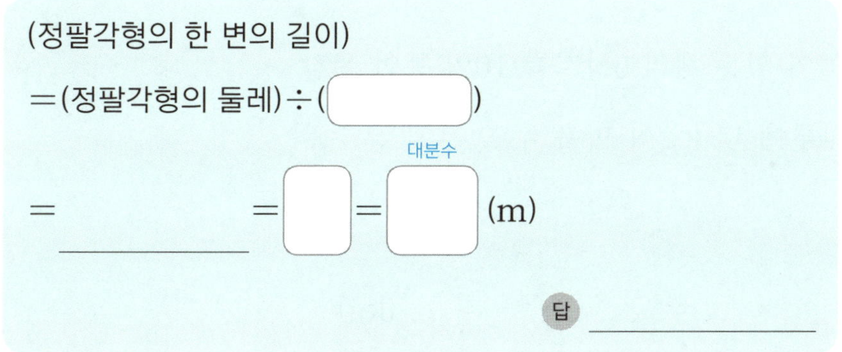

(정팔각형의 한 변의 길이)

=(정팔각형의 둘레)÷(☐)

대분수

$$= \dfrac{}{} = ☐ = ☐ \text{(m)}$$

답 ____________

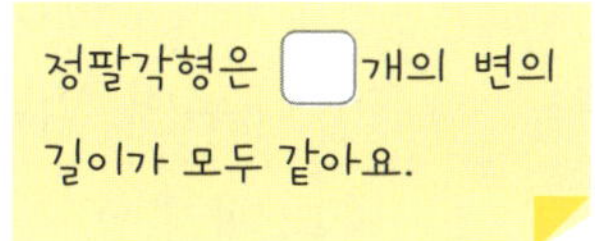

3. 현수는 둘레가 7 m인 정사각형을 한 개 만들었고, 지혜는 둘레가 11 m인 정육각형을 한 개 만들었습니다. 누가 만든 정다각형의 한 변의 길이가 더 긴지 구하세요.

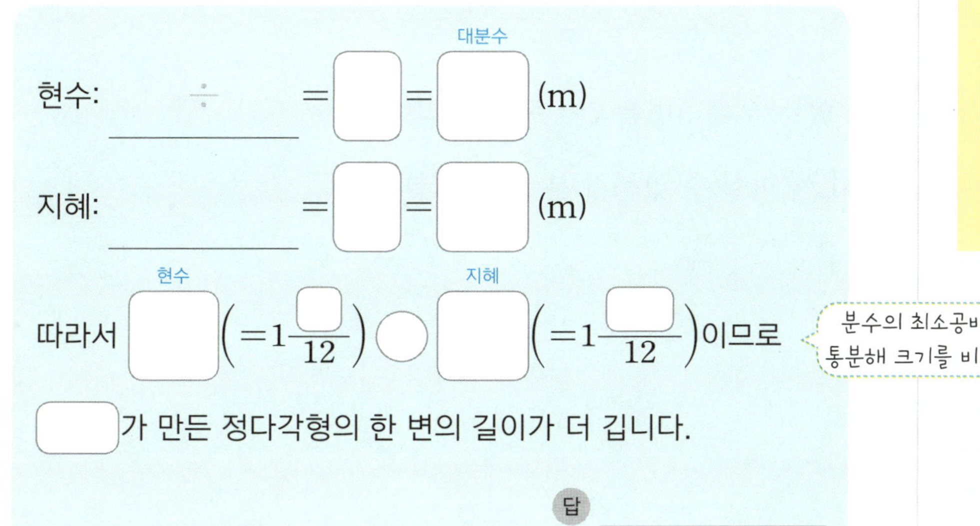

대분수

현수: $\dfrac{}{} ÷ = ☐ = ☐ \text{(m)}$

지혜: $\dfrac{}{} = ☐ = ☐ \text{(m)}$

현수   지혜

따라서 ☐$\left(=1\dfrac{☐}{12}\right)$ ○ ☐$\left(=1\dfrac{☐}{12}\right)$이므로

☐가 만든 정다각형의 한 변의 길이가 더 깁니다.

답 ____________

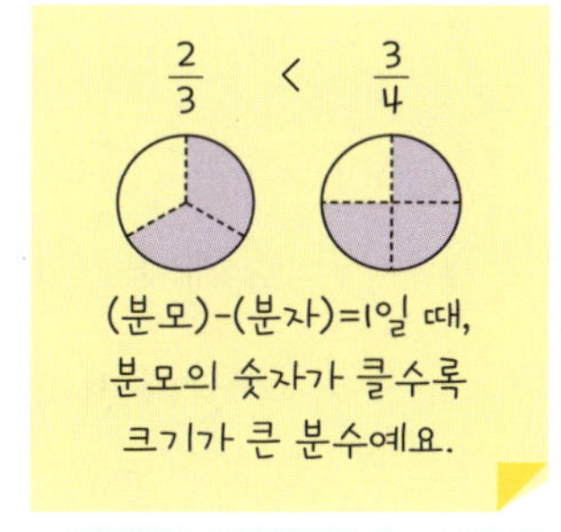

1. 한 병에 $1\dfrac{1}{4}$ L씩 들어 있는 주스 4병을 6일 동안 똑같이 나누어

교과서 유형

마신다면 하루에 몇 L씩 마실 수 있는지 분수로 나타내세요.

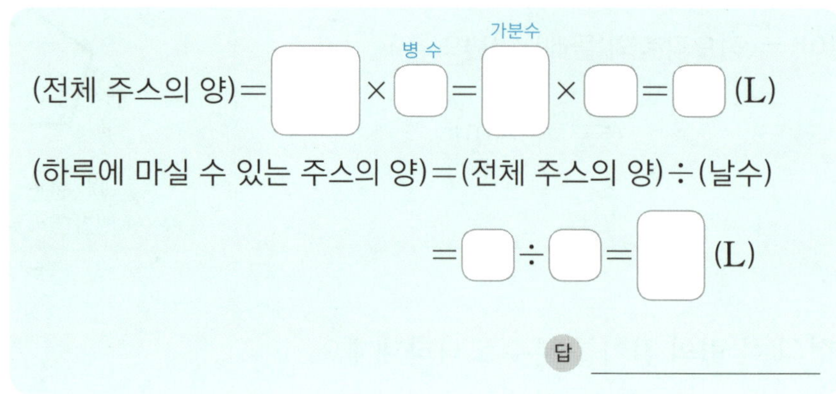

2. 한 상자에 $1\dfrac{1}{6}$ kg씩 들어 있는 체리 6상자를 10일 동안 똑같이 나누어 먹는다면 하루에 몇 kg씩 먹을 수 있는지 분수로 나타내세요.

3. 한 병에 $1\dfrac{1}{3}$ L씩 들어 있는 우유 3병을 7일 동안 똑같이 나누어 마신다면 하루에 몇 L씩 마실 수 있는지 분수로 나타내세요.

답 ____________

1. 수 카드 2장 중 한 장을 사용하여 몫이 더 큰 나눗셈식을 만들었을 때의 몫을 구하세요.

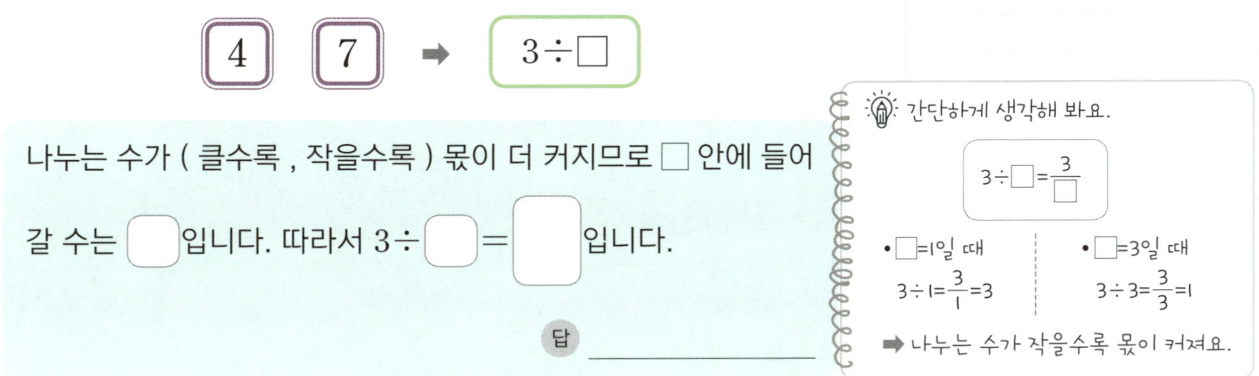

나누는 수가 (클수록 , 작을수록) 몫이 더 커지므로 □ 안에 들어갈 수는 □ 입니다. 따라서 3÷□=□ 입니다.

답 ____________________

2. 수 카드 2장 중 한 장을 사용하여 몫이 더 작은 나눗셈식을 만들었을 때의 몫을 구하세요.

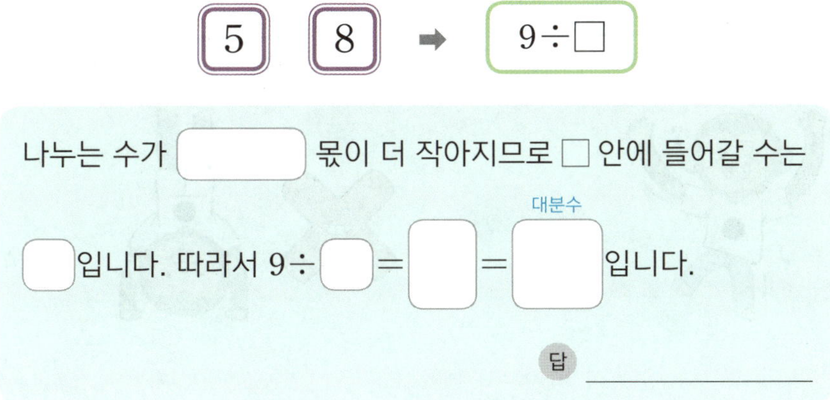

나누는 수가 □ 몫이 더 작아지므로 □ 안에 들어갈 수는 □ 입니다. 따라서 9÷□=□=□ 입니다.

대분수

답 ____________________

3. 수 카드 3장 중 한 장을 사용하여 몫이 가장 작은 나눗셈식을 만들었을 때의 몫을 구하세요.

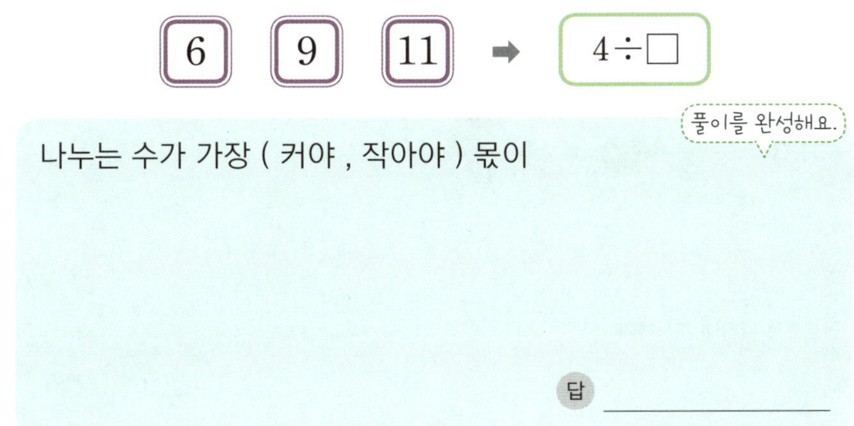

나누는 수가 가장 (커야 , 작아야) 몫이

답 ____________________

02 (진분수)÷(자연수), (가분수)÷(자연수)

1. $\dfrac{4}{5} \div 2$의 몫을 두 가지 방법을 이용하여 분수로 구하세요.

방법 1 분수의 분자 를 자연수로 나누기 – 분자가 자연수의 배수일 때

$$\frac{4}{5} \div 2 = \frac{4 \div \boxed{}}{5} = \boxed{}$$

방법 2 분수의 나눗셈을 분수의 곱셈으로 나타내 계산하기

$\div$ (자연수) ➡ $\times \dfrac{1}{(자연수)}$

기약분수

$$\frac{4}{5} \div 2 = \frac{4}{5} \times \frac{1}{\boxed{}} = \boxed{}$$

약분해요.

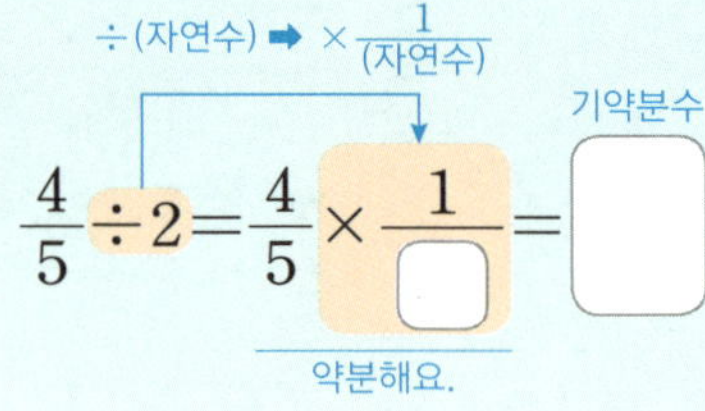

2. $\dfrac{7}{4} \div 3$의 몫을 두 가지 방법을 이용하여 구하세요.

방법 1 크기가 같은 분수 중에서 분자가 자연수의 배수인 분수로 바꾸어 계산하기

분모와 분자에 각각 0이 아닌 같은 수를 곱하거나 0이 아닌 같은 수로 나누면 크기가 같은 분수가 돼요.

$$\frac{7}{4} \div 3 = \frac{7 \times \boxed{}}{4 \times 3} \div 3 = \frac{\boxed{}}{12} \div 3 = \frac{\boxed{} \div \boxed{}}{12} = \boxed{}$$

$\dfrac{7}{4}$과 크기가 같은 분수 중에서
분자가 3의 배수인 분수로 만들어요.

방법 2 분수의 나눗셈을 분수의 곱셈으로 나타내 계산하기

$$\frac{7}{4} \div 3 = \underline{}$$

1. 철사 $\dfrac{2}{5}$ m를 똑같이 3도막으로 나누었습니다. 철사 한 도막의 길이는 몇 m인지 구하세요.

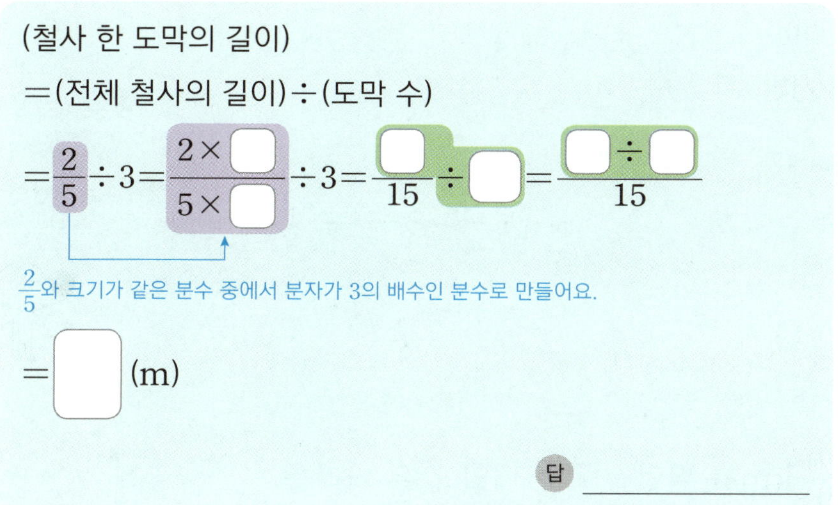

2. 색 테이프 $\dfrac{4}{3}$ m를 똑같이 7도막으로 나누었습니다. 색 테이프 한 도막의 길이는 몇 m인지 구하세요.

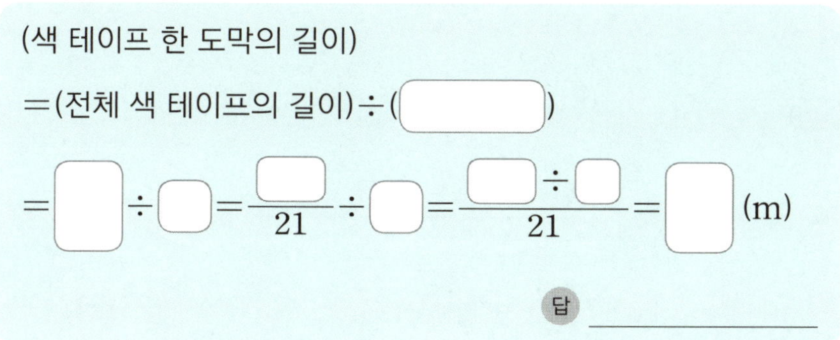

3. 리본 $\dfrac{11}{8}$ m를 똑같이 5도막으로 나누었습니다. 리본 한 도막의 길이는 몇 m인지 구하세요.

문제에서 숫자는 ◯,
조건 또는 구하는 것은 ___로 표시해 보세요.

$\dfrac{2}{5}\div 3=\dfrac{2\times 3}{5\times 3}\div 3$

나누는 수 3을 분자와 분모에 각각 곱해 분자를 나누는 3의 가장 작은 배수로 만들어요.

1. 끈 $\frac{6}{7}$ m를 2명이 똑같이 나누어 가졌습니다. 한 사람이 가진 끈의 길이는 몇 m인지 기약분수로 나타내세요.

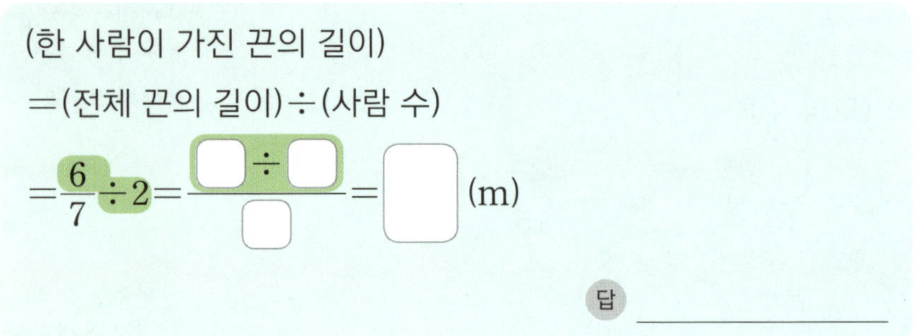

(한 사람이 가진 끈의 길이)

= (전체 끈의 길이) ÷ (사람 수)

$= \dfrac{6}{7} ÷ 2 = \dfrac{\square ÷ \square}{\square} = \square$ (m)

답 ____________________

2. 성준이는 5일 동안 $\frac{10}{9}$ km를 뛰었습니다. 매일 같은 거리를 뛰었다면 하루에 몇 km씩 뛰었는지 기약분수로 나타내세요.

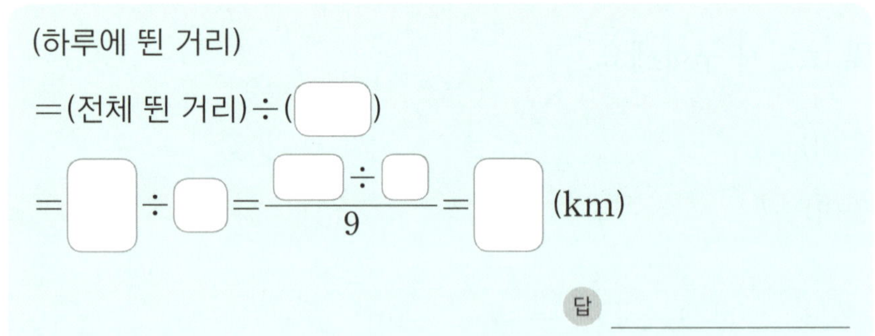

(하루에 뛴 거리)

= (전체 뛴 거리) ÷ ($\square$)

$= \square ÷ \square = \dfrac{\square ÷ \square}{9} = \square$ (km)

답 ____________________

3. 식혜 $\frac{8}{11}$ L를 4명이 똑같이 나누어 마시려고 합니다. 한 사람이 마실 수 있는 식혜의 양은 몇 L인지 기약분수로 나타내세요.

답 ____________________

문제에서 숫자는 ◯,
조건 또는 구하는 것은 ____로
표시해 보세요.

$\dfrac{6}{7} ÷ 2$ 에서 6÷2는
나누어떨어지므로
$\dfrac{6÷2}{7}$ 로 풀면 간단해요.

1. 밀가루 $\frac{3}{8}$ kg으로 똑같은 빵 2개를 만들었습니다. 빵 한 개를 만드는 데 사용한 밀가루는 몇 kg인지 분수의 곱셈으로 나타내어 계산하세요.

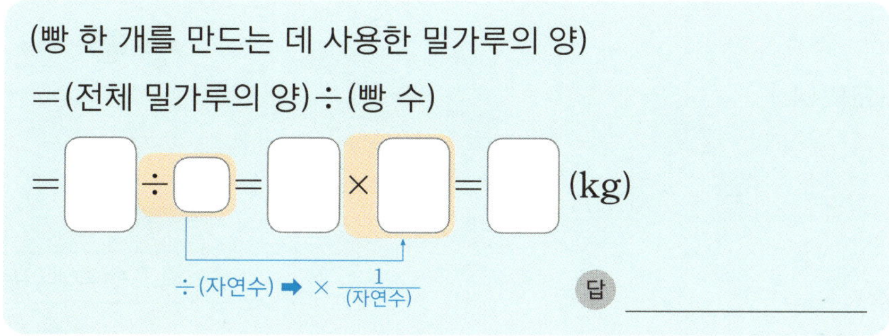

2. 보리 $\frac{13}{9}$ kg을 4봉지에 똑같이 나누어 담았습니다. 한 봉지에 담은 보리는 몇 kg인지 분수의 곱셈으로 나타내어 계산하세요.

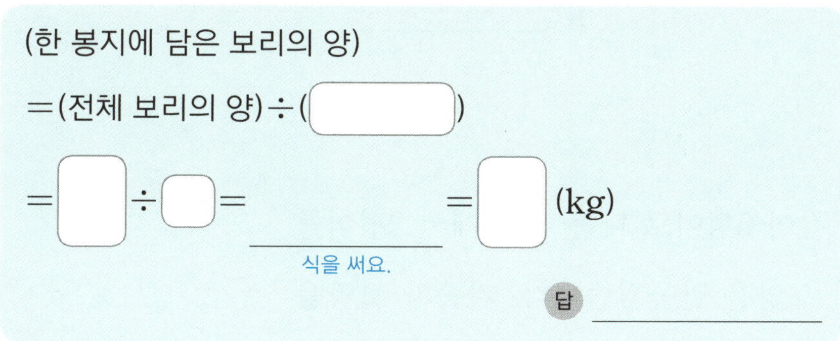

3. 수정과 $\frac{2}{3}$ L를 컵 5개에 똑같이 나누어 담았습니다. 컵 한 개에 담은 수정과는 몇 L인지 분수의 곱셈으로 나타내어 계산하세요.

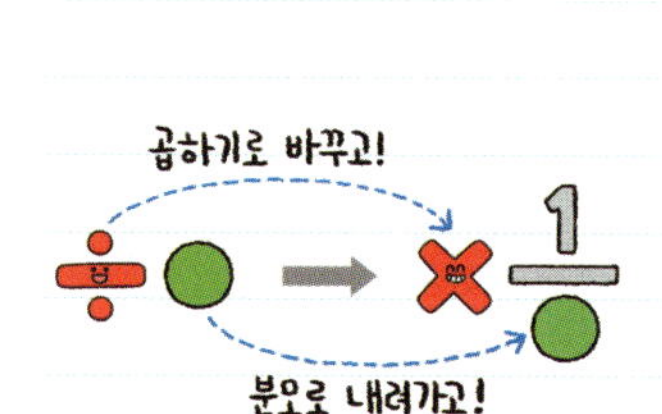

1. 끈 $\frac{4}{5}$ m를 똑같이 8도막으로 나눈 것 중에서 3도막을 모두 사용하여 상자를 묶었습니다. 상자를 묶는 데 사용한 끈의 길이는 몇 m인지 기약분수로 나타내세요.

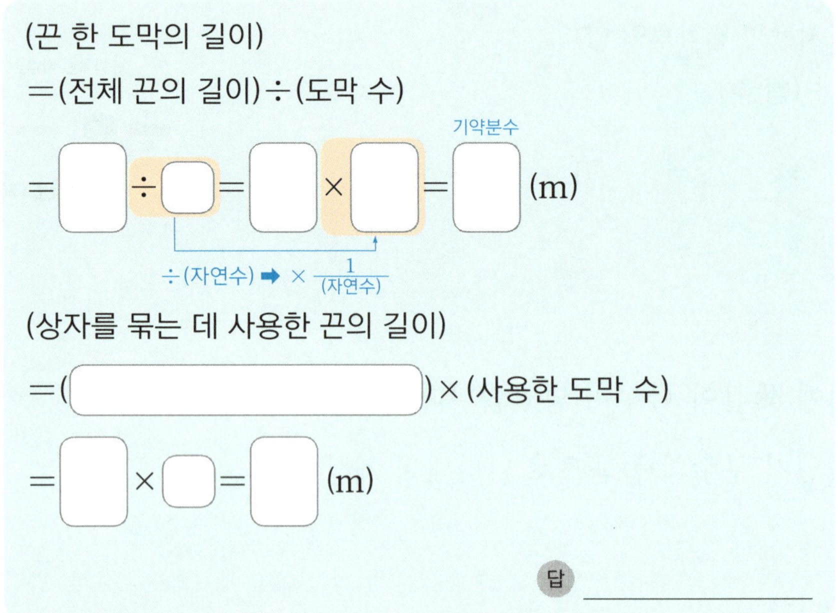

(끈 한 도막의 길이)

=(전체 끈의 길이)÷(도막 수)

기약분수

= □ ÷ □ = □ × □ = □ (m)

÷(자연수) ➡ × $\frac{1}{(자연수)}$

(상자를 묶는 데 사용한 끈의 길이)

=( ) ×(사용한 도막 수)

= □ × □ = □ (m)

답 ___________

2. 고무찰흙 $\frac{10}{7}$ kg을 똑같이 5덩이로 나눈 것 중에서 2덩이를 모두 사용하여 자동차 모양을 만들었습니다. 자동차 모양을 만드는 데 사용한 고무찰흙은 몇 kg인지 기약분수로 나타내세요.

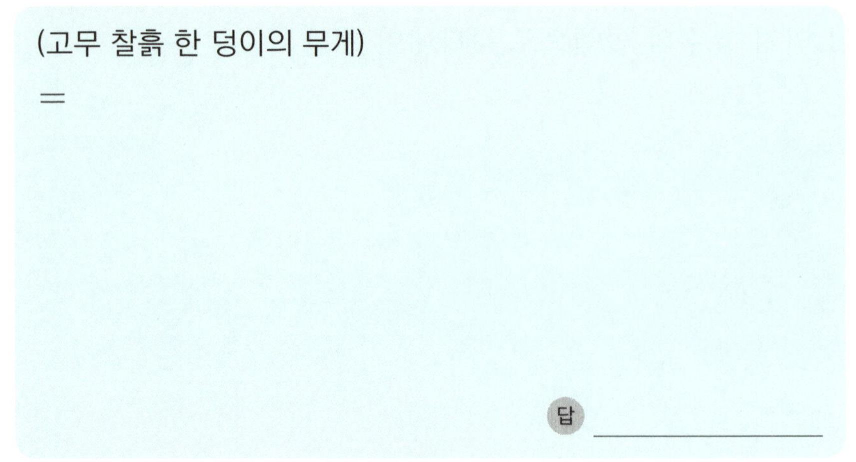

(고무 찰흙 한 덩이의 무게)

=

답 ___________

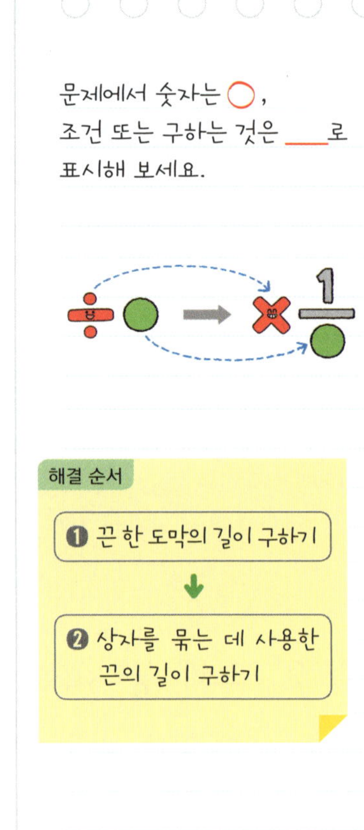

1. 음료수 $\dfrac{5}{9}$ L가 들어 있는 병에 음료수 $\dfrac{1}{3}$ L를 더 담았습니다. 이 병에 들어 있는 음료수를 4개의 컵에 똑같이 나누어 담으려면 컵 한 개에 몇 L씩 담아야 하는지 기약분수로 나타내세요.

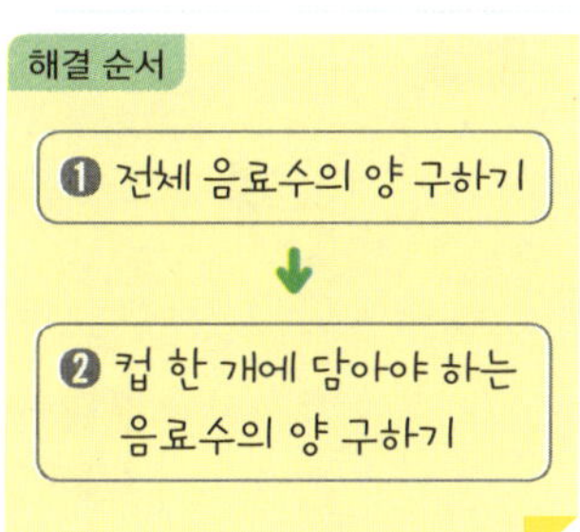

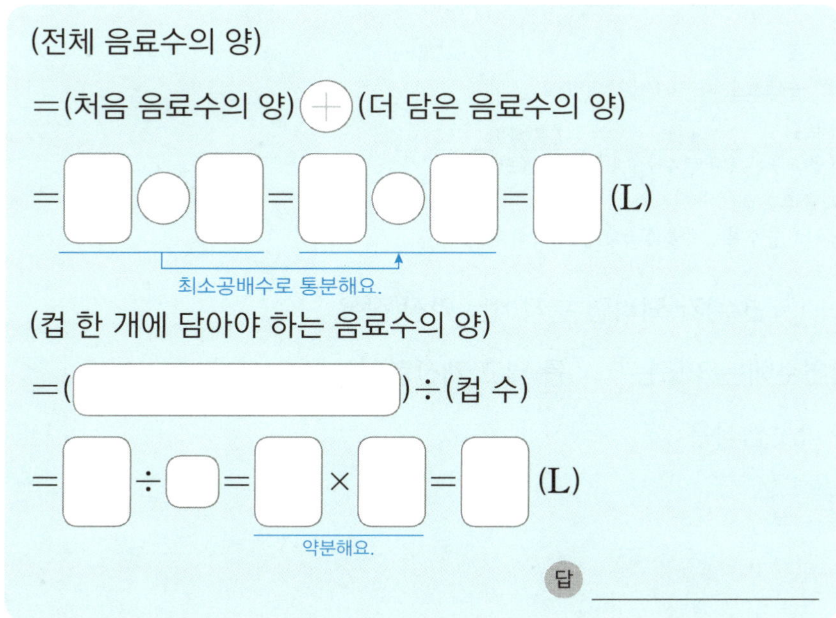

2. 설탕 $\dfrac{3}{10}$ kg이 들어 있는 봉지에 설탕 $\dfrac{3}{5}$ kg을 더 넣었습니다. 이 봉지에 들어 있는 설탕을 6개의 통에 똑같이 나누어 담으려면 통 한 개에 몇 kg씩 담아야 하는지 기약분수로 나타내세요.

⭐ 수 카드를 한 번씩 모두 사용하여 몫이 가장 작은 <u>(분수) ÷ (자연수)</u> 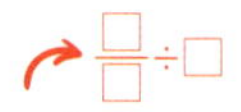
의 나눗셈식을 만들었을 때의 몫을 구하세요.

1.

2	3	9

$$\frac{(분자)}{(분모)} \div (자연수) = \frac{(분자)}{(분모)} \times \frac{1}{(자연수)} = \frac{(분자)}{(분모) \times (자연수)}$$

몫이 가장 작은 (분수)÷(자연수)가 되려면 분자에는 가장 작은

수인 ☐ 를, 분모와 자연수에는 3 또는 ☐ 를 넣고 계산합니다.

따라서 몫이 가장 작은 나눗셈식은

$$\frac{\square}{3} \div 9 = \frac{\square}{3} \times \frac{1}{\square} = \square$$

또는 $\dfrac{\square}{9} \div \square = \dfrac{\square}{9} \times \dfrac{1}{\square} = \square$ 입니다.

답 ________________

2.

4	5	7

몫이 가장 작은 (분수)÷(자연수)가 되려면 분자에는 가장

☐ 수인 ☐ 를, 분모와 자연수에는 5 또는 ☐ 을 넣고

계산합니다.

따라서 몫이 가장 작은 나눗셈식은

$$\frac{\square}{5} \div \square = \square \times \square = \square$$

또는 ________________________ 입니다.

답 ________________

03 (대분수) ÷ (자연수)

1. $4\frac{2}{3} \div 2$의 몫을 분수로 나타내세요.

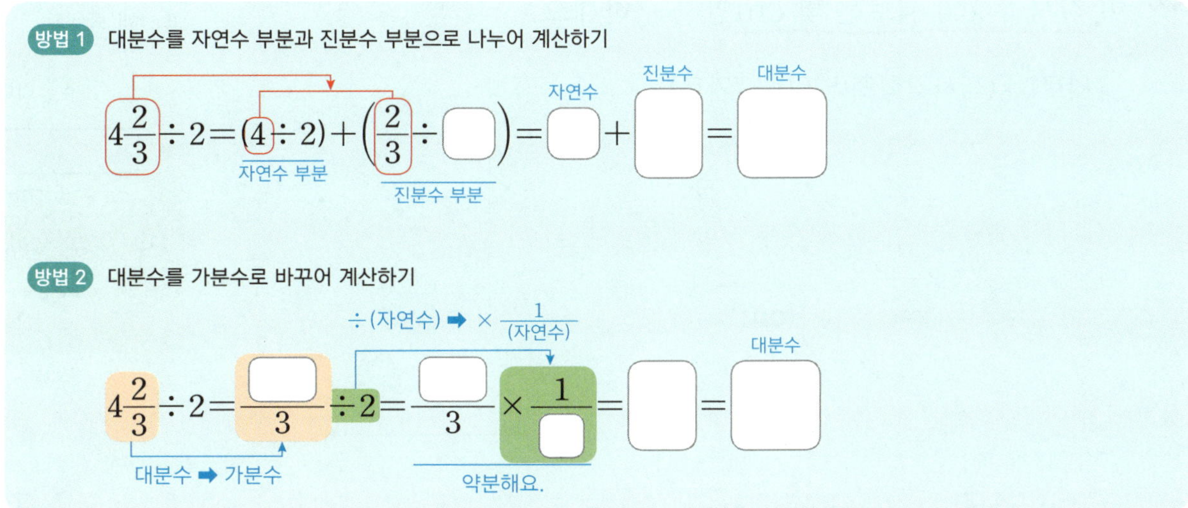

2. $1\frac{2}{7}$ m를 2등분한 것 중의 하나는 몇 m인지 구하세요.

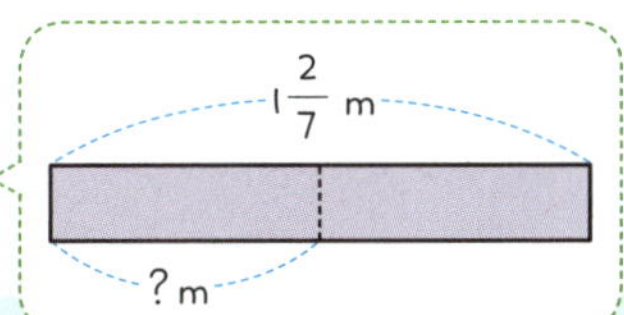

$$1\frac{2}{7} \div 2 = \dfrac{\Box}{7} \div \Box = \dfrac{\Box}{7} \times \Box = \Box$$

➡ $1\frac{2}{7}$ m를 2등분한 것 중의 하나는 $\boxed{}$ m입니다.

3. $4\frac{1}{2}$ kg을 3등분한 것 중의 하나는 몇 kg인지 구하세요.

$$4\frac{1}{2} \div 3 = \underline{\hspace{6cm}}$$

➡ $4\frac{1}{2}$ kg을 3등분한 것 중의 하나는 $\boxed{}$ kg입니다.

1. 넓이가 $8\frac{3}{5}$ cm^{2}이고 가로가 6 cm인 직사각형이 있습니다.

이 직사각형의 세로는 몇 cm인지 구하세요.

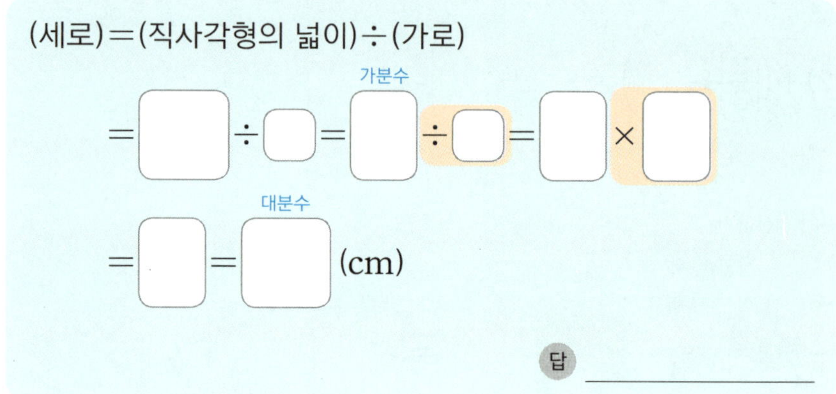

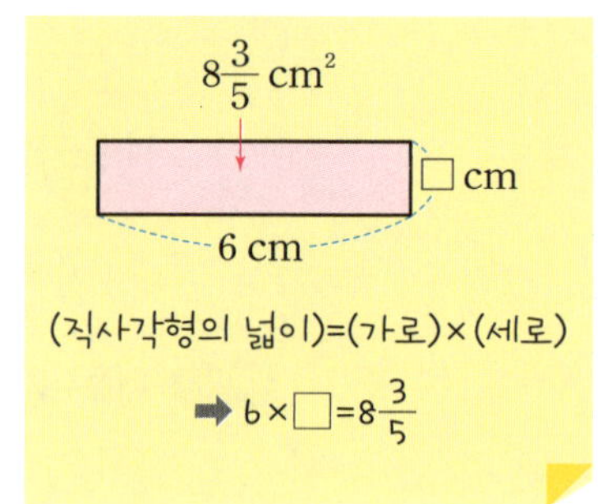

2. 넓이가 $12\frac{2}{3}$ cm^{2}이고 밑변의 길이가 5 cm인 평행사변형이 있습니다. 이 평행사변형의 높이는 몇 cm인지 구하세요.

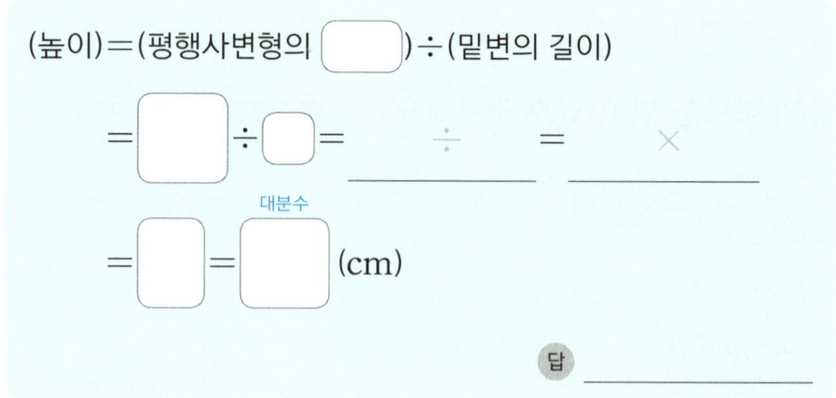

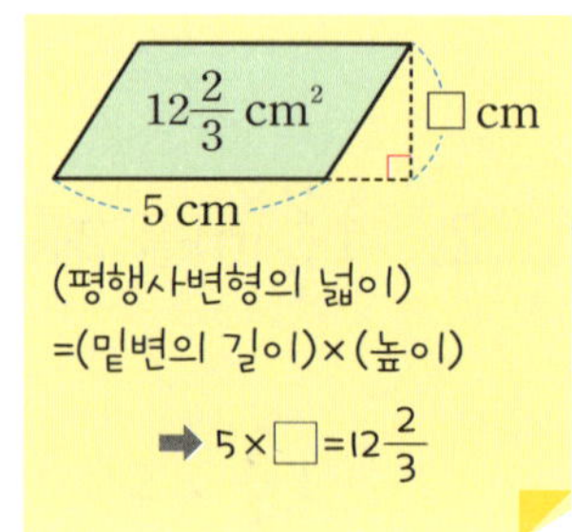

3. 넓이가 $8\frac{2}{7}$ cm^{2}이고 세로가 3 cm인 직사각형이 있습니다.

이 직사각형의 가로는 몇 cm인지 구하세요.

1. 망고 주스 $1\frac{1}{3}$ L를 2명이 똑같이 나누어 마셨습니다. 한 명이 마신 망고 주스는 몇 L인지 기약분수로 나타내세요.

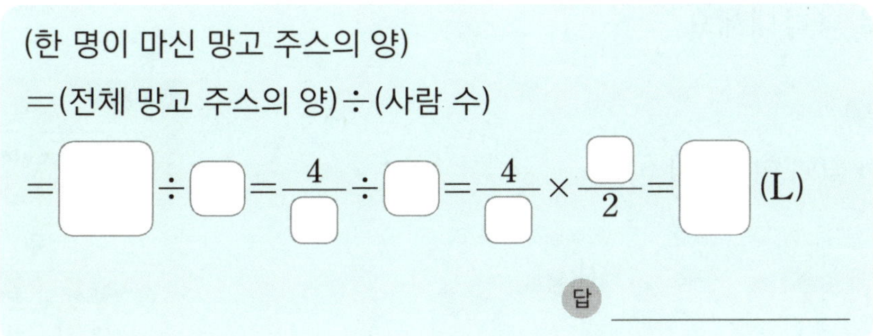

(한 명이 마신 망고 주스의 양)

＝(전체 망고 주스의 양)÷(사람 수)

$$=\boxed{}\div\boxed{}=\frac{4}{\boxed{}}\div\boxed{}=\frac{4}{\boxed{}}\times\frac{\boxed{}}{2}=\boxed{}\ \text{(L)}$$

답 ____________

2. 소금 $2\frac{2}{7}$ kg을 8봉지에 똑같이 나누어 담았습니다. 한 봉지에 담은 소금은 몇 kg인지 기약분수로 나타내세요.

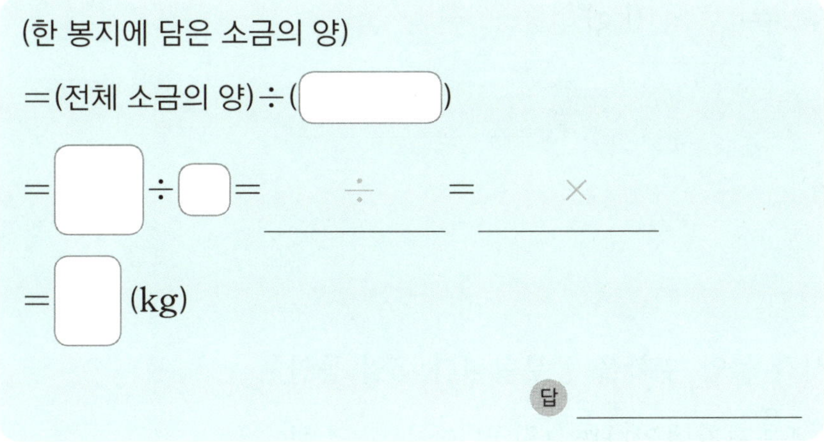

(한 봉지에 담은 소금의 양)

＝(전체 소금의 양)÷( )

$$=\boxed{}\div\boxed{}=\frac{}{}\div\frac{}{}=\frac{}{}\times\frac{}{}$$

$$=\boxed{}\ \text{(kg)}$$

답 ____________

3. 철사 $5\frac{1}{4}$ m를 7모둠에게 똑같이 나누어 주었습니다. 한 모둠에 나누어 준 철사의 길이는 몇 m인지 기약분수로 나타내세요.

답 ____________

1. 준희네 집에서는 매일 같은 양의 쌀을 소비합니다. **일주일** 동안 소비한 쌀이 $1\dfrac{3}{4}$ kg이었다면 **3월 한 달** 동안 소비한 쌀은 몇 kg인지 기약분수로 나타내세요.

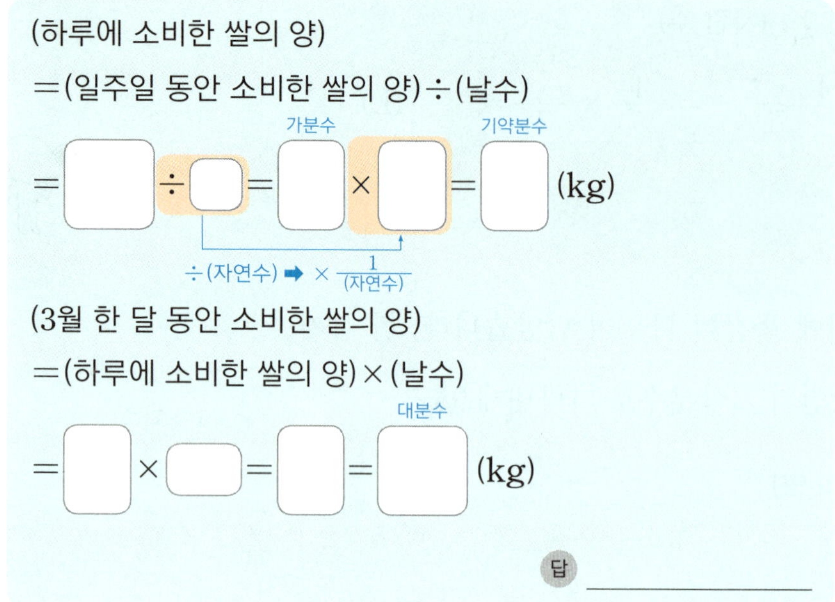

문제에서 숫자는 ◯,
조건 또는 구하는 것은 ___로
표시해 보세요.

2. 하빈이는 매일 같은 시간 동안 수학을 공부합니다. 5일 동안 수학을 공부한 시간이 $4\dfrac{2}{7}$시간이었다면 4월 한 달 동안 수학을 공부한 시간은 몇 시간인지 기약분수로 나타내세요.

1. 둘레가 $1\dfrac{11}{15}$ km인 원 모양의 호수 둘레에 나무 13그루를 같은 간격으로 심었습니다. 나무 사이의 간격은 몇 km인지 분수로 나타내어 보세요. (단, 나무의 두께는 생각하지 않습니다.)

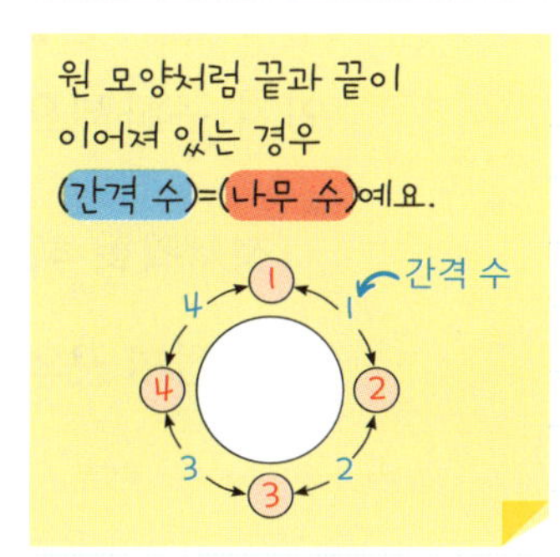

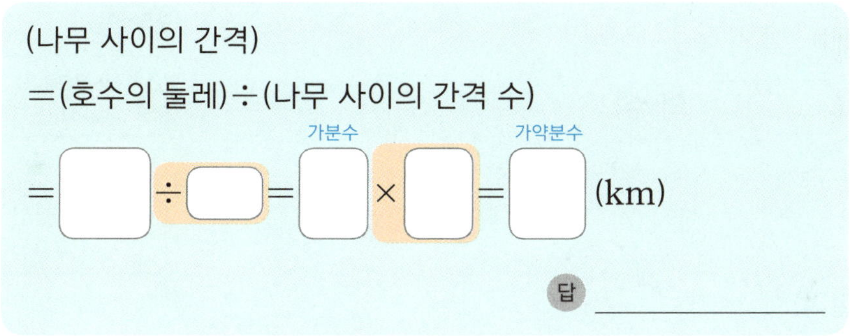

(나무 사이의 간격)

＝(호수의 둘레)÷(나무 사이의 간격 수)

가분수　　가약분수

$＝\boxed{}÷\boxed{}=\boxed{}×\boxed{}=\boxed{}$ (km)

답 ＿＿＿＿＿＿＿＿

2. 길이가 $2\dfrac{4}{5}$ km인 산책로의 한 쪽에 처음부터 끝까지 같은 간격으로 나무 7그루를 심었습니다. 나무 사이 간격은 몇 km인지 분수로 나타내어 보세요. (단, 나무의 두께는 생각하지 않습니다.)

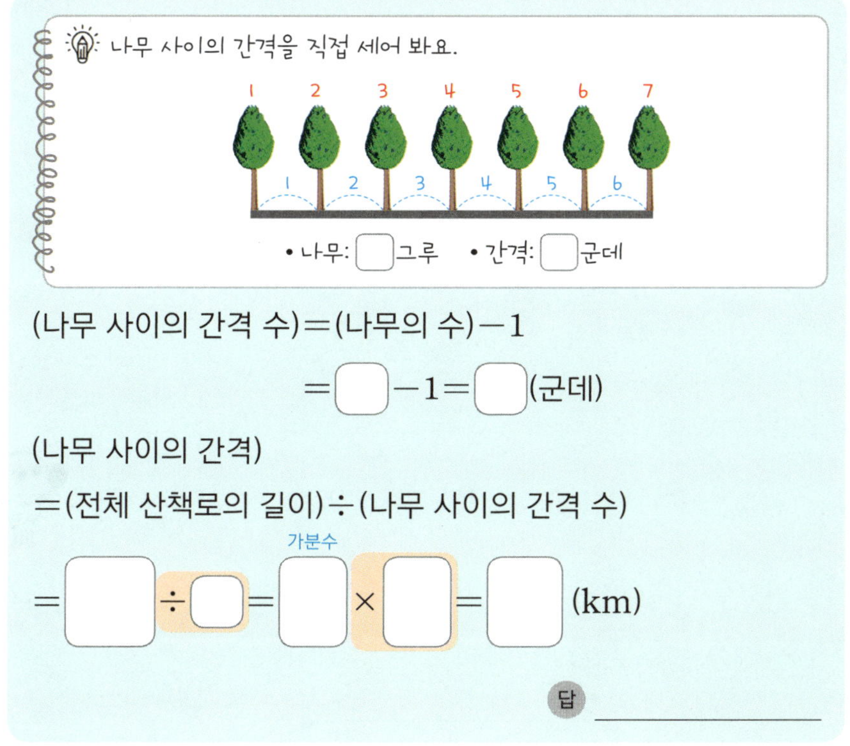

(나무 사이의 간격 수)＝(나무의 수)－1

$＝\boxed{}-1=\boxed{}$(군데)

(나무 사이의 간격)

＝(전체 산책로의 길이)÷(나무 사이의 간격 수)

가분수

$＝\boxed{}÷\boxed{}=\boxed{}×\boxed{}=\boxed{}$ (km)

답 ＿＿＿＿＿＿＿＿

1. 끈 $2\frac{1}{5}$ m를 겹치지 않게 모두 사용하여 크기가 같은 정사각형 2개를 만들었습니다. 만든 정사각형의 한 변의 길이는 몇 m 인지 구하세요.

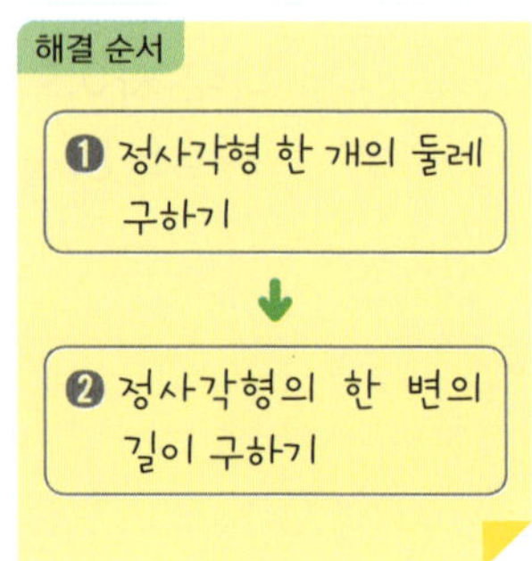

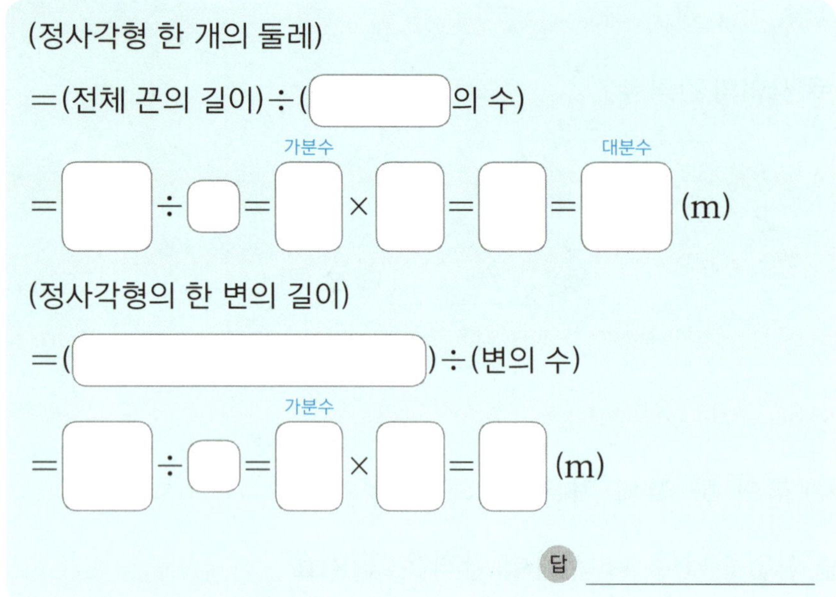

(정사각형 한 개의 둘레)

＝(전체 끈의 길이)÷(□의 수)

가분수 대분수

＝□÷□＝□×□＝□＝□ (m)

(정사각형의 한 변의 길이)

＝(□)÷(변의 수)

가분수

＝□÷□＝□×□＝□ (m)

답 _______________

2. 철사 $4\frac{2}{7}$ m를 겹치지 않게 모두 사용하여 크기가 같은 마름모 3개를 만들었습니다. 만든 마름모의 한 변의 길이는 몇 m 인지 구하세요.

답 _______________

1. 일정한 빠르기로 4분 동안 $5\frac{2}{5}$ km를 달리는 자동차가 있습니다. 이 자동차가 같은 빠르기로 10분 동안 달린다면 몇 km를 달리는지 구하세요.

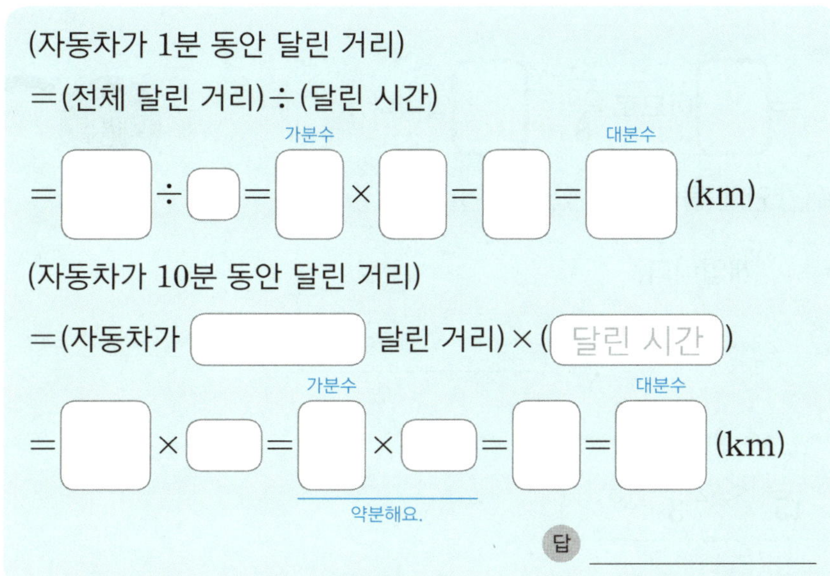

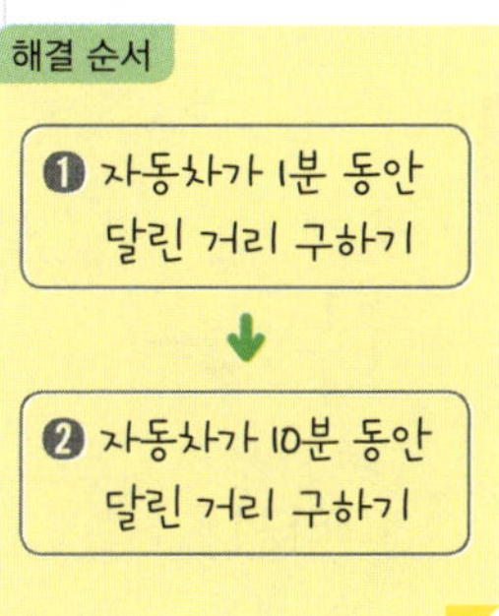

2. 일정한 빠르기로 12분 동안 $13\frac{1}{3}$ km를 달리는 자동차가 있습니다. 이 자동차가 같은 빠르기로 5분 동안 달린다면 몇 km를 달리는지 구하세요.

 04 □ 안에 알맞은 수 구하기

⭐ □ 안에 들어갈 수 있는 자연수는 모두 몇 개인지 구하세요.

1.

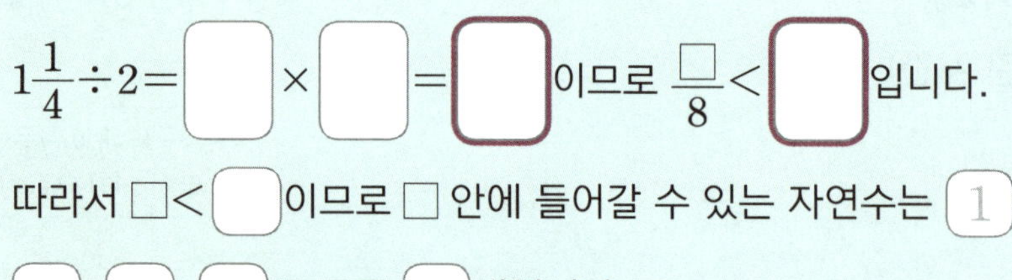

$$\frac{□}{8} < 1\frac{1}{4} \div 2$$

$1\frac{1}{4} \div 2 = \boxed{} \times \boxed{} = \boxed{}$ 이므로 $\frac{□}{8} < \boxed{}$ 입니다.

따라서 $□ < \boxed{}$ 이므로 □ 안에 들어갈 수 있는 자연수는 $\boxed{1}$,

$\boxed{}$, $\boxed{}$, $\boxed{}$ 로 모두 $\boxed{}$ 개입니다.

답 ___________

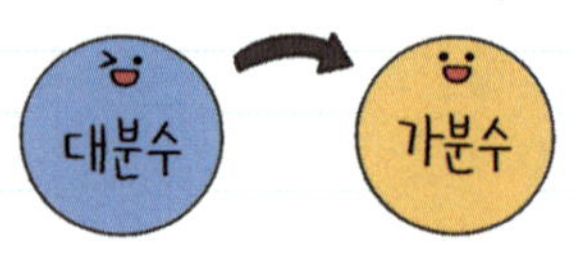

2.

$$\frac{□}{15} < 2\frac{2}{3} \div 5$$

$2\frac{2}{3} \div 5 = \boxed{} \times \boxed{} = \boxed{}$ 이므로 $\frac{□}{15} < \boxed{}$ 입니다.

따라서 $□ < \boxed{}$ 이므로 □ 안에 들어갈 수 있는 자연수는

___________ 로 모두 $\boxed{}$ 개입니다.

답 ___________

3.

$$\frac{□}{12} < 1\frac{1}{6} \div 2$$

답 ___________

1. □ 안에 들어갈 수 있는 자연수 중 가장 작은 수를 구하세요.

$$\frac{49}{3} \div 4 < □$$

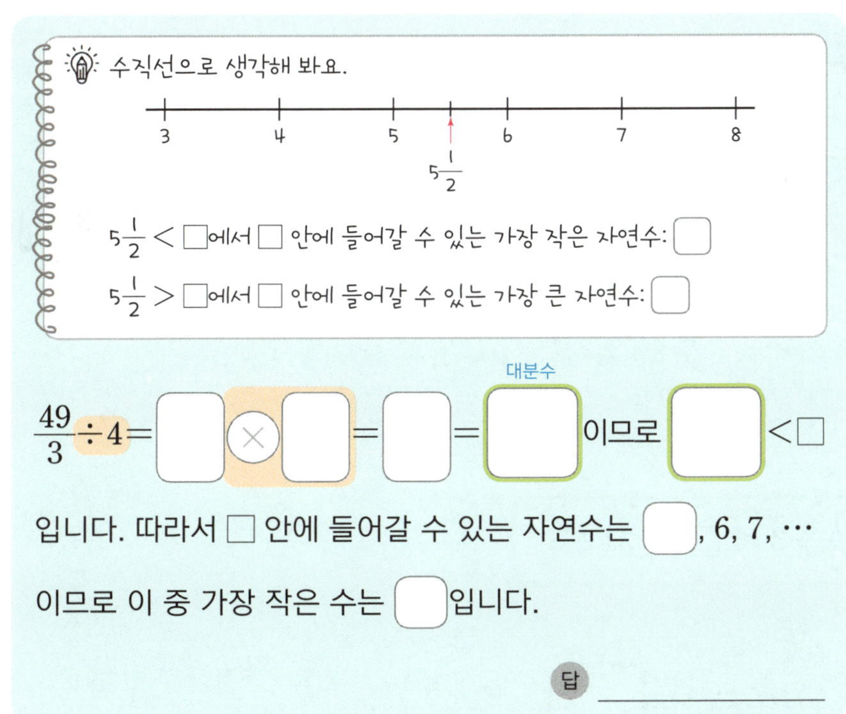

입니다. 따라서 □ 안에 들어갈 수 있는 자연수는 □, 6, 7, …

이므로 이 중 가장 작은 수는 □입니다.

답 ____________________

2. □ 안에 들어갈 수 있는 자연수 중 가장 큰 수를 구하세요.

$$9\frac{1}{4} \div 2 > □$$

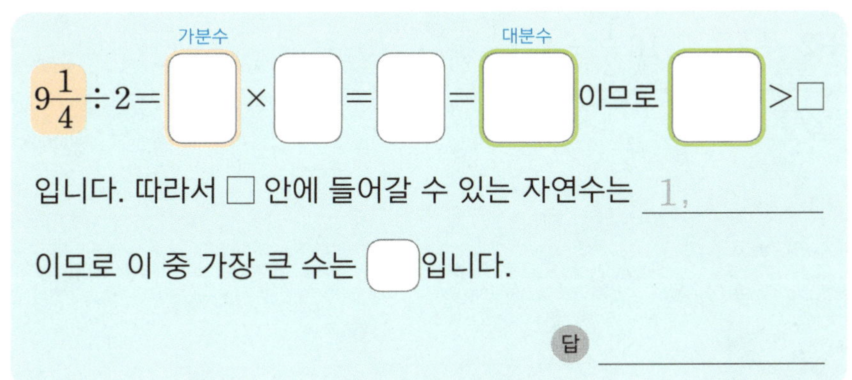

입니다. 따라서 □ 안에 들어갈 수 있는 자연수는 1,

이므로 이 중 가장 큰 수는 □입니다.

답 ____________________

⭐ □ 안에 들어갈 수 있는 자연수를 모두 구하세요.

1.

$$26 \div 7 < \square < 43 \div 6$$

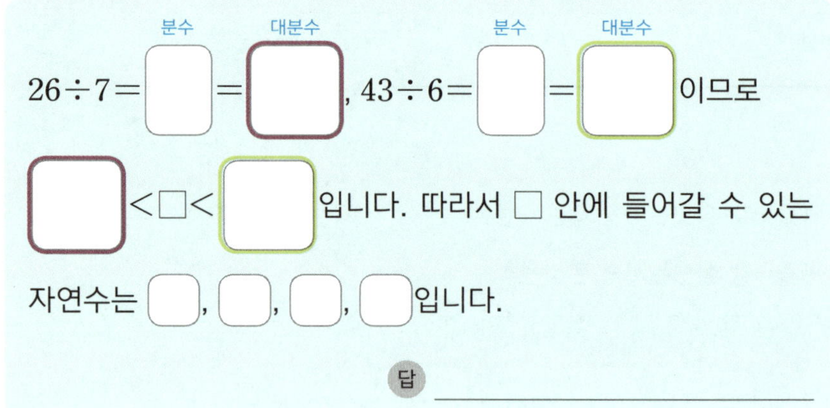

분수 대분수 분수 대분수

$26 \div 7 = \boxed{} = \boxed{}$, $43 \div 6 = \boxed{} = \boxed{}$ 이므로

$\boxed{} < \square < \boxed{}$ 입니다. 따라서 □ 안에 들어갈 수 있는

자연수는 $\boxed{}$, $\boxed{}$, $\boxed{}$, $\boxed{}$ 입니다.

답 ___________________________

2.

$$10\frac{1}{2} \div 3 < \square < 31 \div 5$$

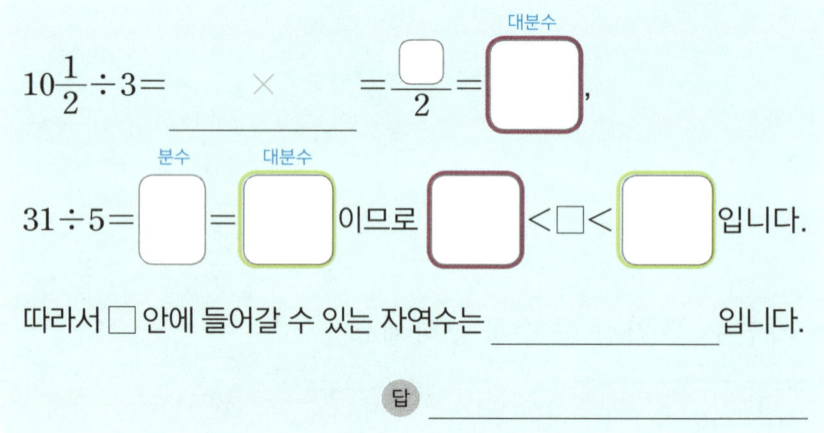

대분수

$10\frac{1}{2} \div 3 = \dfrac{\times}{} = \dfrac{\boxed{}}{2} = \boxed{}$,

분수 대분수

$31 \div 5 = \boxed{} = \boxed{}$ 이므로 $\boxed{} < \square < \boxed{}$ 입니다.

따라서 □ 안에 들어갈 수 있는 자연수는 ___________ 입니다.

답 ___________________________

3.

$$\frac{23}{5} \div 2 < \square < 16\frac{1}{2} \div 4$$

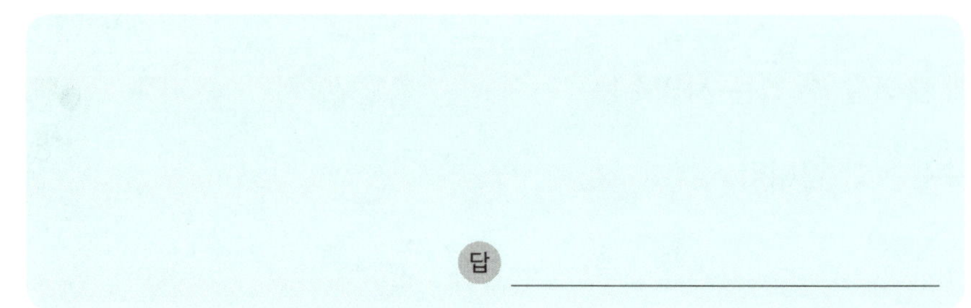

답 ___________________________

05 바르게 계산한 값 구하기

1. 어떤 기약분수에 2를 곱했더니 $\dfrac{4}{7}$가 되었습니다. 어떤 기약분수를 구하세요.

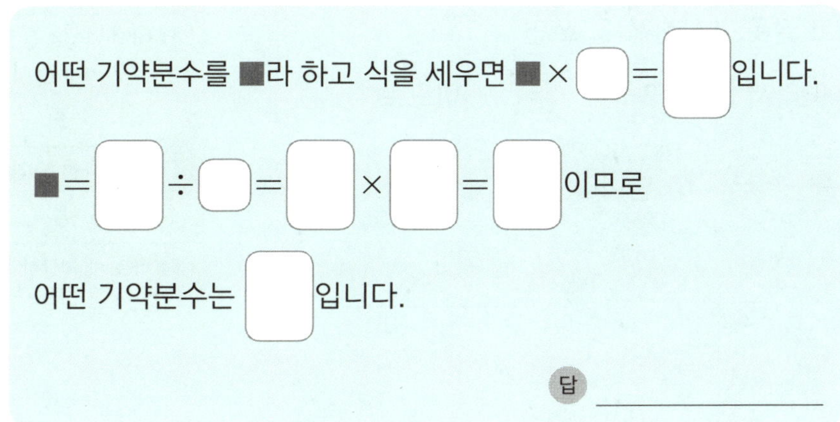

2. 어떤 기약분수에 4를 곱했더니 $2\dfrac{2}{7}$가 되었습니다. 어떤 기약분수를 구하세요.

3. 어떤 기약분수에 3을 곱했더니 $\dfrac{9}{4}$가 되었습니다. 어떤 기약분수를 구하세요.

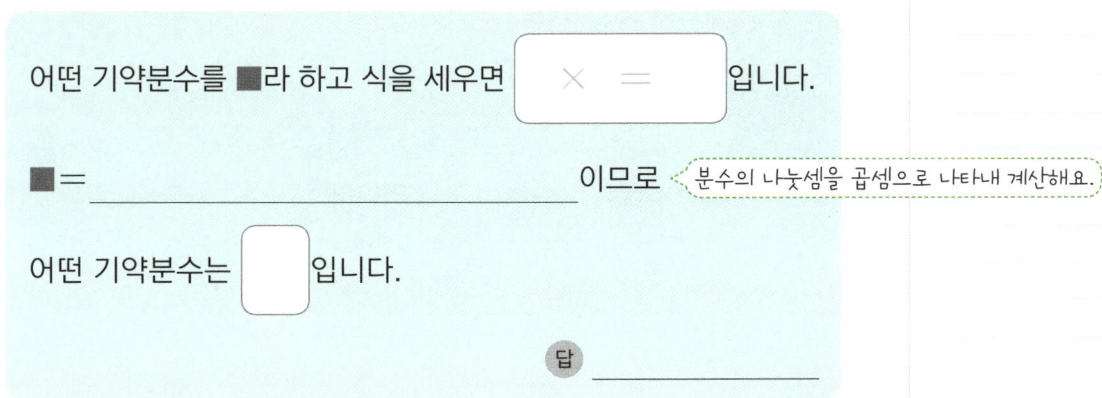

1. 어떤 자연수를 7로 나누어야 할 것을 잘못하여 곱했더니 42

교과서 유형

가 되었습니다. 바르게 계산하면 얼마인지 분수로 나타내세요.

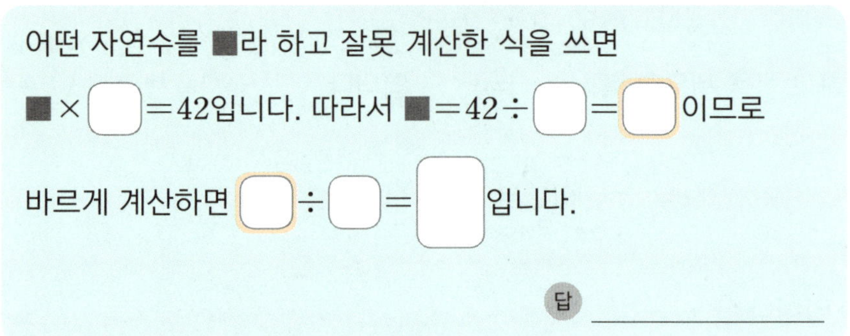

2. 어떤 자연수를 3으로 나누어야 할 것을 잘못하여 곱했더니 24가 되었습니다. 바르게 계산하면 얼마인지 분수로 나타내세요.

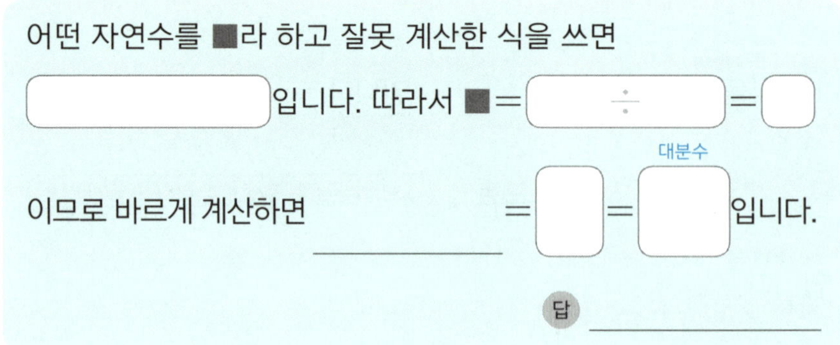

3. 어떤 자연수를 4로 나누어야 할 것을 잘못하여 곱했더니 28이 되었습니다. 바르게 계산하면 얼마인지 분수로 나타내세요.

1. 어떤 수를 7로 나누어야 할 것을 잘못하여 곱했더니 $\dfrac{14}{9}$ 가 되었습니다. 바르게 계산하면 얼마인지 기약분수로 나타내세요.

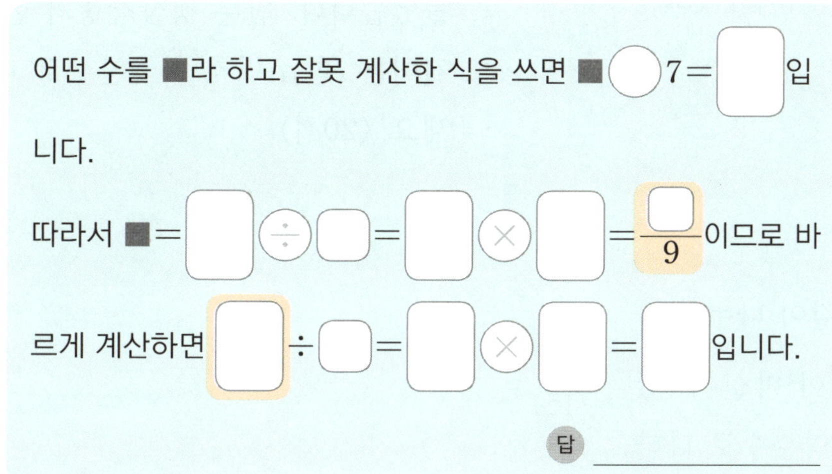

2. 어떤 수를 4로 나누어야 할 것을 잘못하여 곱했더니 $4\dfrac{4}{5}$ 가 되었습니다. 바르게 계산하면 얼마인지 기약분수로 나타내세요.

어떤 수를 ■라 하고 잘못 계산한 식을 쓰면

■ ◯ ☐ = ☐ 입니다.

따라서

■ = ☐ ◯ ☐ = ☐ ◯ ☐ = $\dfrac{☐}{5}$ = ☐ 이므로 바르게 계산하면 _______________________ 입니다.

대분수

답 _______________

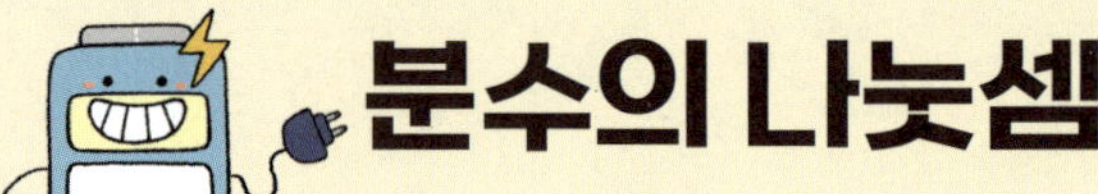

분수의 나눗셈

점수 　　　/ 100

한 문제당 10점

1. 밀가루 4 kg을 7봉지에 똑같이 나누어 담으려고 합니다. 한 봉지에 몇 kg씩 담아야 하는지 분수로 나타내세요.

（　　　　　　　）

2. 식혜 $\dfrac{9}{14}$ L를 3명이 똑같이 나누어 마시려고 합니다. 한 사람이 마실 수 있는 식혜는 몇 L인지 기약분수로 나타내세요.

（　　　　　　　）

3. 색 테이프 $\dfrac{8}{5}$ m를 똑같이 4도막으로 나누었습니다. 색 테이프 한 도막의 길이는 몇 m인지 기약분수로 나타내세요.

（　　　　　　　）

4. 넓이가 $12\dfrac{1}{4}$ cm²이고 가로가 3 cm인 직사각형이 있습니다. 이 직사각형의 세로는 몇 cm인지 구하세요.

（　　　　　　　）

5. 철사 $4\dfrac{2}{7}$ m를 겹치지 않게 모두 사용하여 크기가 같은 정삼각형 3개를 만들었습니다. 만든 정삼각형의 한 변의 길이는 몇 m인지 기약분수로 나타내세요. (20점)

（　　　　　　　）

6. □ 안에 들어갈 수 있는 자연수 중 가장 작은 수를 구하세요. (20점)

$$6\dfrac{4}{5} \div 2 < \square$$

（　　　　　　　）

7. 어떤 수를 5로 나누어야 할 것을 잘못하여 곱했더니 $2\dfrac{1}{12}$이 되었습니다. 바르게 계산하면 얼마인지 기약분수로 나타내세요. (20점)

（　　　　　　　）

각기둥과 각뿔

둘째 마당에서는 **각기둥과 각뿔**을 활용한 문장제를 배웁니다.
각기둥과 각뿔의 특징을 알면 두 입체도형을 분류할 수 있어요.
구체물을 그려 보는 과정에서 면, 모서리, 꼭짓점을 찾고
개수를 세어 보면 각기둥과 각뿔을 이해하기 쉬워요.
□를 채워 문장을 완성하면, 학교 시험 자신감 충전 완료!

06 각기둥

1. 오른쪽 각기둥의 밑면의 모양과 각기둥의 이름을 쓰세요.

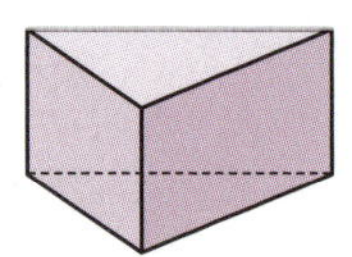

각기둥의 이름은 밑면 의 모양에 따라 정해집니다.

밑면의 모양이 [   ] 이므로 각기둥의 이름은 [   ] 입니다.

➡ 밑면의 모양: ______________ , 각기둥의 이름: ______________

2. 사각기둥의 한 밑면의 변은 몇 개인지 구하세요.

사각기둥의 밑면의 모양: [   ] ➡ 한 밑면의 변의 수: [   ] 개

3. 오각기둥의 면은 몇 개인지 구하세요.

(각기둥의 면의 수)=(한 밑면의 변의 수)+2

오각기둥의 한 밑면의 변의 수: [   ] 개

➡ (오각기둥의 면의 수)=(한 밑면의 변의 수)+[   ]

= [   ] + [   ] = [   ] (개)

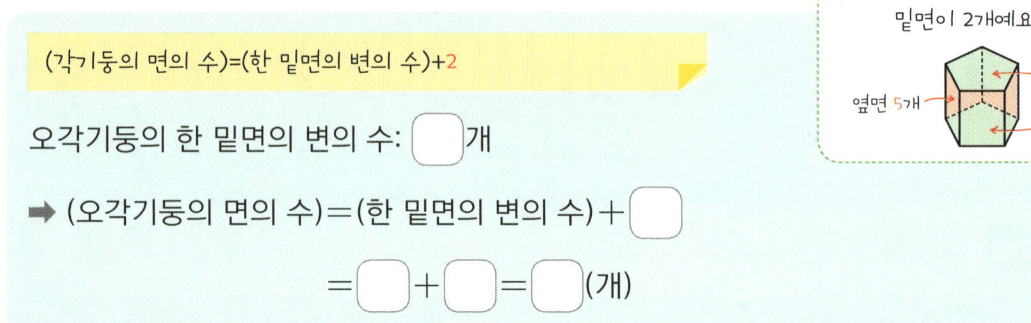

4. 삼각기둥의 꼭짓점은 몇 개인지 구하세요.

(각기둥의 꼭짓점의 수)=(한 밑면의 변의 수)×2

삼각기둥의 한 밑면의 변의 수: [   ] 개

➡ (삼각기둥의 꼭짓점의 수)=(한 밑면의 변의 수)×[   ]

= [   ] × [   ] = [   ] (개)

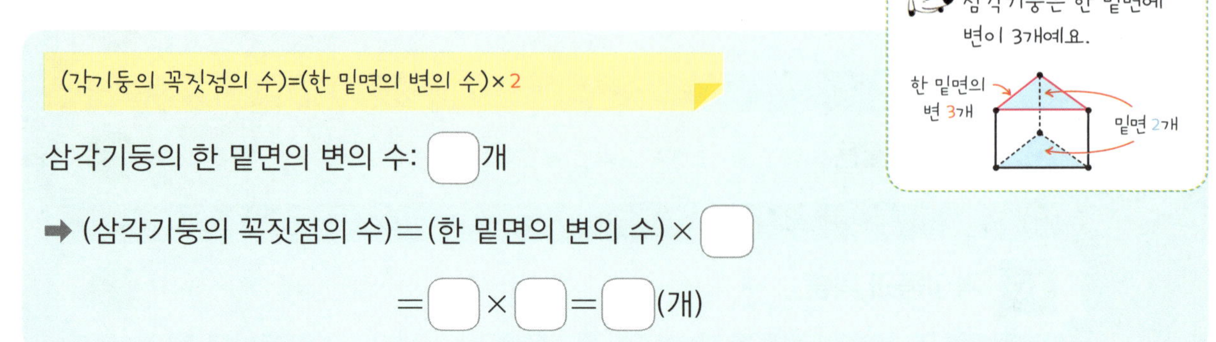

1. 밑면의 모양이 오른쪽과 같은 각기둥의 모서리는
모두 몇 개인지 구하세요.

밑면의 모양이 사각형인 각기둥은 [　　　　] 입니다.

[　　　　]의 한 밑면의 변은 [　]개이므로 모서리는 모두

[　] × [3] = [　] (개)입니다.

답 _______________

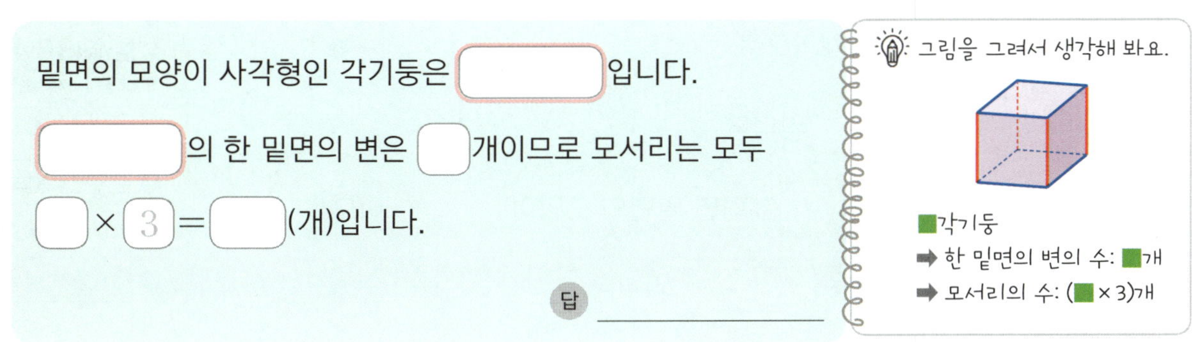

2. 밑면의 모양이 오른쪽과 같은 각기둥의 모서리는
모두 몇 개인지 구하세요.

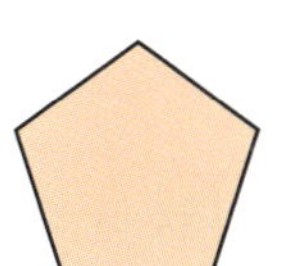

밑면의 모양이 [오각형]인 각기둥은 [　　　　] 입니다.

[　　　　]의 한 밑면의 변은 [　]개이므로 모서리는 모두

______ × ______ = [　] (개)입니다.

답 _______________

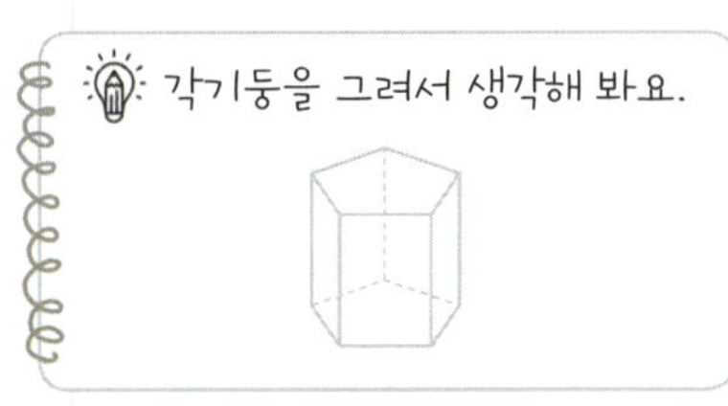

3. 밑면의 모양이 오른쪽과 같은 각기둥의 모서리는
모두 몇 개인지 구하세요.

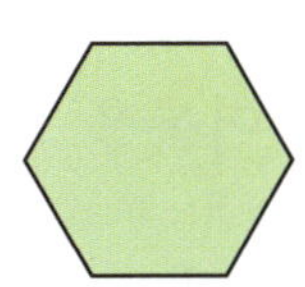

답 _______________

1. 면이 6개인 각기둥의 이름을 쓰세요.

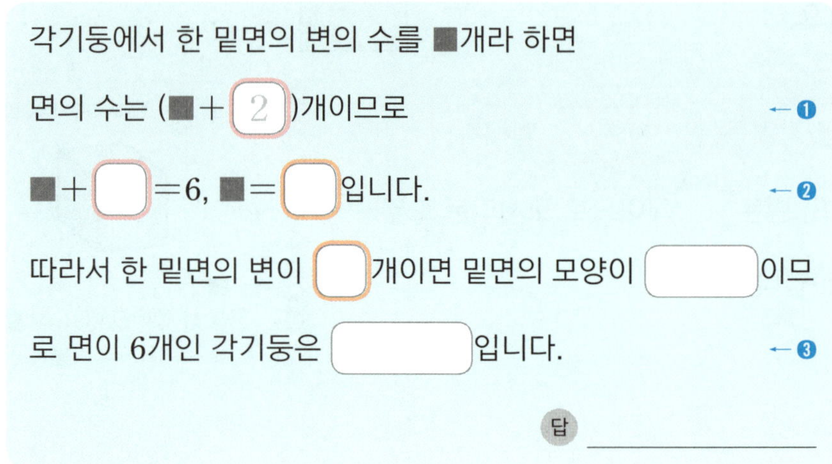

각기둥에서 한 밑면의 변의 수를 ■개라 하면

면의 수는 (■+ 2)개이므로　　　　　　　　← ❶

■+ ☐ =6, ■= ☐ 입니다.　　　　　　　　← ❷

따라서 한 밑면의 변이 ☐ 개이면 밑면의 모양이 ☐ 이므

로 면이 6개인 각기둥은 ☐ 입니다.　　　　← ❸

답 ___________

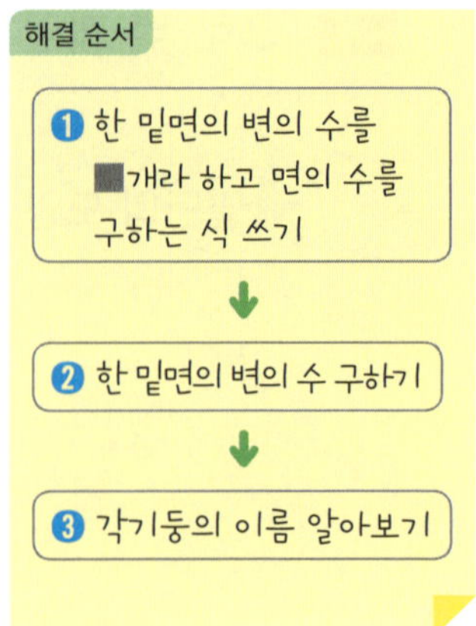

2. 면이 9개인 각기둥의 이름을 쓰세요.

각기둥에서 한 밑면의 변의 수를 ■개라 하면 면의 수는

(■+ ___)개이므로 ■+ ☐ = 9 , ■= ☐ 입니다.

따라서 한 밑면의 변이 ☐ 개이면 밑면의 모양이 _________

___________________________________ 입니다.

답 ___________

3. 면이 12개인 각기둥의 이름을 쓰세요.

각기둥에서 한 밑면의 변의 수를 ■개라 하면 면의 수는

답 ___________

1. 모서리가 9개인 각기둥의 이름을 쓰세요.

각기둥에서 한 밑면의 변의 수를 ■개라 하면

모서리의 수는 (■ × ③)개이므로　　　　　← ❶

■ × ☐ = 9, ■ = ☐ 입니다.　　　　　← ❷

따라서 한 밑면의 변이 ☐ 개이면 밑면의 모양이 ☐ 이므

로 모서리가 9개인 각기둥은 ☐ 입니다.　　← ❸

답 _______________

2. 모서리가 15개인 각기둥의 이름을 쓰세요.

각기둥에서 한 밑면의 변의 수를 ■개라 하면 모서리의 수는

(________)개이므로 ■ × ☐ = ⑮ , ■ = ☐ 입니다.

따라서 한 밑면의 변이 ☐ 개이면 밑면의 모양이 ________

________________________________ 입니다.

답 _______________

3. 모서리가 24개인 각기둥의 이름을 쓰세요.

답 _______________

1. 꼭짓점이 10개인 각기둥의 이름을 쓰세요.

각기둥에서 한 밑면의 변의 수를 ■개라 하면

꼭짓점의 수는 (■ × 2)개이므로 ← ❶

■ × ☐ = 10, ■ = ☐ 입니다. ← ❷

따라서 한 밑면의 변이 ☐개이면 밑면의 모양이 [ ]이므

로 꼭짓점이 10개인 각기둥은 [ ]입니다. ← ❸

답 ______________

2. 꼭짓점이 12개인 각기둥의 이름을 쓰세요.

각기둥에서 한 밑면의 변의 수를 ■개라 하면 꼭짓점의 수는

(__________)개이므로 ■ × ☐ = 12, ■ = ☐ 입니다.

따라서 한 밑면의 변이 ☐개이면 밑면의 모양이 __________

__________________________________ 입니다.

답 ______________

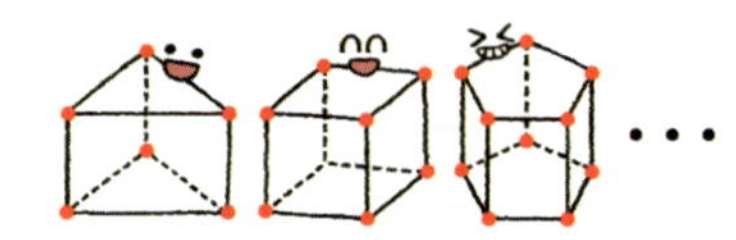

3. 꼭짓점이 18개인 각기둥의 이름을 쓰세요.

답 ______________

07 각기둥의 활용

1. 오른쪽 각기둥의 밑면이 정삼각형일 때 각기둥의 모든 모서리의 길이의 합은 몇 cm일까요?

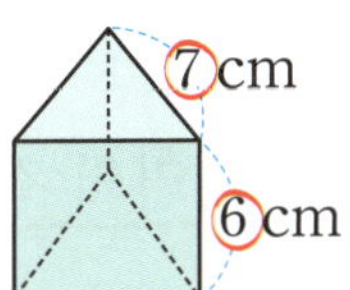

(길이가 7 cm인 모서리의 길이의 합)=7× ☐ = ☐ (cm)   모서리 수

(길이가 6 cm인 모서리의 길이의 합)=6× ☐ = ☐ (cm)

따라서 각기둥의 모든 모서리의 길이의 합은

☐ + ☐ = ☐ (cm)입니다.

답 ____________

문제에서 숫자는 ◯,
조건 또는 구하는 것은 ____로
표시해 보세요.

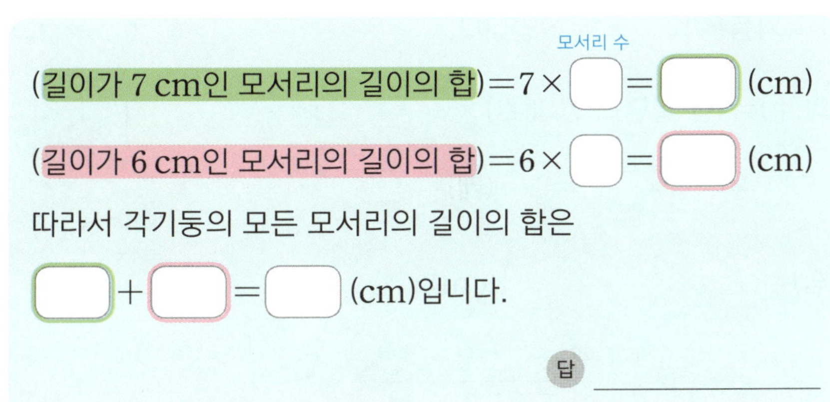

2. 오른쪽 각기둥의 밑면이 정오각형일 때 각기둥의 모든 모서리의 길이의 합은 몇 cm일까요?

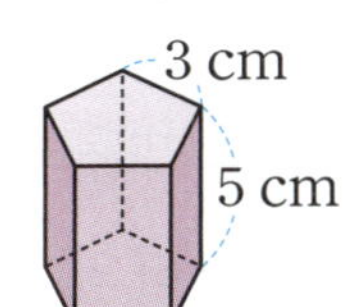

(길이가 3 cm인 모서리의 길이의 합)= ☐ × ☐ = ☐ (cm)   변 길이 모서리 수

(길이가 5 cm인 모서리의 길이의 합)= ☐ × ☐ = ☐ (cm)

따라서 각기둥의 모든 모서리의 길이의 합은

____________ = ☐ (cm)입니다.

답 ____________

• 길이가 3 cm인
  모서리의 수: ☐ 개
• 길이가 5 cm인
  모서리의 수: ☐ 개

3. 오른쪽 각기둥의 밑면이 정육각형일 때 각기둥의 모든 모서리의 길이의 합은 몇 cm일까요?

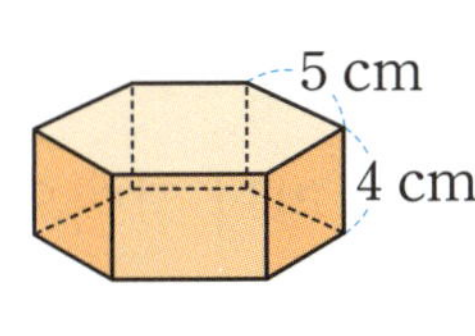

답 ____________

• 길이가 5 cm인
  모서리의 수: ☐ 개
• 길이가 4 cm인
  모서리의 수: ☐ 개

1. 밑면의 모양이 삼각형인 각기둥의 모든 모서리의 길이가

[교과서 유형] ⑧cm로 같을 때, 모든 모서리의 길이의 합은 몇 cm일까요?

밑면의 모양이 삼각형인 각기둥은 [   ] 입니다.

([   ]의 모서리의 수)=(한 밑면의 변의 수)× [ ]

=[ ]×[ ]=[ ](개)

모서리 수

(모든 모서리의 길이의 합)=[ ]×[ ]=[ ](cm)

답 ____________

문제에서 숫자는 ◯,
조건 또는 구하는 것은 ___로
표시해 보세요.

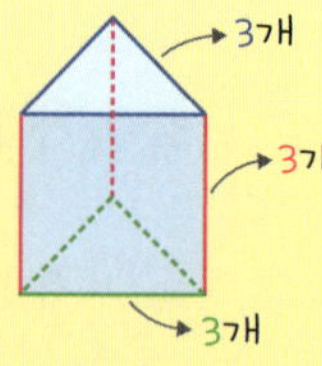

2. 밑면의 모양이 오각형인 각기둥의 모든 모서리의 길이가

4 cm로 같을 때, 모든 모서리의 길이의 합은 몇 cm일까요?

밑면의 모양이 오각형인 각기둥은 [   ] 입니다.

([   ]의 모서리의 수)= ________ × ________ = [ ](개)

(모든 모서리의 길이의 합)= ________ = [ ](cm)

답 ____________

3. 밑면의 모양이 육각형인 각기둥의 모든 모서리의 길이가

5 cm로 같을 때, 모든 모서리의 길이의 합은 몇 cm일까요?

답 ____________

1. 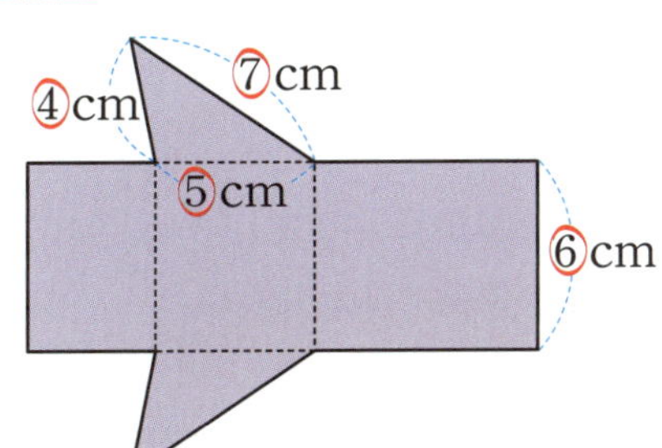

전개도를 접었을 때 만들어지는 삼각기둥의 모든 모서리의 길이의 합은 몇 cm일까요?

(모든 모서리의 길이의 합)
= (한 밑면의 모서리의 길이의 합) × 2
       + (높이) × (한 밑면의 변의 수)
= (4 + 5 + ☐) × 2 + ☐ × 3
= ☐ × 2 + ☐ = ☐ + ☐ = ☐ (cm)

답 ______________

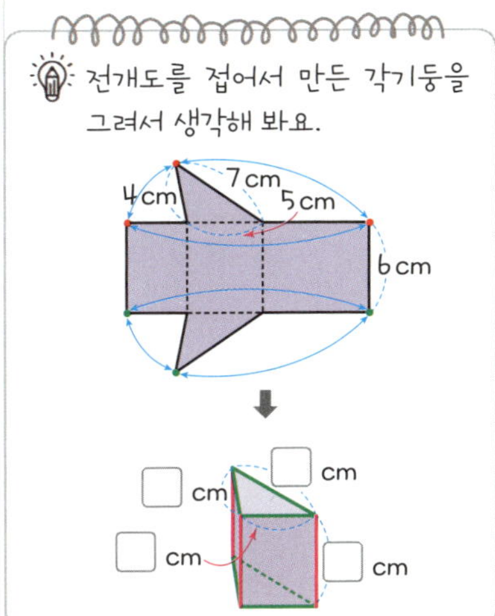

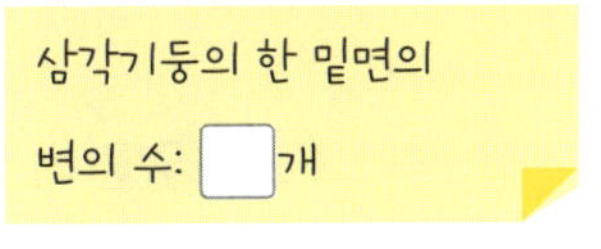

2. 전개도를 접었을 때 만들어지는 사각기둥의 모든 모서리의 길이의 합은 몇 cm일까요?

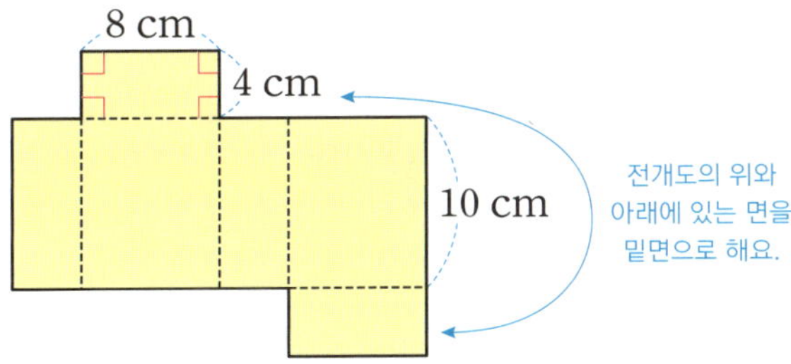

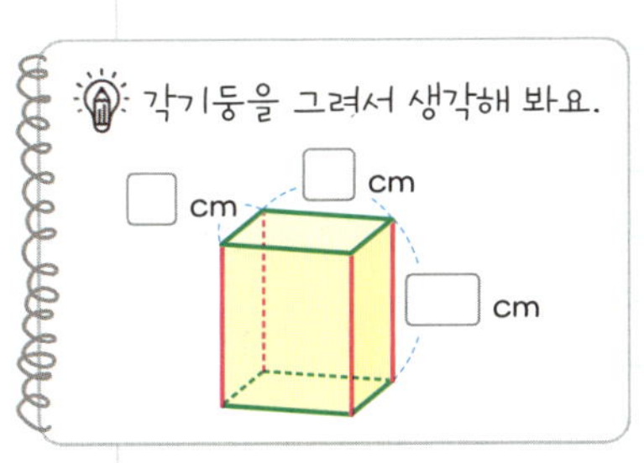

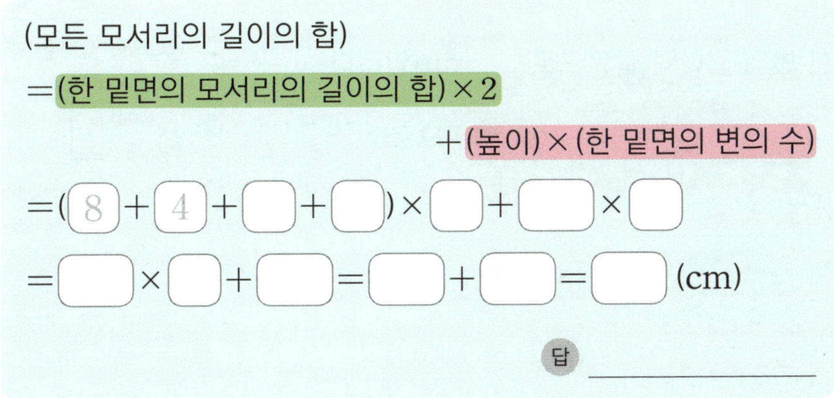

(모든 모서리의 길이의 합)
= (한 밑면의 모서리의 길이의 합) × 2
       + (높이) × (한 밑면의 변의 수)
= (8 + 4 + ☐ + ☐) × ☐ + ☐ × ☐
= ☐ × ☐ + ☐ = ☐ + ☐ = ☐ (cm)

답 ______________

1. 밑면과 옆면의 모양이 각각 오른쪽과 같은 입체도형의 <u>모든 옆면의 넓이의 합은 몇 cm²일까요?</u> (단, 밑면의 모양은 정오각형입니다.)

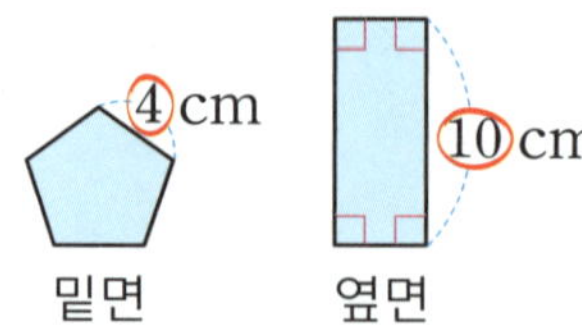

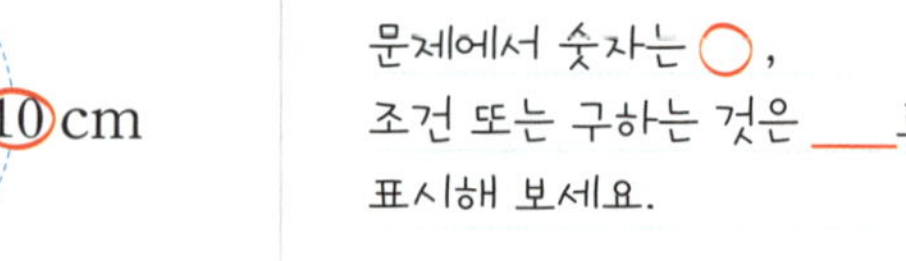

옆면의 가로는 밑면의 한 변의 길이와 같으므로 ☐ cm입니다.

（옆면 1개의 넓이）= ☐（가로）× ☐（세로）= ☐ (cm²)이므로

（모든 옆면의 넓이의 합）= ☐ × ☐（옆면의 수）= ☐ (cm²)입니다.

답 _______________

2. 밑면과 옆면의 모양이 각각 오른쪽과 같은 입체도형의 모든 옆면의 넓이의 합은 몇 cm²일까요? (단, 밑면의 모양은 정육각형입니다.)

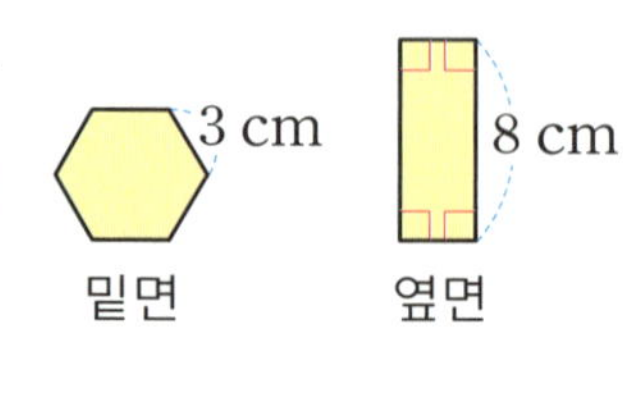

옆면의 가로는 밑면의 한 변의 길이와 같으므로 ☐ cm입니다.

（옆면 1개의 넓이）= ____（가로）× ____（세로）= ☐ (cm²)이므로

（모든 옆면의 넓이의 합）= ____ × ____ = ☐ (cm²)입니다.

답 _______________

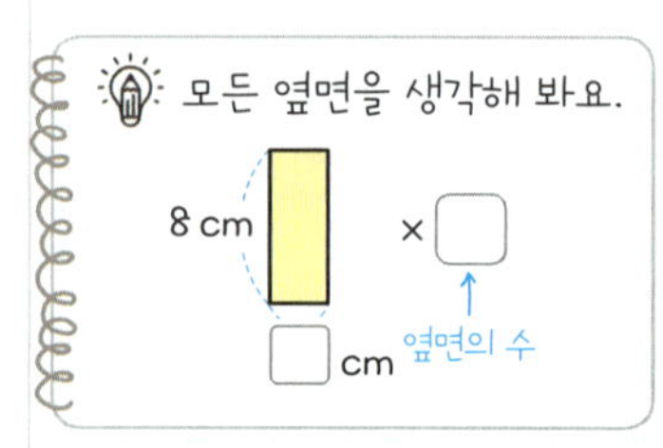

08 각뿔

1. 오른쪽 **각뿔**의 밑면의 모양과 각뿔의 이름을 쓰세요.

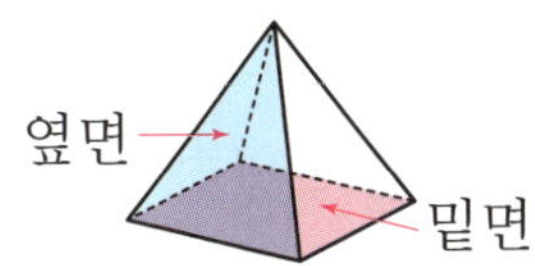

각뿔의 이름은 [밑면]의 모양에 따라 정해집니다.

밑면의 모양이 [   ]이므로 각뿔의 이름은 [   ]입니다.

➡ 밑면의 모양: _____________ , 각기둥의 이름: _____________

> 밑면의 모양이 ■각형인
> 각뿔을 ■각뿔이라고 해요.

2. 삼각뿔의 밑면의 변은 몇 개인지 구하세요.

삼각뿔의 밑면의 모양: [   ] ➡ 밑면의 변의 수: [   ]개

3. 육각뿔의 면은 몇 개인지 구하세요.

(각뿔의 면의 수)=(밑면의 변의 수)+1

육각뿔의 밑면의 변의 수: [   ]개

➡ (육각뿔의 면의 수)=(밑면의 변의 수)+ [   ]

= [   ] + [   ] = [   ] (개)

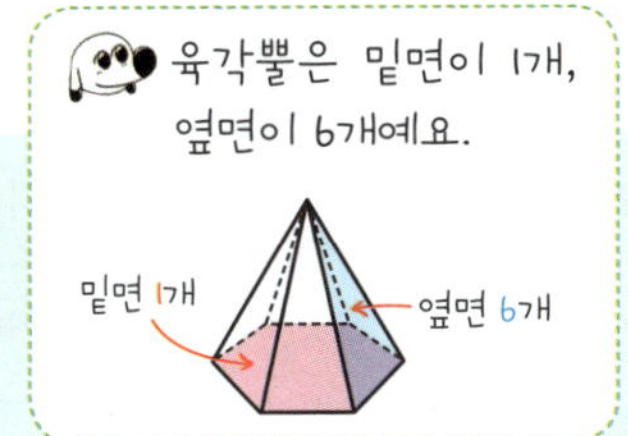

4. 오각뿔의 모서리는 몇 개인지 구하세요.

(각뿔의 모서리의 수)=(밑면의 변의 수)×2

오각뿔의 밑면의 변의 수: [   ]개

➡ (오각뿔의 모서리의 수)=(밑면의 변의 수)× [   ]

= [   ] × [   ] = [   ] (개)

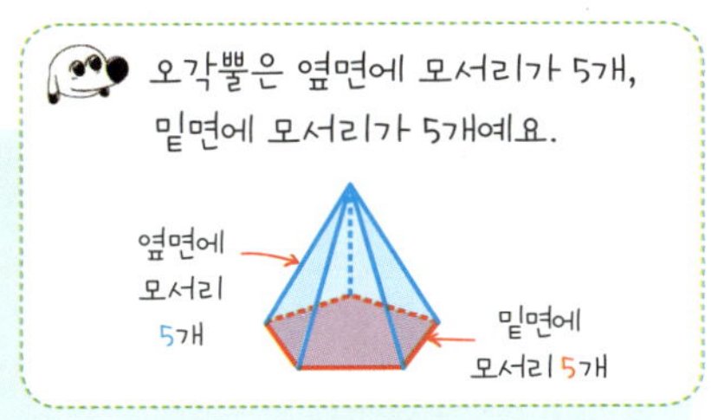

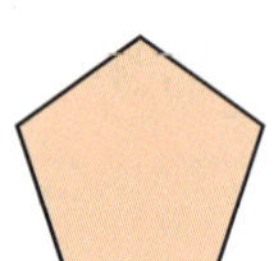

1. 밑면의 모양이 오른쪽과 같은 각뿔의 꼭짓점은 모
두 몇 개인지 구하세요.

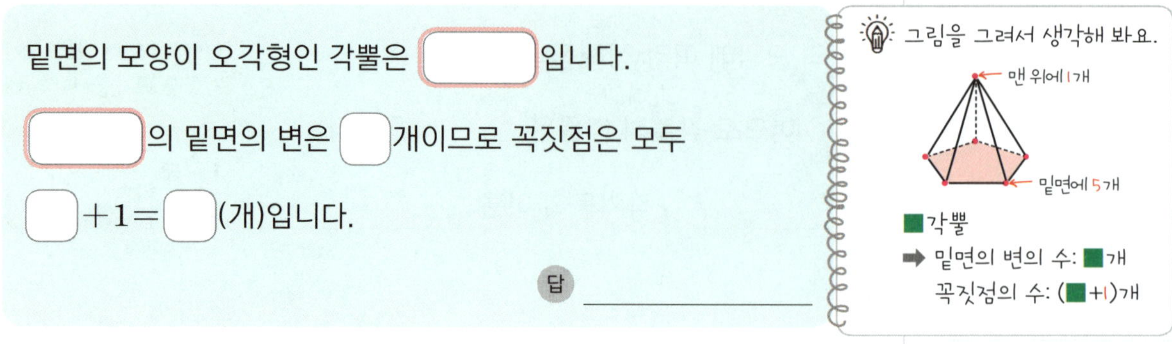

밑면의 모양이 오각형인 각뿔은 [   ]입니다.

[   ]의 밑면의 변은 [ ]개이므로 꼭짓점은 모두

[ ]+1=[ ](개)입니다.

답 ___________

2. 밑면의 모양이 오른쪽과 같은 각뿔의 꼭짓점은
모두 몇 개인지 구하세요.

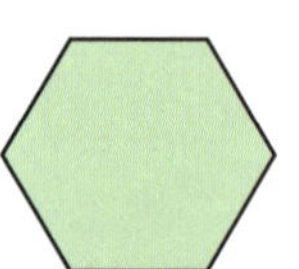

밑면의 모양이 [   ]인 각뿔은 [   ]입니다.

[   ]의 밑면의 변은 [ ]개이므로 꼭짓점은 모두

______ + ______ = [ ](개)입니다.

답 ___________

3. 밑면의 모양이 오른쪽과 같은 각뿔의 꼭짓점은 모
두 몇 개인지 구하세요.

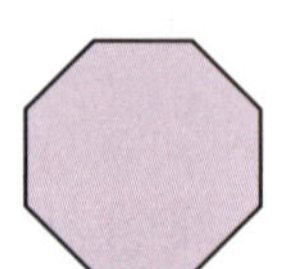

답 ___________

1. 면이 6개인 각뿔의 이름을 쓰세요.

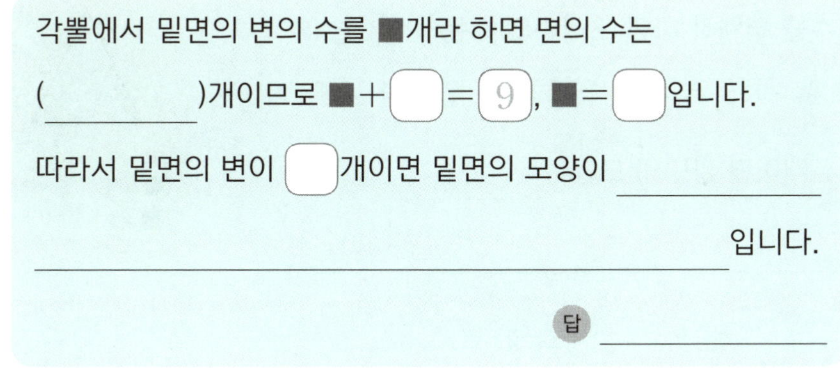

각뿔에서 밑면의 변의 수를 ■개라 하면

면의 수는 (■+ 1)개이므로   ← ❶

■+ ⬜ =6, ■= ⬜ 입니다.   ← ❷

따라서 밑면의 변이 ⬜ 개이면 밑면의 모양이 ⬜ 이므로

면이 6개인 각뿔은 ⬜ 입니다.   ← ❸

답 ______________

2. 면이 9개인 각뿔의 이름을 쓰세요.

각뿔에서 밑면의 변의 수를 ■개라 하면 면의 수는

(__________)개이므로 ■+ ⬜ = 9 , ■= ⬜ 입니다.

따라서 밑면의 변이 ⬜ 개이면 밑면의 모양이 __________

__________________________________ 입니다.

답 ______________

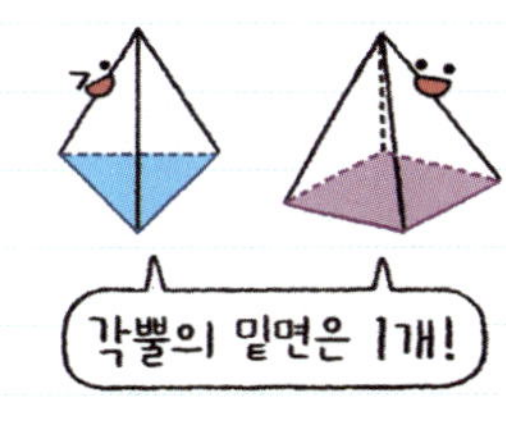

3. 면이 11개인 각뿔의 이름을 쓰세요.

답 ______________

1. 모서리가 8개인 각뿔의 이름을 쓰세요.

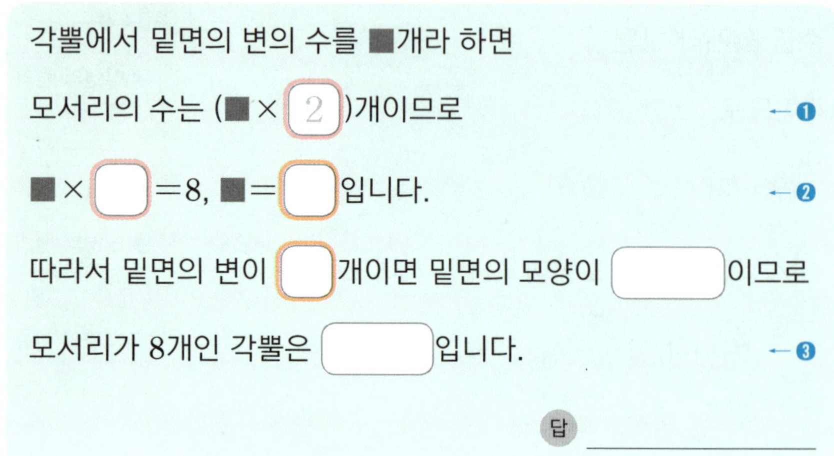

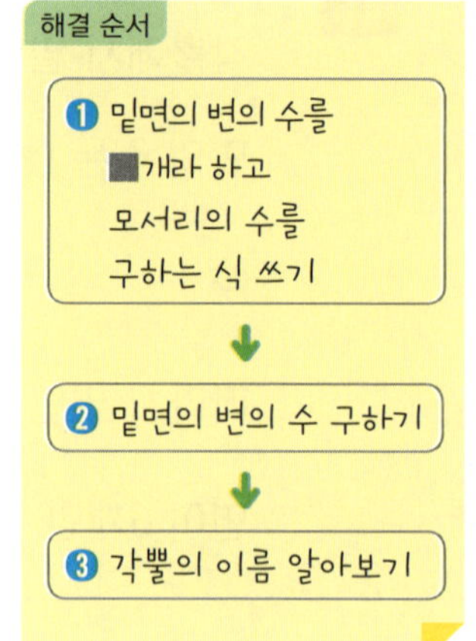

2. 모서리가 14개인 각뿔의 이름을 쓰세요.

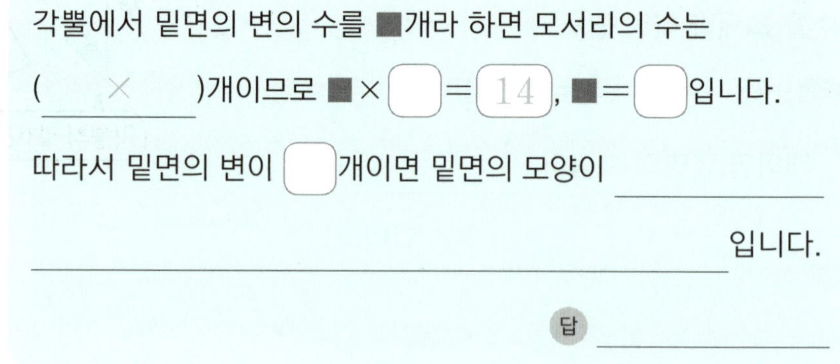

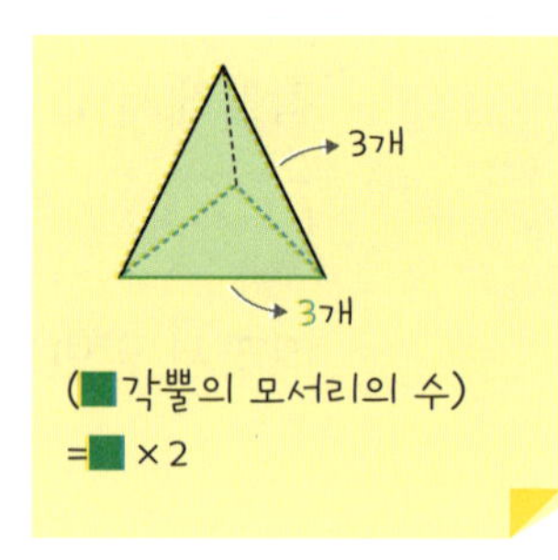

3. 모서리가 18개인 각뿔의 이름을 쓰세요.

답 ____________

1. 오각뿔은 삼각뿔보다 옆면이 몇 개 더 많은지 구하세요.

각뿔에서 옆면의 수는 밑면의 변의 수와 같습니다.

오각뿔의 옆면은 ☐개, 삼각뿔의 옆면은 ☐개입니다.

따라서 오각뿔은 삼각뿔보다 옆면이 ☐ − ☐ = ☐ (개) 더 많습니다.

답 ____________

각뿔에 대해 알아 봐요.
• 오각뿔의 밑면의 변의 수: ☐개
 → 옆면의 수: ☐개
• 삼각뿔의 밑면의 변의 수: ☐개
 → 옆면의 수: ☐개

2. 팔각뿔은 오각뿔보다 옆면이 몇 개 더 많은지 구하세요.

팔각뿔의 옆면은 ☐개, 오각뿔의 옆면은 ☐개입니다.

따라서 팔각뿔은 오각뿔보다 옆면이 __________ = ☐ (개) 더 많습니다.

답 ____________

3. 칠각뿔은 사각뿔보다 옆면이 몇 개 더 많은지 구하세요.

칠각뿔의 옆면은 ☐개, 사각뿔의 옆면은 ☐개입니다.

따라서 ________________________________

더 많습니다.

답 ____________

09 각뿔의 활용

1. 꼭짓점이 ④개인 각뿔의 <u>모서리</u>는 몇 개인지 구하세요.

각뿔의 밑면의 변의 수를 ■개라 하면 꼭짓점의 수는

(■ + ☐1☐)개이므로 ■ + ☐ = 4, ■ = ☐ 입니다.

따라서 밑면의 변이 ☐ 개이면 밑면의 모양이 [＿＿＿]이므로

꼭짓점이 4개인 각뿔은 [＿＿＿]입니다.

([＿＿＿] 의 모서리의 수) = (밑면의 변의 수) × ☐

= ☐ × ☐ = ☐ (개)

답 ＿＿＿＿＿＿＿

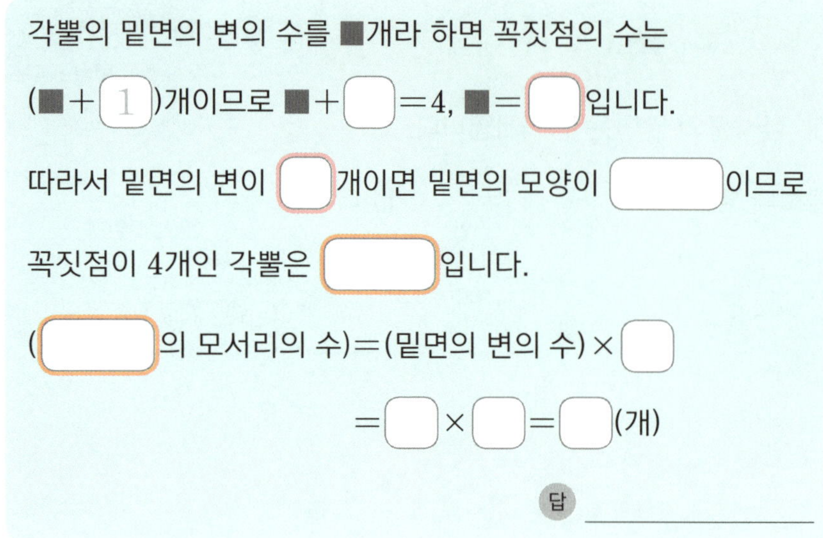

●각뿔			
밑면의 변의 수(개)	꼭짓점의 수(개)	면의 수(개)	모서리의 수(개)
●	●+1	●+1	●×2

2. 면이 7개인 각뿔의 모서리는 몇 개인지 구하세요.

각뿔의 밑면의 변의 수를 ■개라 하면 면의 수는

(■ + ☐)개이므로 ■ + ☐ = 7, ■ = ☐ 입니다.

따라서 밑면의 변이 ☐ 개이면 밑면의 모양이 [＿＿＿]이므로

면이 7개인 각뿔은 [＿＿＿]입니다.

([＿＿＿] 의 모서리의 수) = (밑면의 변의 수) × ☐

= ＿＿＿＿＿ = ☐ (개)

답 ＿＿＿＿＿＿＿

1. 오른쪽 각뿔의 밑면은 정삼각형이고, 옆면은 이등변삼각형입니다. 이 <u>각뿔의 모든 모서리의 길이의 합은 몇 cm</u>일까요?

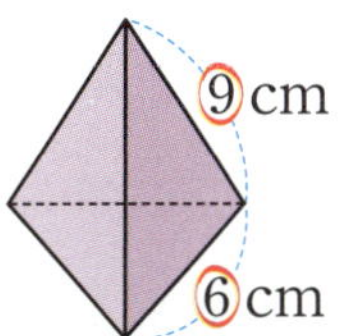

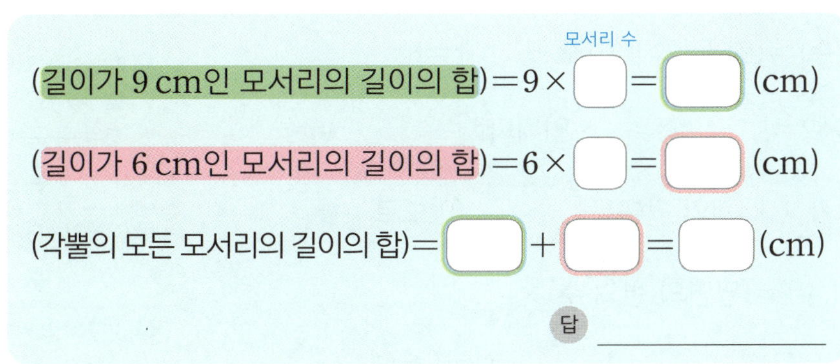

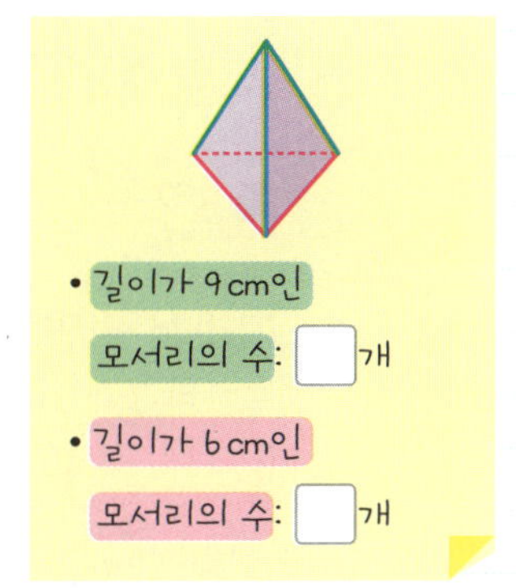

2. 오른쪽 각뿔의 밑면은 정사각형이고, 옆면은 이등변삼각형입니다. 이 각뿔의 모든 모서리의 길이의 합은 몇 cm일까요?

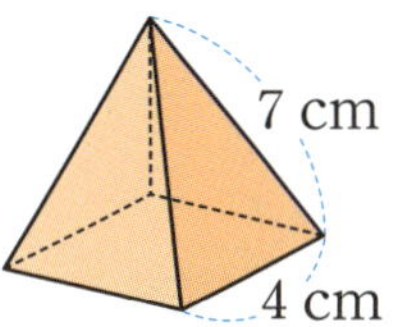

3. 오른쪽 각뿔의 밑면은 정오각형이고, 옆면은 이등변삼각형입니다. 이 각뿔의 모든 모서리의 길이의 합은 몇 cm일까요?

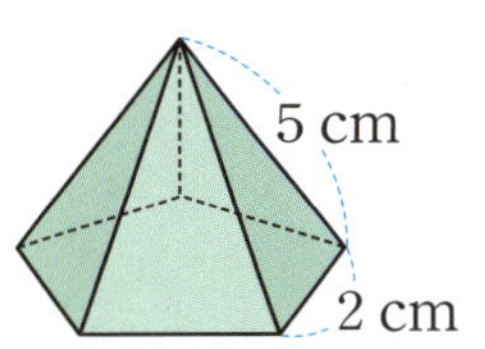

답 __________

1. 면의 수와 꼭짓점의 수의 합이 ⑧개인 각뿔이 있습니다. 이 <u>각뿔의 모서리는 몇 개</u>일까요?

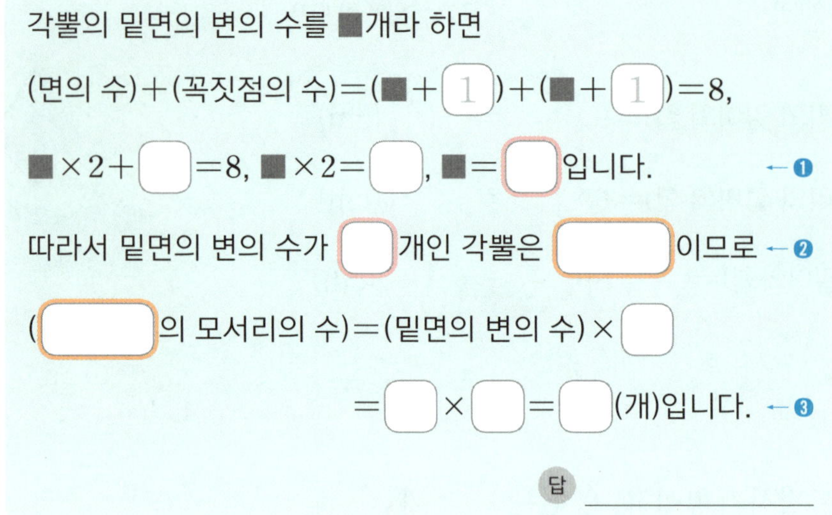

각뿔의 밑면의 변의 수를 ■개라 하면

(면의 수)＋(꼭짓점의 수)＝(■＋1)＋(■＋1)＝8,

■×2＋□＝8, ■×2＝□, ■＝□입니다.　←❶

따라서 밑면의 변의 수가 □개인 각뿔은 [　　　]이므로　←❷

([　　　]의 모서리의 수)＝(밑면의 변의 수)×□

＝□×□＝□(개)입니다.　←❸

답 ___________

2. 면의 수와 꼭짓점의 수의 합이 12개인 각뿔이 있습니다. 이 각뿔의 모서리는 몇 개일까요?

각뿔의 밑면의 변의 수를 ■개라 하면

(면의 수)＋(꼭짓점의 수)＝(■＋□)＋(■＋□)＝12,

■×□＋□＝12, ■×□＝□, ■＝□입니다.

따라서 밑면의 변이 □개인 각뿔은 [　　　]이므로

([　　　]의 모서리의 수)＝(밑면의 변의 수)×□

＝___________＝□(개)입니다.

답 ___________

1. 옆면이 오른쪽과 같은 삼각형 ④개로 이루어진 각뿔이 있습니다. 이 각뿔의 모든 모서리의 길이의 합은 몇 cm일까요?

옆면이 4개인 각뿔은 [ ]이므로 각뿔의 밑면의 모양은 [ ]입니다.

(길이가 7 cm인 모서리의 길이의 합)$=7\times$ [ ] $=$ [ ] (cm)

(길이가 3 cm인 모서리의 길이의 합)$=3\times$ [ ] $=$ [ ] (cm)

따라서 각뿔의 모든 모서리의 길이의 합은

[ ] $+$ [ ] $=$ [ ] (cm)입니다.

답 ___________

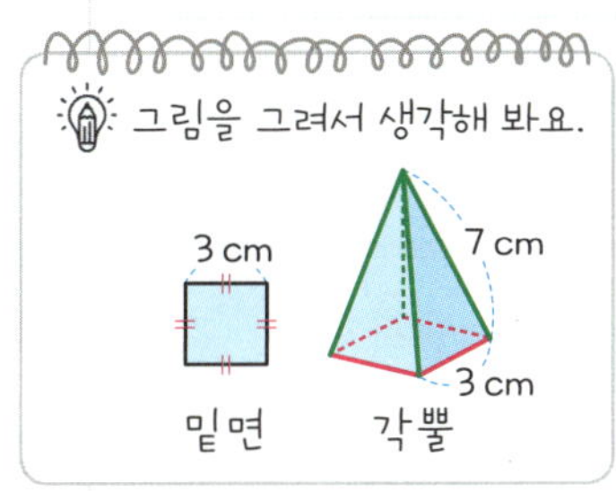

2. 옆면이 오른쪽과 같은 삼각형 5개로 이루어진 각뿔이 있습니다. 이 각뿔의 모든 모서리의 길이의 합은 몇 cm일까요?

옆면이 5개인 각뿔은 [ ]이므로 각뿔의 밑면의 모양은 [ ]입니다.

(길이가 6 cm인 모서리의 길이의 합)$=$ ________ $=$ [ ] (cm)

(길이가 5 cm인 모서리의 길이의 합)$=$ ________ $=$ [ ] (cm)

따라서 각뿔의 모든 모서리의 길이의 합은

____________ $=$ [ ] (cm)입니다.

답 ___________

⭐ 조건을 만족하는 입체도형의 이름을 쓰세요.

1. 

> • 밑면은 다각형이고 ①개입니다.
> • 옆면은 모두 삼각형입니다.
> • 면은 ⑦개입니다.

밑면이 다각형이고 1개이면서 옆면이 모두 삼각형인 입체도형은 (각기둥 , 각뿔)입니다.

밑면의 변의 수를 ■개라 하면 (면의 수)=■+☐=7이므로

■=☐입니다.

따라서 조건을 만족하는 입체도형은 ☐입니다.

답 ＿＿＿＿＿＿＿＿＿

문제에서 숫자는 ◯ ,
조건 또는 구하는 것은 ＿＿로
표시해 보세요.

• 각기둥의 밑면은 2개,
각뿔의 밑면은 1개이예요.
• 각기둥의 옆면은 직사각형,
각뿔의 옆면은 삼각형이에요.

2.

> • 밑면은 다각형이고 2개입니다.
> • 옆면은 모두 직사각형입니다.
> • 모서리는 24개입니다.

밑면이 다각형이고 ☐개이면서 옆면이 모두 ☐인

입체도형은 ☐입니다.

한 밑면의 변의 수를 ■개라 하면

(모서리의 수)=■×☐=24이므로 ■=☐입니다.

따라서 조건을 만족하는 입체도형은 ☐입니다.

답 ＿＿＿＿＿＿＿＿＿

밑면의 모양이 ■각형이고 옆면의 모양이 삼각형인 입체도형은 ■각뿔이고,
밑면의 모양이 ■각형이고 옆면의 모양이 직사각형인 입체도형은 ■각기둥이에요.

1. 모서리의 길이가 모두 같은 삼각기둥의 모든 모서리의 길이의 합은 36 cm입니다. 삼각기둥의 한 모서리의 길이는 몇 cm일까요?

(삼각기둥의 한 밑면의 변의 수)=□개

(삼각기둥의 모서리의 수)=□(한 밑면의 변의 수)×□=□(개)

(삼각기둥의 한 모서리의 길이)=□(모든 모서리의 길이의 합)÷□(모서리 수)=□(cm)

답 ______

그림을 그려서 생각해 봐요.

• 모서리의 수: 9개
• 모서리의 길이: 모두 같아요.

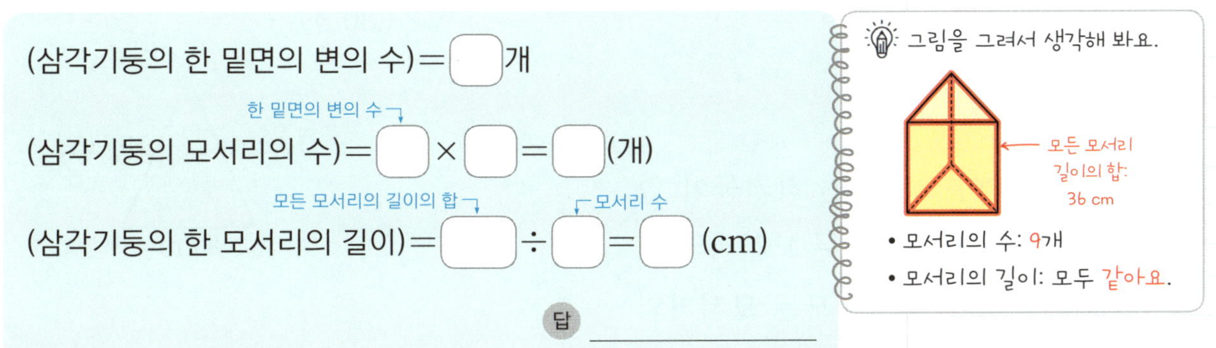

2. 모서리의 길이가 모두 같은 오각뿔의 모든 모서리의 길이의 합은 70 cm입니다. 오각뿔의 한 모서리의 길이는 몇 cm일까요?

(오각뿔의 밑면의 변의 수)=□개

(오각뿔의 모서리의 수)= ___ × ___ =□(개)

(오각뿔의 한 모서리의 길이)= ___ ÷ ___ =□(cm)

답 ______

그림을 그려서 생각해 봐요.

• 모서리의 수: 10개
• 모서리의 길이: 모두 같아요.

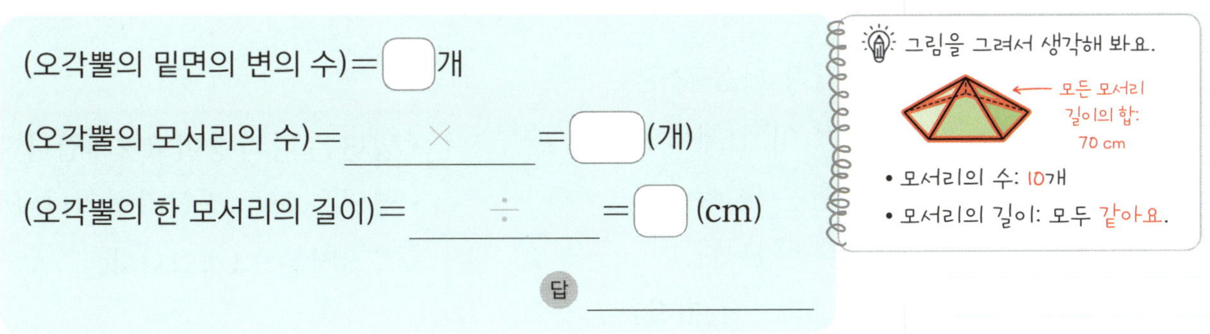

3. 모서리의 길이가 모두 같은 육각기둥의 모든 모서리의 길이의 합은 72 cm입니다. 육각기둥의 한 모서리의 길이는 몇 cm일까요?

답 ______

각기둥과 각뿔

1. 면이 8개인 각기둥의 이름을 쓰세요.

(   )

2. 밑면의 모양이 오각형인 각기둥이 있습니다. 이 각기둥의 모든 모서리의 길이가 6 cm로 같을 때, 모든 모서리의 길이의 합은 몇 cm일까요?

(   )

3. 밑면과 옆면의 모양이 각각 다음과 같은 입체도형이 있습니다. 이 입체도형의 모든 옆면의 넓이의 합은 몇 cm^2일까요? (단, 밑면은 정삼각형입니다.)
(20점)

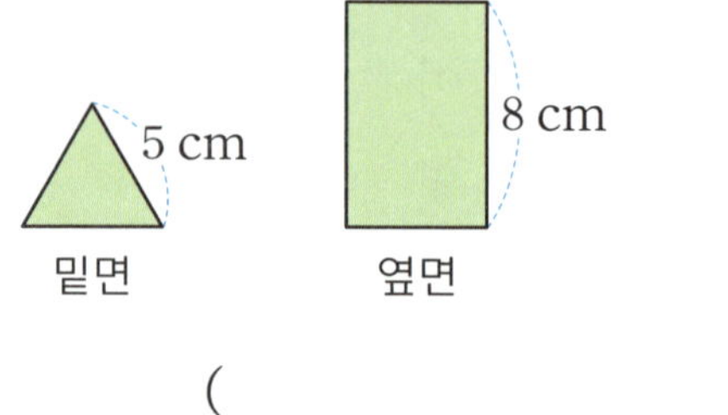

(   )

4. 모서리가 16개인 각뿔의 이름을 쓰세요.

(   )

5. 옆면이 다음과 같은 삼각형 6개로 이루어진 각뿔이 있습니다. 이 각뿔의 모든 모서리의 길이의 합은 몇 cm일까요? (30점)

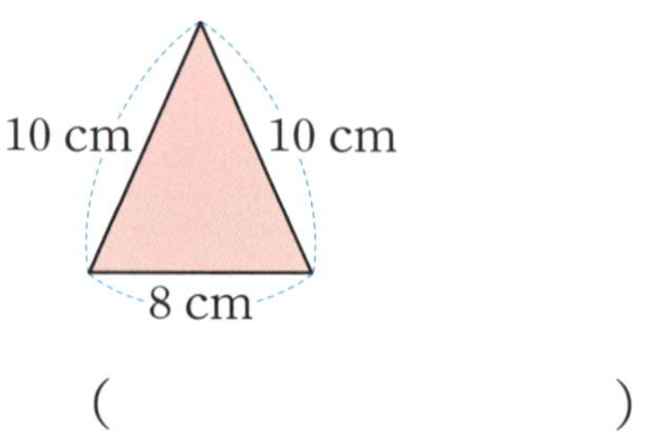

(   )

6. 다음이 설명하는 입체도형의 이름을 쓰세요.

- 밑면은 다각형이고 2개입니다.
- 옆면은 모두 직사각형입니다.
- 꼭짓점은 14개입니다.

(   )

7. 모서리의 길이가 모두 같은 사각뿔의 모든 모서리의 길이의 합은 56 cm입니다. 사각뿔의 한 모서리의 길이는 몇 cm일까요?

(   )

셋째 마당

소수의 나눗셈

셋째 마당에서는 소수의 나눗셈을 활용한 문장제를 배웁니다.
소수의 나눗셈에서는 '0'과 소수점의 위치가 중요해요.
세로로 계산해서 몫을 구할 때 마지막에 소수점을 콕! 찍는 것도 잊지
마세요.

를 채워 문장을 완성하면, 학교 시험 자신감 충전 완료!

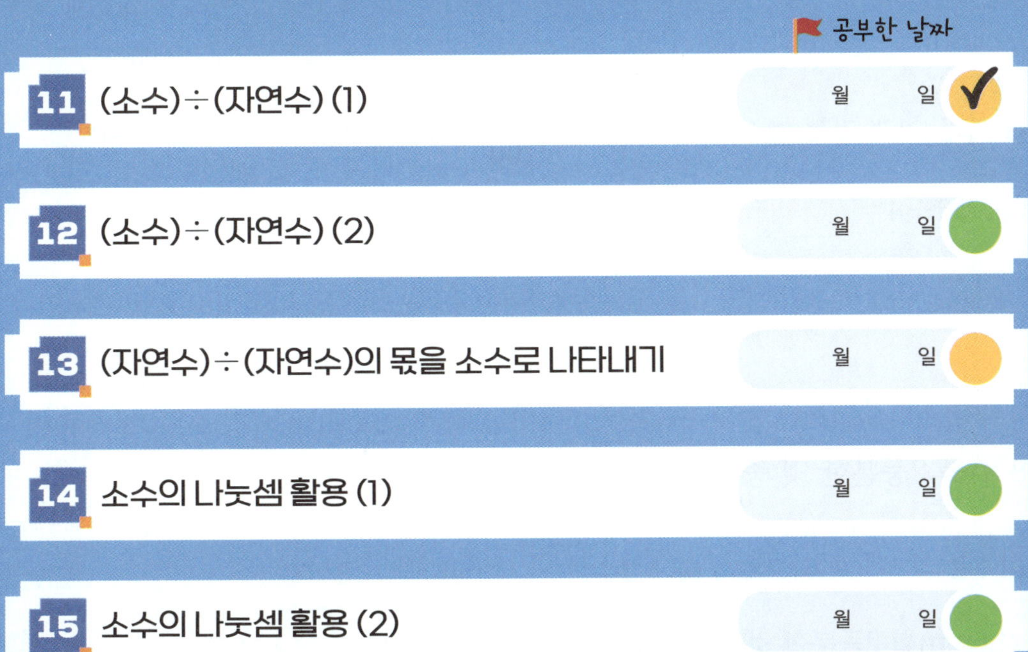

11 (소수)÷(자연수) (1)

1. 174÷3＝58을 이용하여 17.4÷3을 계산하세요.

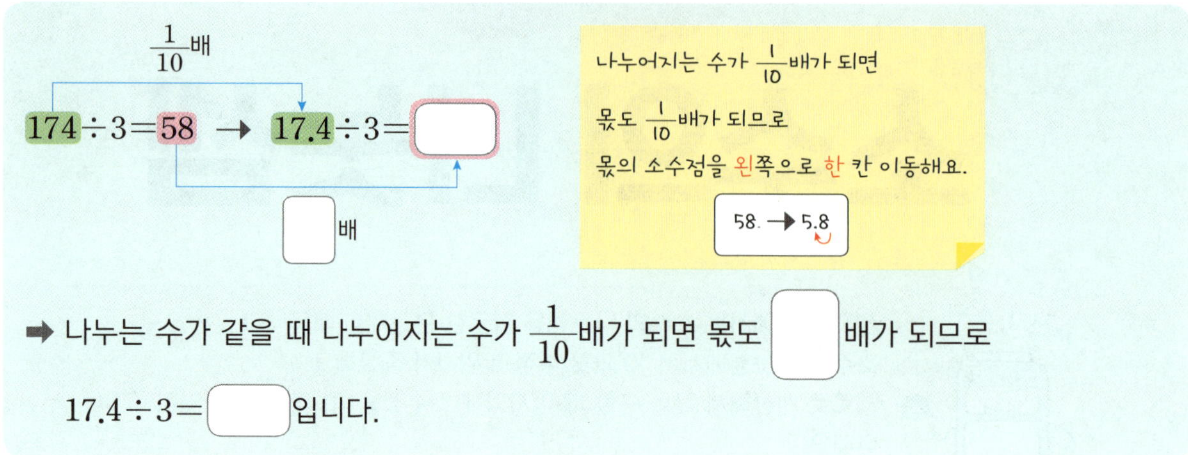

➡ 나누는 수가 같을 때 나누어지는 수가 $\frac{1}{10}$배가 되면 몫도 □ 배가 되므로

17.4÷3＝□ 입니다.

2. 6716÷4＝1679를 이용하여 67.16÷4를 계산하세요.

➡ 나누는 수가 같을 때 나누어지는 수가 $\frac{1}{100}$배가 되면 몫도 □ 배가 되므로

67.16÷4＝□ 입니다.

3. 4.68 m를 2등분한 것 중 하나는 몇 m일까요?

468÷2＝□ 이므로 4.68÷2＝□ 입니다.

➡ 4.68 m를 2등분한 것 중 하나는 □ m입니다.

1. 물 ⑭.④ L를 병 ④개에 똑같이 나누어 담으려고 합니다. 병 한 개에 담아야 할 물은 몇 L일까요?

(병 한 개에 담아야 할 물의 양)

=(전체 물의 양)÷(병 수)

= ☐ ÷ ☐ = ☐ (L)

답 _______________

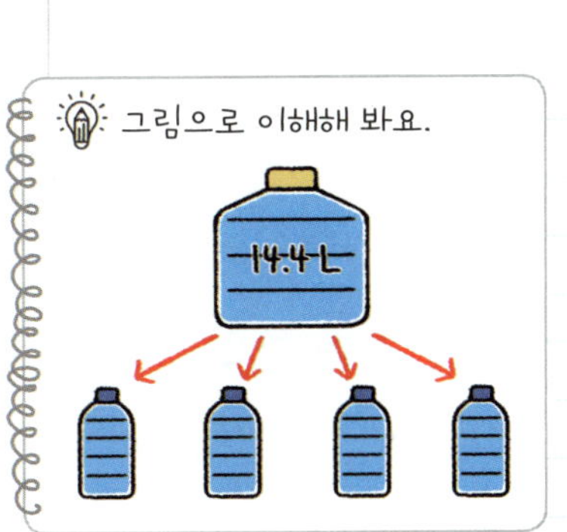

2. 지수는 끈 10.08 m를 똑같이 8도막으로 나누어 그중 한 도막을 사용했습니다. 지수가 사용한 끈의 길이는 몇 m일까요?

(지수가 사용한 끈의 길이)

=(전체 끈의 길이)÷(☐)

= _______________ = ☐ (m)

식을 써요.

답 _______________

3. 농장에서 딴 귤 19.81 kg을 7명에게 똑같이 나누어 주려고 합니다. 한 명에게 나누어 줄 수 있는 귤은 몇 kg일까요?

답 _______________

1. 빨간색 테이프 (16.35) m는 똑같이 (5)도막으로 나누어 자르고, 파란색 테이프 (25.62) m는 똑같이 (6)도막으로 나누어 잘랐습니다. 한 도막의 길이가 더 긴 테이프는 무슨 색일까요?

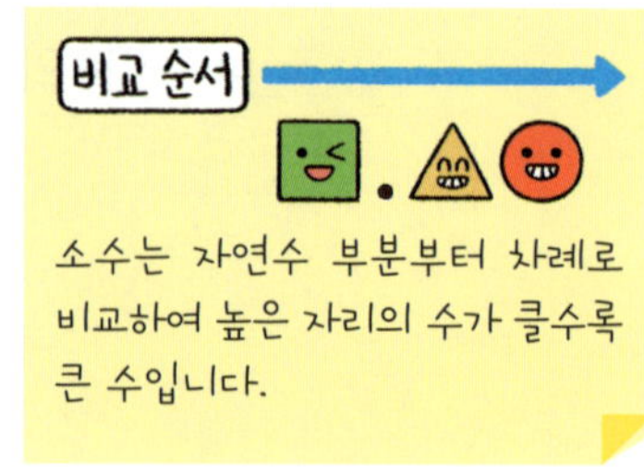

2. 노란색 실 8.37 m는 똑같이 3도막으로 나누어 자르고, 초록색 실 4.28 m는 똑같이 2도막으로 나누어 잘랐습니다. 한 도막의 길이가 더 긴 실은 무슨 색일까요?

3. 흰 우유 8.4 L는 병 2개에 똑같이 나누어 담고, 초코 우유 17.6 L는 병 4개에 똑같이 나누어 담았습니다. 병 한 개에 담은 우유의 양이 더 많은 것은 어느 우유일까요?

1. 둘레가 21.5 cm인 정오각형의 한 변의 길이는 몇 cm일까요?

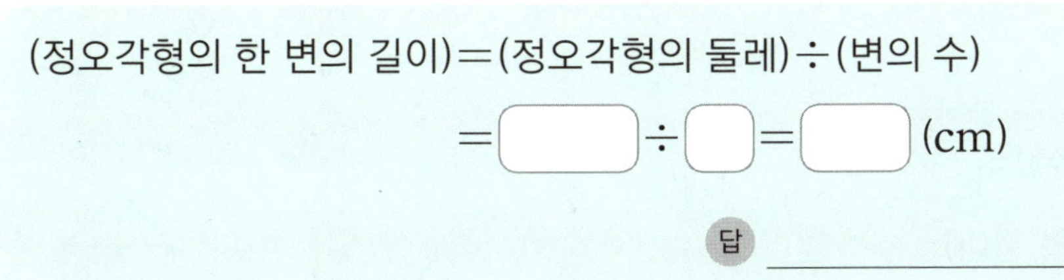

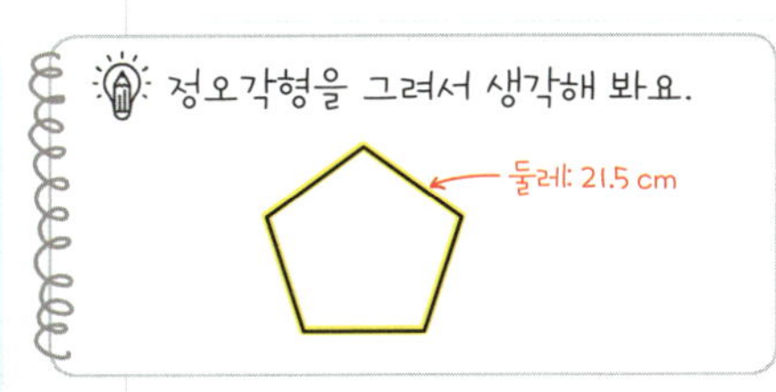

2. 한 변의 길이가 3.24 cm인 정삼각형이 있습니다. 이 정삼각형과 둘레가 같은 정사각형의 한 변의 길이는 몇 cm일까요?

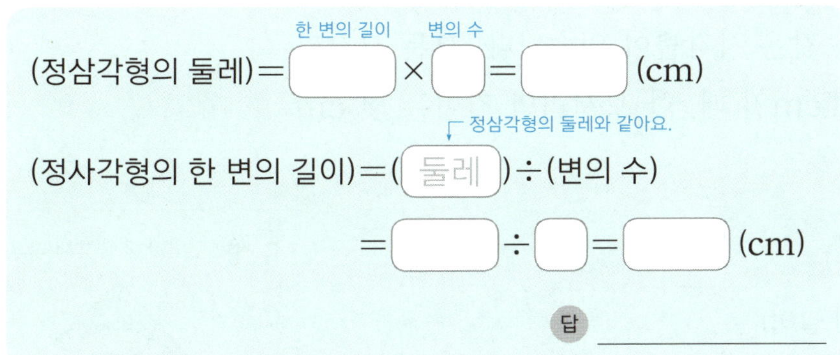

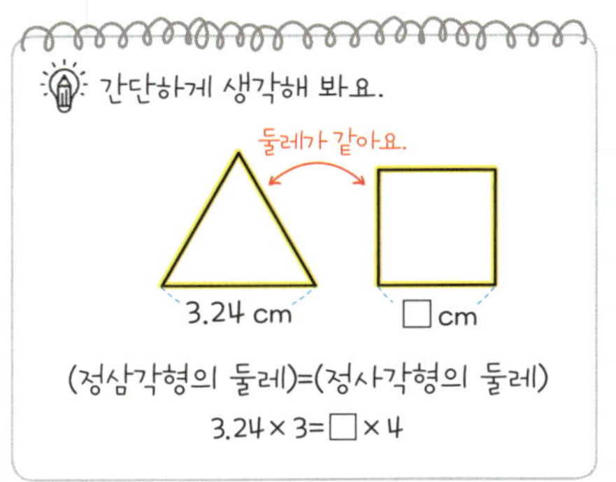

3. 가로가 6.71 cm, 세로가 4 cm인 직사각형이 있습니다. 이 직사각형과 둘레가 같은 정삼각형의 한 변의 길이는 몇 cm일까요?

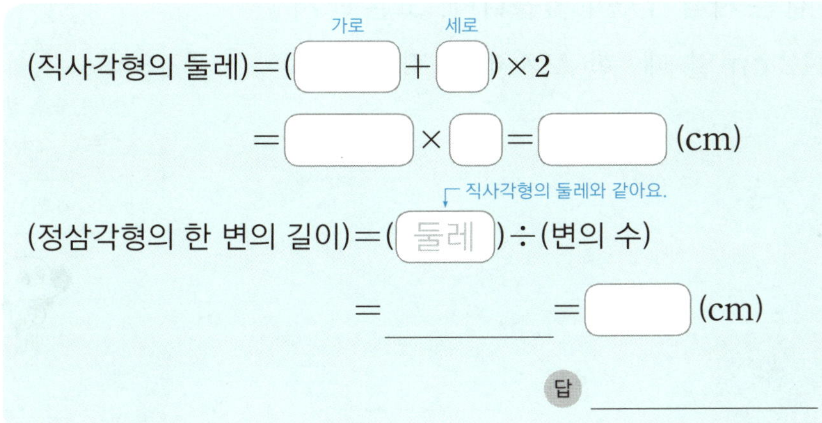

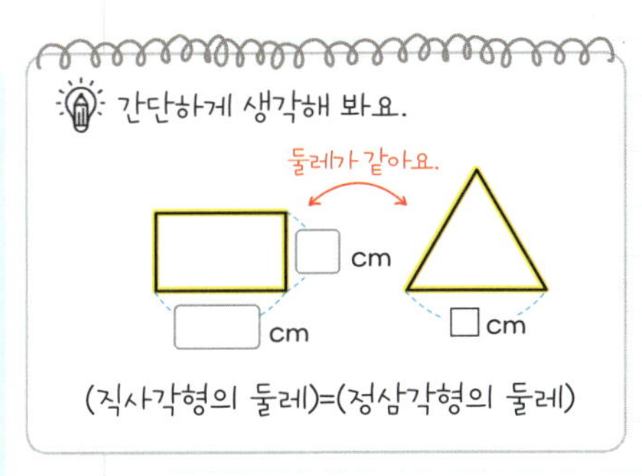

1. 모서리의 길이가 모두 같은 삼각기둥이 있습니다. 모든 모서리의 길이의 합이 ◯52.2◯cm일 때, 한 모서리의 길이는 몇 cm일까요?

(교과서 유형)

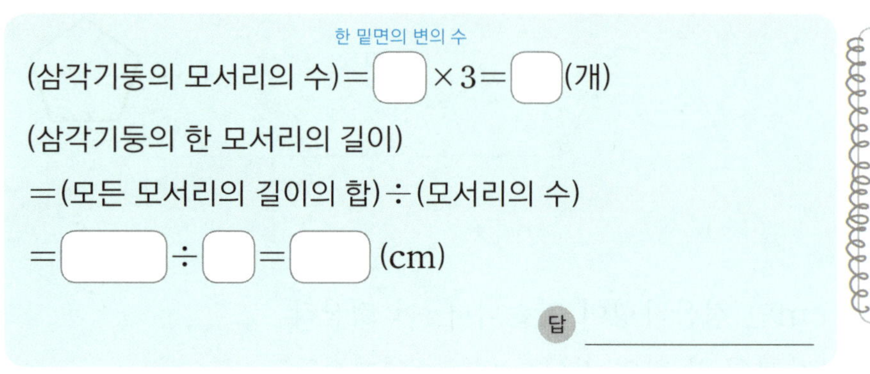

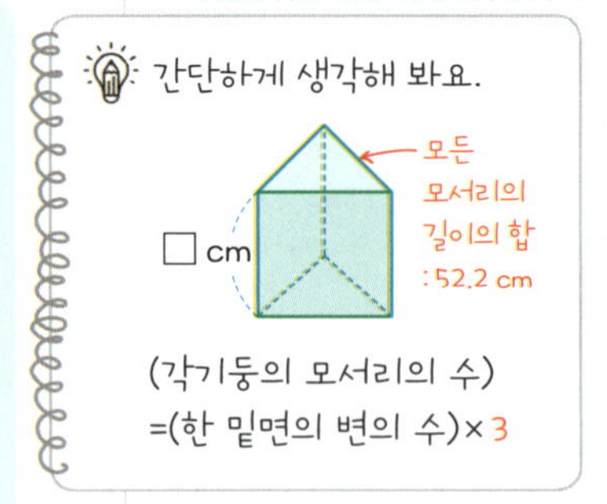

2. 모서리의 길이가 모두 같은 사각뿔이 있습니다. 모든 모서리의 길이의 합이 49.04 cm일 때, 한 모서리의 길이는 몇 cm일까요?

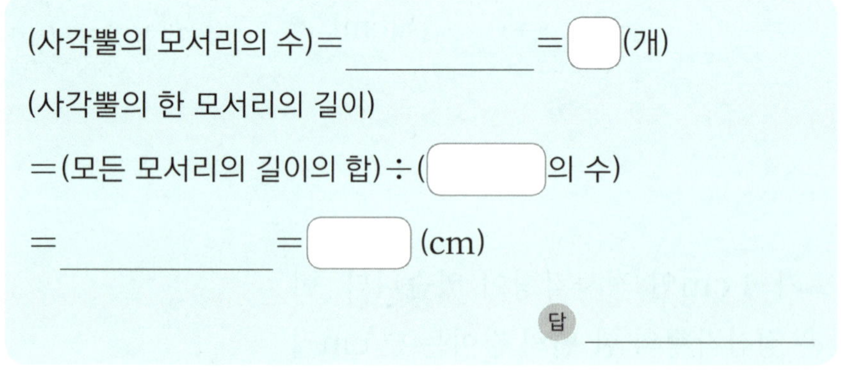

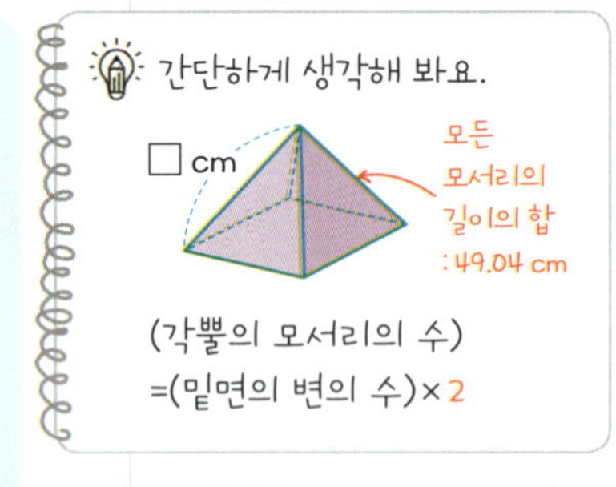

3. 모서리의 길이가 모두 같은 사각기둥이 있습니다. 모든 모서리의 길이의 합이 39.12 cm일 때, 한 모서리의 길이는 몇 cm일까요?

답 ____________

문제에서 숫자는 ◯,
조건 또는 구하는 것은 ___로 표시해 보세요.

⭐ I부터 9까지의 수 중에서 □ 안에 들어갈 수 있는 수는 모두 몇 개인지 구하세요.

1.

$$95.7 \div 11 < 8.\square$$

$95.7 \div 11 = \boxed{}$ 이므로 $\boxed{} < 8.\square$입니다.

따라서 □ 안에 들어갈 수 있는 수는 $\boxed{}$, $\boxed{}$로 모두 $\boxed{}$개입니다.

작은 수부터 써요.

답 _______________

2.

$$19.6 \div 8 > 2.4\square$$

$19.6 \div 8 = \boxed{}$ 이므로 $\boxed{} > 2.4\square$입니다.

따라서 □ 안에 들어갈 수 있는 수는

_______________ 로 모두 $\boxed{}$개입니다.

작은 수부터 써요.

답 _______________

3.

$$13.14 \div 9 > 1.4\square$$

답 _______________

12 (소수)÷(자연수) (2)

1. 24÷3=8을 이용하여 2.4÷3을 계산하세요.

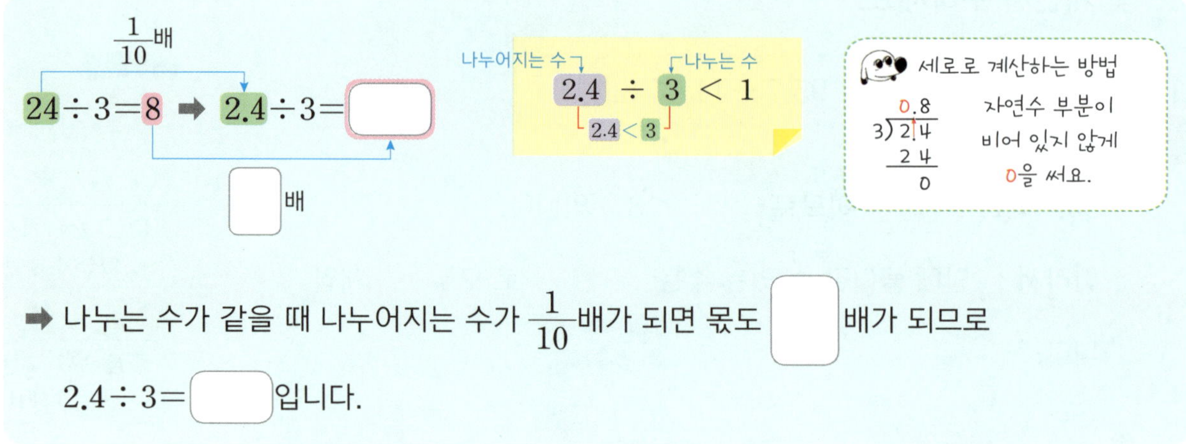

➡ 나누는 수가 같을 때 나누어지는 수가 $\frac{1}{10}$배가 되면 몫도 ☐ 배가 되므로

2.4÷3= ☐ 입니다.

2. 910÷5=182를 이용하여 9.1÷5를 계산하세요.

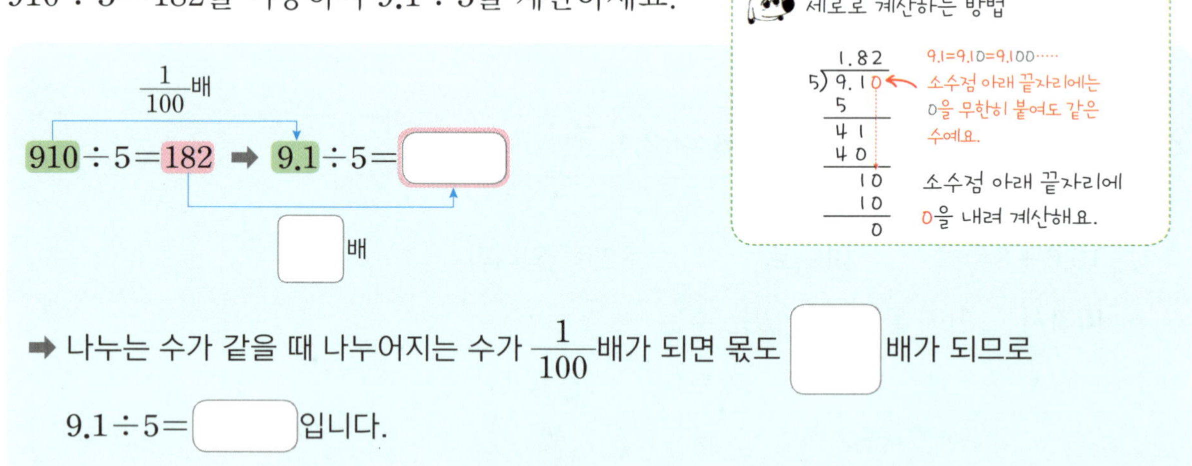

➡ 나누는 수가 같을 때 나누어지는 수가 $\frac{1}{100}$배가 되면 몫도 ☐ 배가 되므로

9.1÷5= ☐ 입니다.

3. 816÷4=204를 이용하여 8.16÷4를 계산하세요.

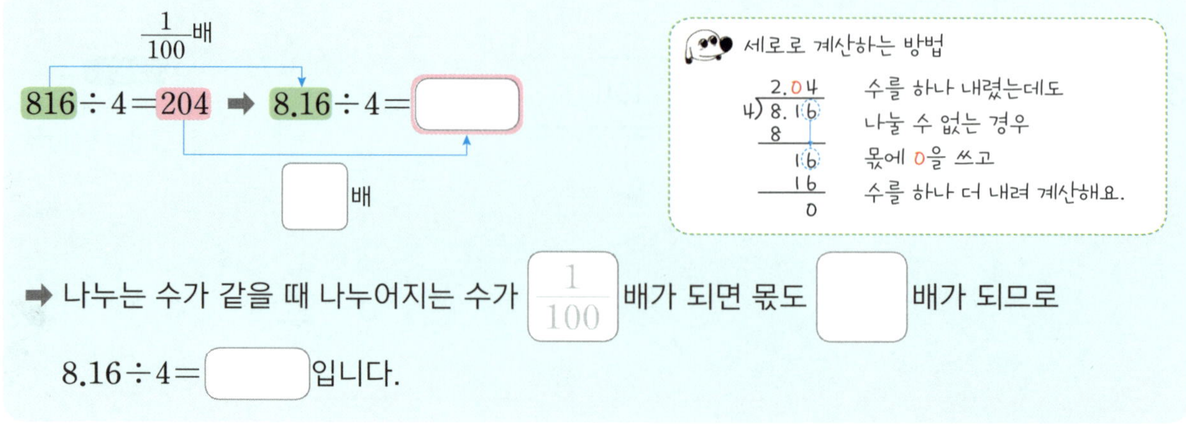

➡ 나누는 수가 같을 때 나누어지는 수가 $\frac{1}{100}$ 배가 되면 몫도 ☐ 배가 되므로

8.16÷4= ☐ 입니다.

1. 넓이가 8.7 m^2인 직사각형을 똑같이 6개로 나누었습니다. 색칠한 부분의 넓이는 몇 m^2일까요?

교과서
유형

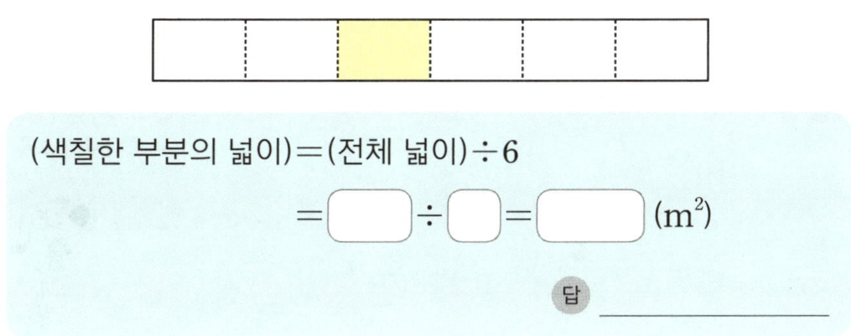

(색칠한 부분의 넓이)＝(전체 넓이)÷6

＝ ⬚ ÷ ⬚ ＝ ⬚ (m^2)

답 ＿＿＿＿＿＿＿＿＿

2. 넓이가 47.6 m^2인 도형을 오른쪽과 같이 똑같이 5개로 나누었습니다. 색칠한 부분의 넓이는 몇 m^2일까요?

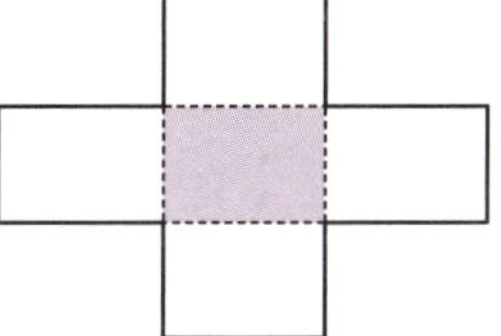

(색칠한 부분의 넓이)＝(전체 넓이)÷ ⬚

＝ ＿＿＿＿＿＿＿ ＝ ⬚ (m^2)

식을 써요.

답 ＿＿＿＿＿＿＿＿＿

3. 넓이가 34.8 m^2인 평행사변형을 오른쪽과 같이 똑같이 8개로 나누었습니다. 색칠한 부분의 넓이는 몇 m^2일까요?

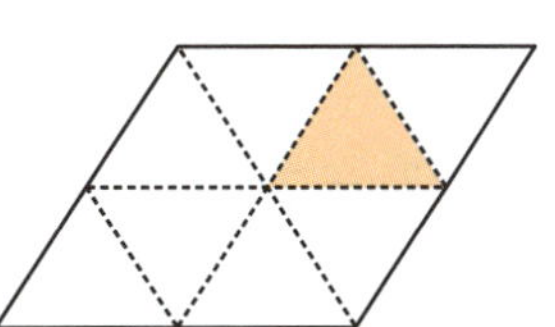

답 ＿＿＿＿＿＿＿＿＿

1. 물 ⟨12.2⟩ L를 어항 ④개에 똑같이 나누어 담았습니다. <u>어항 한 개에 담은 물은 몇 L일까요?</u>

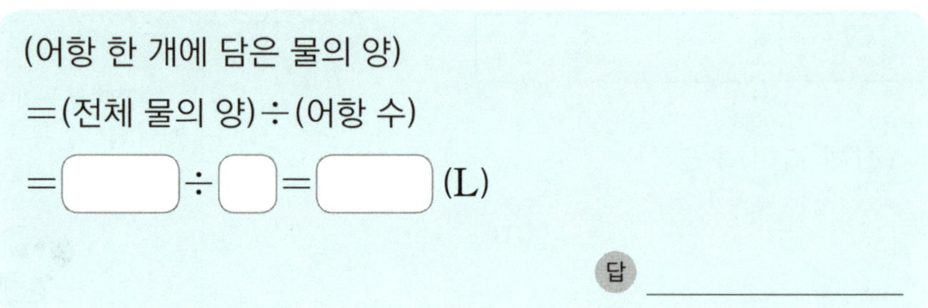

(어항 한 개에 담은 물의 양)

= (전체 물의 양) ÷ (어항 수)

= ☐ ÷ ☐ = ☐ (L)

답 ____________

2. 고구마 70.1 kg을 상자 5개에 똑같이 나누어 담았습니다. 상자 한 개에 담은 고구마는 몇 kg일까요?

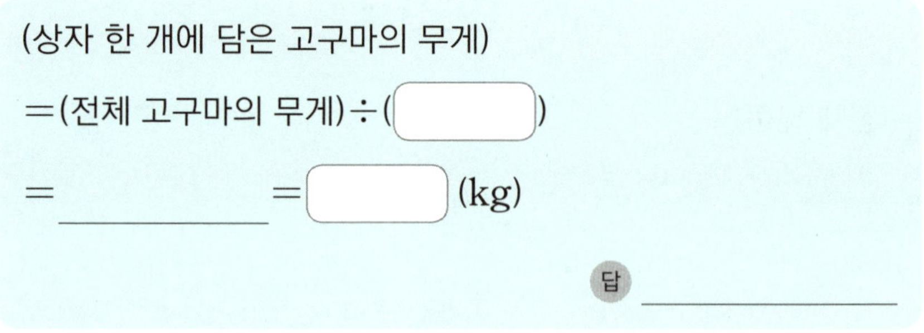

(상자 한 개에 담은 고구마의 무게)

= (전체 고구마의 무게) ÷ (☐)

= ____________ = ☐ (kg)

답 ____________

3. 설탕 24.3 kg을 병 6개에 똑같이 나누어 담았습니다. 병 한 개에 담은 설탕은 몇 kg일까요?

답 ____________

1. 길이가 ⟨3.36⟩m인 철사를 겹치지 않게 모두 사용하여 똑같은 정삼각형 ④개를 만들었습니다. 만든 정삼각형의 한 변의 길이는 몇 m일까요?

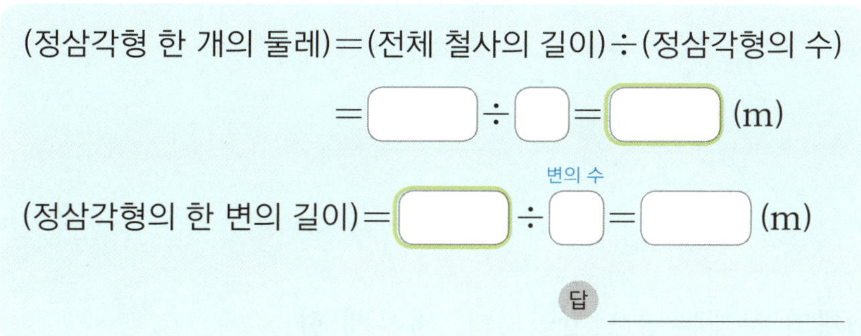

(정삼각형 한 개의 둘레)＝(전체 철사의 길이)÷(정삼각형의 수)

$$= \boxed{} \div \boxed{} = \boxed{} \text{ (m)}$$

변의 수

$$(\text{정삼각형의 한 변의 길이}) = \boxed{} \div \boxed{} = \boxed{} \text{ (m)}$$

답 ____________

2. 길이가 2.55 m인 철사를 겹치지 않게 모두 사용하여 똑같은 정오각형 3개를 만들었습니다. 만든 정오각형의 한 변의 길이는 몇 m일까요?

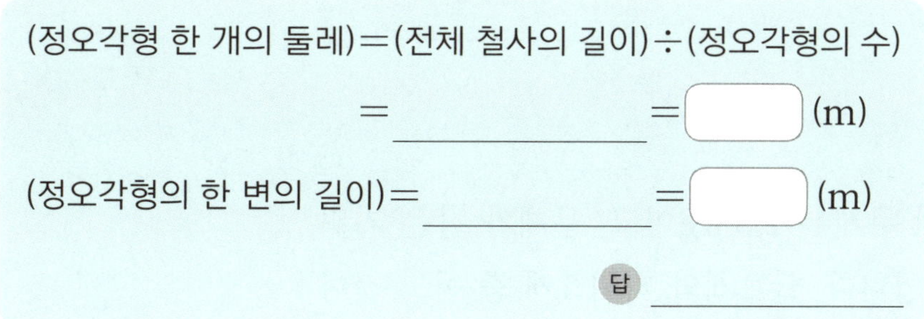

(정오각형 한 개의 둘레)＝(전체 철사의 길이)÷(정오각형의 수)

$$= \underline{} = \boxed{} \text{ (m)}$$

$$(\text{정오각형의 한 변의 길이}) = \underline{} = \boxed{} \text{ (m)}$$

답 ____________

3. 길이가 3.12 m인 철사를 겹치지 않게 모두 사용하여 똑같은 정사각형 6개를 만들었습니다. 만든 정사각형의 한 변의 길이는 몇 m일까요?

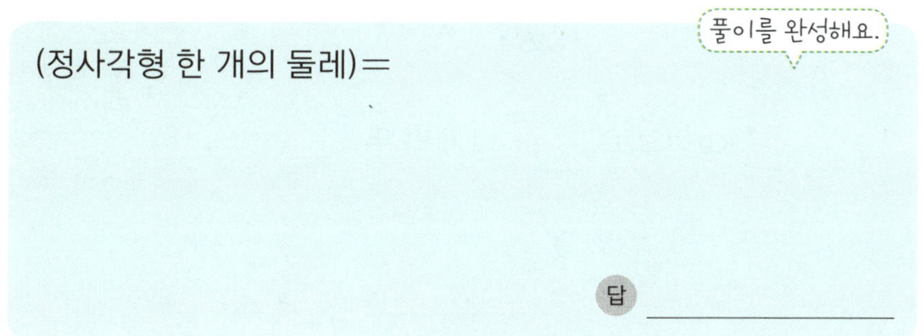

(정사각형 한 개의 둘레)＝

답 ____________

1. 무게가 같은 통조림 ⑥개의 무게는 2.88 kg입니다. <u>통조림 한 개의 무게는 몇 kg일까요?</u>

(통조림 한 개의 무게)＝(전체 통조림의 무게)÷(통조림 수)

= ☐ ÷ ☐ = ☐ (kg)

답 ___________

2. 무게가 같은 지우개 9개의 무게는 3.24 g입니다. 지우개 한 개의 무게는 몇 g일까요?

(지우개 한 개의 무게)＝(☐ 지우개의 무게)÷(지우개 수)

= _________ = ☐ (g)

답 ___________

3. 무게가 같은 귤 6개의 무게는 1.5 kg이고, 무게가 같은 키위 5개의 무게는 1.4 kg입니다. 귤 1개와 키위 1개 중 어느 것이 더 무거울까요?

교과서 유형

(귤 1개의 무게)＝(전체 귤의 무게)÷(귤의 수)

= ☐ ÷ ☐ = ☐ (kg)

(키위 1개의 무게)＝(☐)÷(키위의 수)

= ☐ ÷ ☐ = ☐ (kg)

귤 1개 무게   키위 1개 무게

따라서 ☐ kg ◯ ☐ kg이므로 ☐ 1개의 무게가 더 무겁습니다.

답 ___________

해결 순서
❶ 귤 1개의 무게 구하기
↓
❷ 키위 1개의 무게 구하기
↓
❸ ❶과 ❷에서 구한 무게 비교하기

1. 신우가 5일 동안 마신 우유의 양을 기록했습니다. 5일 동안 하루 평균 몇 L의 우유를 마셨을까요?

교과서 유형

요일	월	화	수	목	금
마신 우유의 양(L)	0.7	1.2	1.1	0.85	0.43

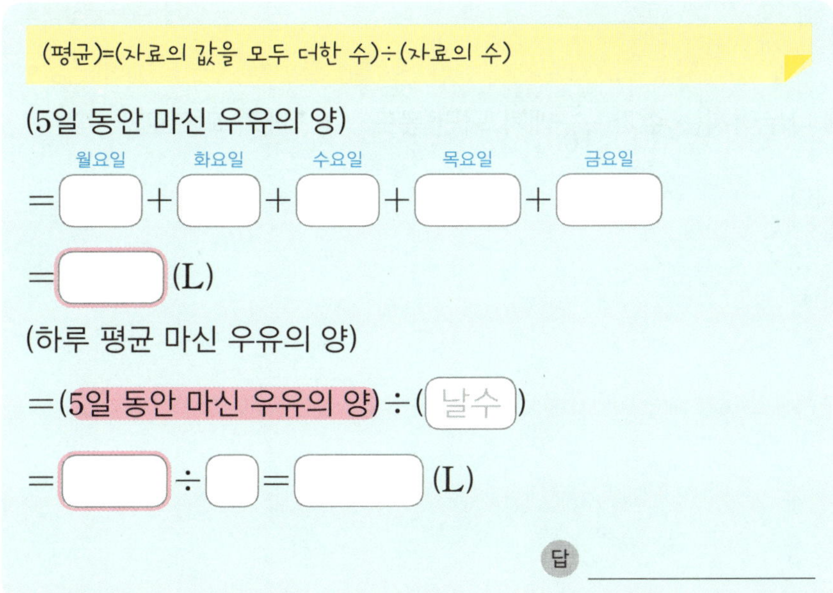

2. 재호가 일주일 동안 마신 물의 양을 기록했습니다. 일주일 동안 하루 평균 몇 L의 물을 마셨을까요?

요일	월	화	수	목	금	토	일
마신 물의 양(L)	1.37	1.14	0.8	1	0.95	1.2	1.1

(일주일 동안 마신 물의 양)

= ____________________

= (L)

(하루 평균 마신 물의 양)

=(동안 마신 물의 양)÷( )

= ________ = (L)

답 ____________

1. $160 \div 5 = 32$를 이용하여 $16 \div 5$를 계산하세요.

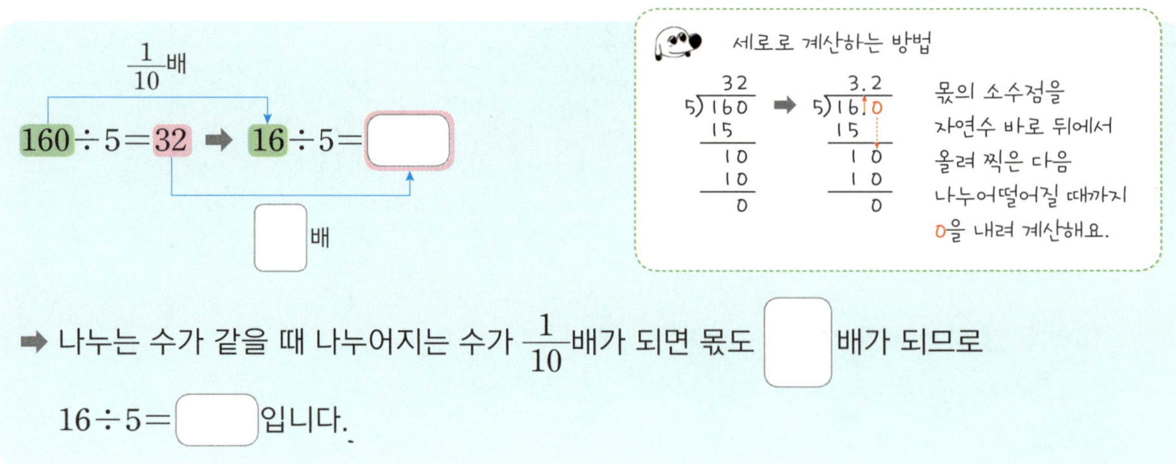

➡ 나누는 수가 같을 때 나누어지는 수가 $\frac{1}{10}$배가 되면 몫도 □ 배가 되므로

$16 \div 5 =$ □ 입니다.

2. 15 m를 똑같이 6등분한 것 중 하나는 몇 m일까요?

$150 \div 6 =$ □ 이므로 $15 \div 6 =$ □ 입니다.

➡ 15 m를 똑같이 6등분한 것 중 하나는 □ m입니다.

3. 12 L를 병 25개에 똑같이 나누어 담은 것 중 한 병에 담은 양은 몇 L일까요?

$1200 \div 25 =$ □ 이므로 $12 \div 25 =$ □ 입니다.

➡ 12 L를 병 25개에 똑같이 나누어 담은 것 중 한 병에 담은 양은 □ L입니다.

1. 효진이는 일정한 빠르기로 273 m를 달리는 데 1분 24초가

걸렸습니다. 효진이가 1초 동안 달린 거리는 몇 m일까요?

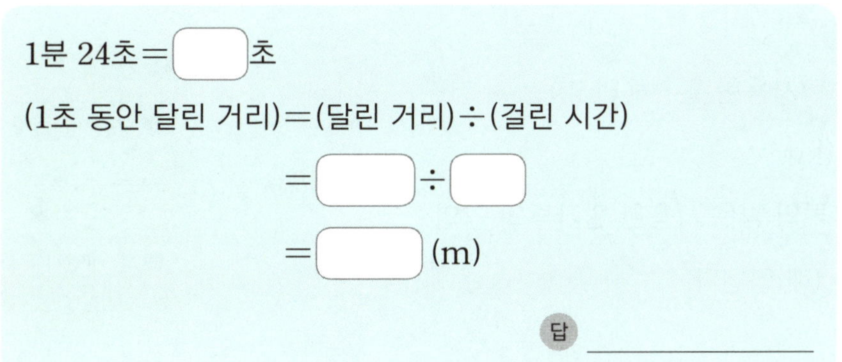

2. 수영이는 일정한 빠르기로 산책길을 5바퀴 도는 데 1시간 7분

이 걸렸습니다. 산책길을 한 바퀴 도는 데 걸린 시간은 몇 분

일까요?

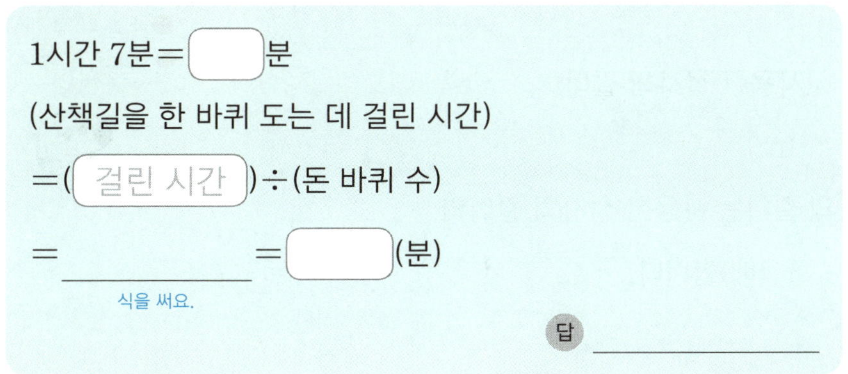

3. 수찬이는 일정한 빠르기로 882 m를 달리는 데 5분 15초가

걸렸습니다. 수찬이가 1초 동안 달린 거리는 몇 m일까요?

답 ____________________

1. 도넛을 만드는 데 밀가루 ⑨kg 중에서 ④kg을 사용했습니다.
<u>남아 있는 밀가루의 양은 사용한 밀가루의 양의 몇 배일까요?</u>

(남아 있는 밀가루의 양)

＝(전체 밀가루의 양)－(사용한 밀가루의 양)

＝☐－☐＝☐ (kg)

따라서 남아 있는 밀가루의 양은 사용한 밀가루의 양의

☐÷☐＝☐(배)입니다.

답 _______________

2. 철사 27 m 중에서 6 m를 사용했습니다. 남아 있는 철사의
길이는 사용한 철사의 길이의 몇 배일까요?

(남아 있는 철사의 길이)

＝(전체 철사의 길이)－(사용한 철사의 길이)

＝☐－☐＝☐ (m)

따라서 남아 있는 철사의 길이는 사용한 철사의 길이의

_____________＝☐(배)입니다.

답 _______________

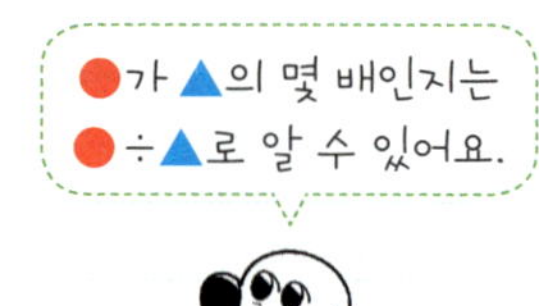

3. 욕조에 들어 있는 물 18 L 중에서 5 L를 사용했습니다. 욕조
에 남아 있는 물의 양은 사용한 물의 양의 몇 배일까요?

답 _______________

1. 25분에 4 cm가 타는 양초가 있습니다. 양초가 일정한 빠르기로 탄다면 7분 동안 타는 양초의 길이는 몇 cm일까요?

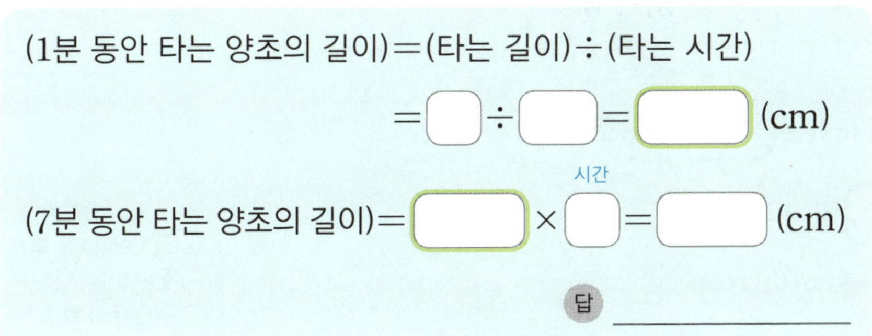

2. 굵기가 일정한 철근 28 m의 무게는 91 kg입니다. 철근 8 m의 무게는 몇 kg일까요?

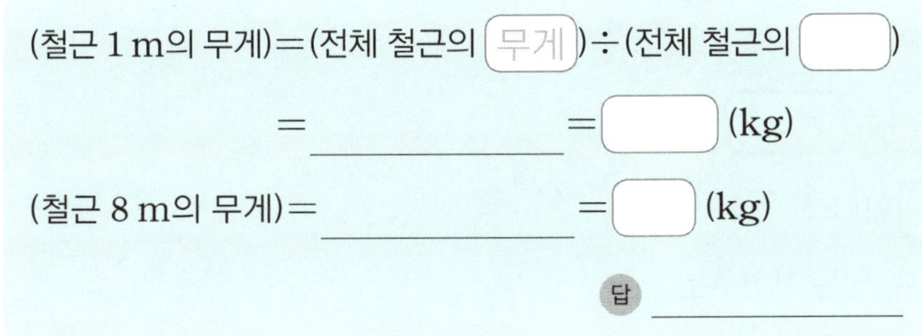

3. 휘발유 12 L로 126 km를 가는 자동차가 있습니다. 이 자동차가 휘발유 22 L로 갈 수 있는 거리는 몇 km일까요? (단, 휘발유 1 L로 가는 거리는 일정합니다.)

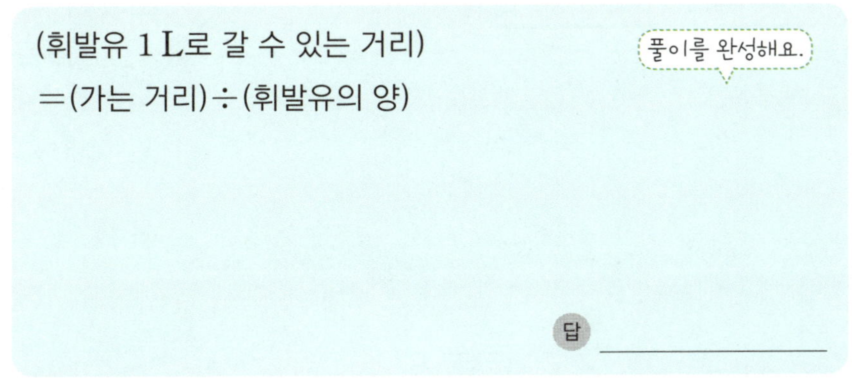

⭐ □ 안에 들어갈 수 있는 자연수는 모두 몇 개인지 구하세요.

1.

$$13 \div 4 < \square < 57 \div 6$$

$13 \div 4 = \boxed{}$, $57 \div 6 = \boxed{}$ 이므로

$\boxed{} < \square < \boxed{}$ 입니다.

따라서 □ 안에 들어갈 수 있는 자연수는 $\boxed{}$, $\boxed{}$, $\boxed{}$, $\boxed{}$,

작은 수부터 써요.

$\boxed{}$, $\boxed{}$ 로 모두 $\boxed{}$ 개입니다.

답 _______________

2.

$$16 \div 5 < \square < 31 \div 4$$

$16 \div 5 = \boxed{}$, $31 \div 4 = \boxed{}$ 이므로

$\boxed{} < \square < \boxed{}$ 입니다.

따라서 □ 안에 들어갈 수 있는 자연수는

_______________ 로 모두 $\boxed{}$ 개입니다.

답 _______________

3.

$$114 \div 12 < \square < 177 \div 15$$

답 _______________

14 소수의 나눗셈 활용 (1)

□라 하고 식을 써요.

1. 어떤 수에 2를 곱했더니 49.2가 되었습니다. 어떤 수를 12로 나누면 얼마인지 구하세요.

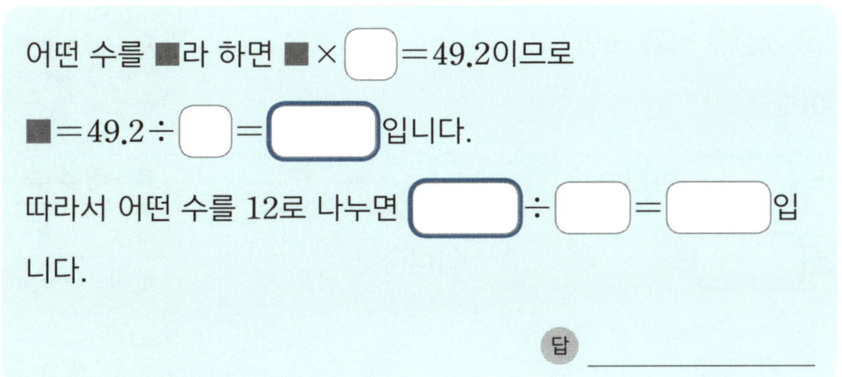

어떤 수를 ■라 하면 ■ × ☐ =49.2이므로

■=49.2÷ ☐ = ☐ 입니다.

따라서 어떤 수를 12로 나누면 ☐ ÷ ☐ = ☐ 입니다.

답 _______________

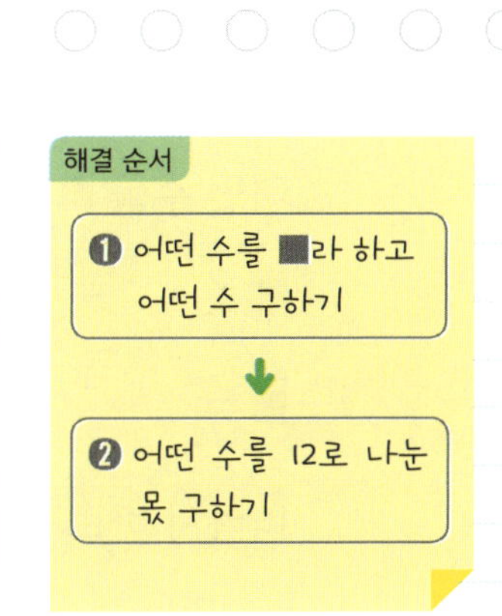

2. 어떤 수에 5를 곱했더니 61.5가 되었습니다. 어떤 수를 15로 나누면 얼마인지 구하세요.

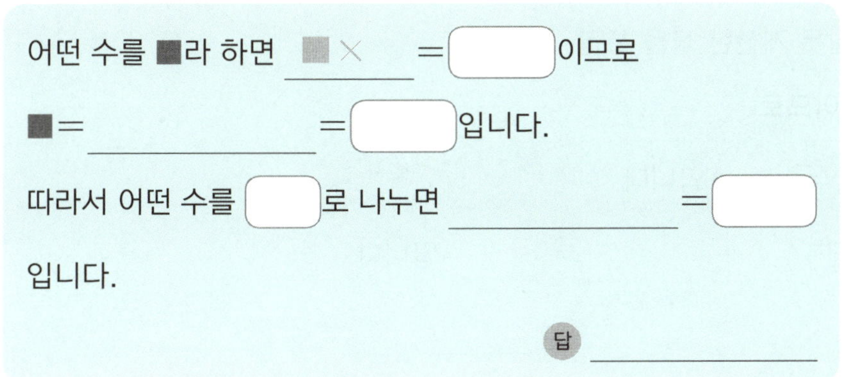

어떤 수를 ■라 하면 ■ × _______ = ☐ 이므로

■= _______________ = ☐ 입니다.

따라서 어떤 수를 ☐ 로 나누면 _______________ = ☐ 입니다.

답 _______________

3. 어떤 수에 6을 곱했더니 43.2가 되었습니다. 어떤 수를 16으로 나누면 얼마인지 구하세요.

답 _______________

1. 어떤 수를 ⑦로 **나누어야 할 것**을 잘못하여 **곱했더니** 69.58이
되었습니다. 바르게 계산하면 얼마인지 구하세요.

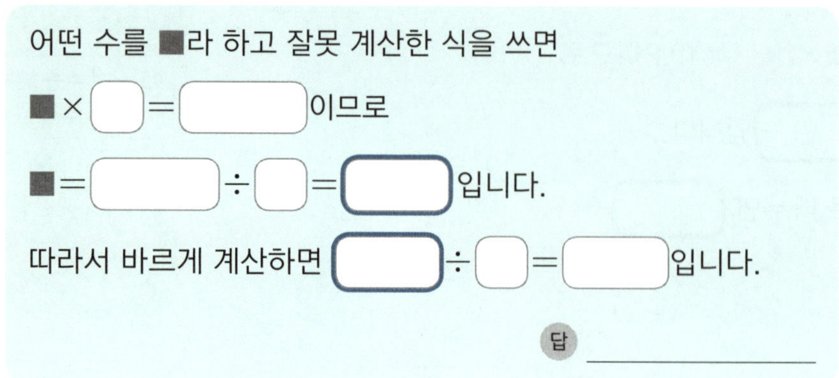

2. 어떤 수를 4로 나누어야 할 것을 잘못하여 곱했더니 10.4가
되었습니다. 바르게 계산하면 얼마인지 구하세요.

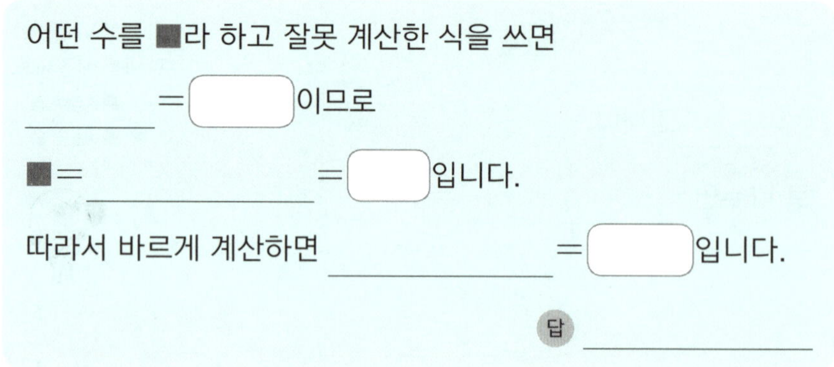

3. 어떤 수를 8로 나누어야 할 것을 잘못하여 곱했더니 54.4가
되었습니다. 바르게 계산하면 얼마인지 구하세요.

답 ____________

1. 무게가 같은 수박이 한 상자에 ②통씩 들어 있습니다. ⑤상자의 무게가 ㉛ kg일 때, 수박 한 통의 무게는 몇 kg일까요? (단, 상자의 무게는 생각하지 않습니다.)

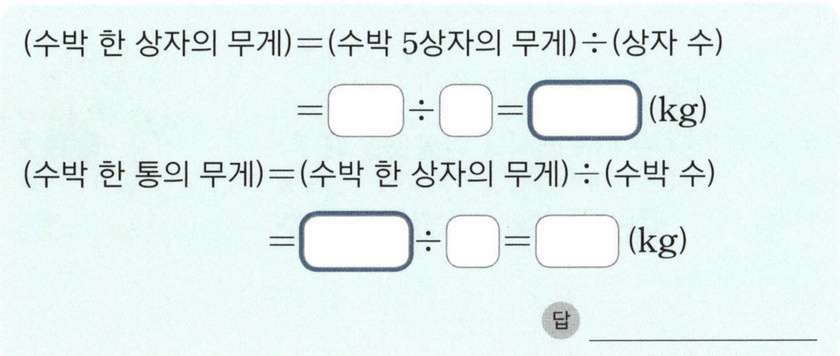

(수박 한 상자의 무게)＝(수박 5상자의 무게)÷(상자 수)

＝ ☐ ÷ ☐ ＝ ☐ (kg)

(수박 한 통의 무게)＝(수박 한 상자의 무게)÷(수박 수)

＝ ☐ ÷ ☐ ＝ ☐ (kg)

답 ____________

2. 무게가 같은 망고가 한 상자에 4개씩 들어 있습니다. 5상자의 무게가 7 kg일 때, 망고 한 개의 무게는 몇 kg일까요? (단, 상자의 무게는 생각하지 않습니다.)

(망고 한 상자의 무게)＝(망고 5상자의 무게)÷(상자 수)

＝ ____________ ＝ ☐ (kg)

(망고 한 개의 무게)＝(망고 한 상자의 무게)÷(망고 수)

＝ ____________ ＝ ☐ (kg)

답 ____________

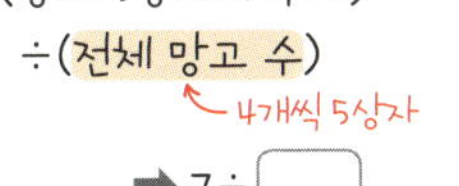

3. 무게가 같은 포도가 한 상자에 6송이씩 들어 있습니다. 8상자의 무게가 12 kg일 때, 포도 한 송이의 무게는 몇 kg일까요? (단, 상자의 무게는 생각하지 않습니다.)

답 ____________

1. 수 카드 3장을 한 번씩 모두 사용하여 몫이 가장 큰 나눗셈식을 만들었을 때의 몫을 구하세요.

$$\boxed{2} \quad \boxed{6} \quad \boxed{5} \quad \Rightarrow \quad \boxed{\Box.\Box \div \Box}$$

몫이 가장 크려면 가장 **큰** 수를 가장 **작은** 수로 나누어야 합니다.

$\boxed{} > \boxed{} > \boxed{}$ 이므로 몫이 가장 큰 나눗셈식을 만들었을 때

의 몫은 $\boxed{}.\boxed{} \div \boxed{} = \boxed{}$ 입니다.

답 _______________

2. 수 카드 4장을 한 번씩 모두 사용하여 몫이 가장 작은 나눗셈식을 만들었을 때의 몫을 구하세요.

$$\boxed{3} \quad \boxed{1} \quad \boxed{6} \quad \boxed{8} \quad \Rightarrow \quad \boxed{\Box.\Box\Box \div \Box}$$

몫이 가장 작으려면 가장 **작은** 수를 가장 **큰** 수로 나누어야 합니다. $\boxed{} < \boxed{} < \boxed{} < \boxed{}$ 이므로 몫이 가장 작은 나눗셈식을 만들었을 때의 몫은 _______________ 입니다.

답 _______________

3. 수 카드 4장을 한 번씩 모두 사용하여 몫이 가장 큰 나눗셈식을 만들었을 때의 몫을 구하세요.

$$\boxed{2} \quad \boxed{6} \quad \boxed{4} \quad \boxed{5} \quad \Rightarrow \quad \boxed{\Box.\Box\Box \div \Box}$$

답 _______________

1. 8일에 14분씩 일정한 빠르기로 빨라지는 시계가 있습니다. 이 시계는 하루에 몇 분씩 빨라질까요?

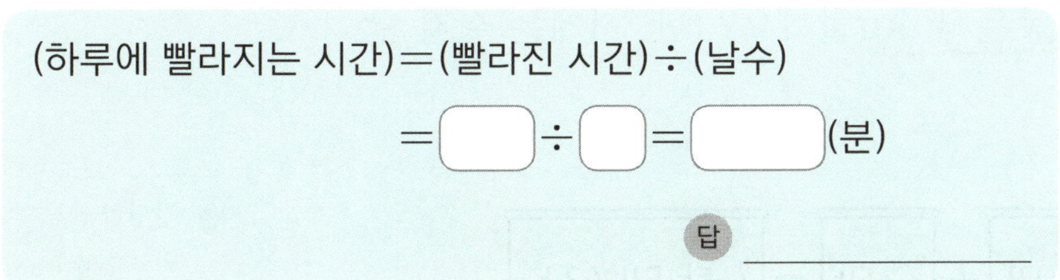

(하루에 빨라지는 시간)=(빨라진 시간)÷(날수)

= ☐ ÷ ☐ = ☐ (분)

답 ______________

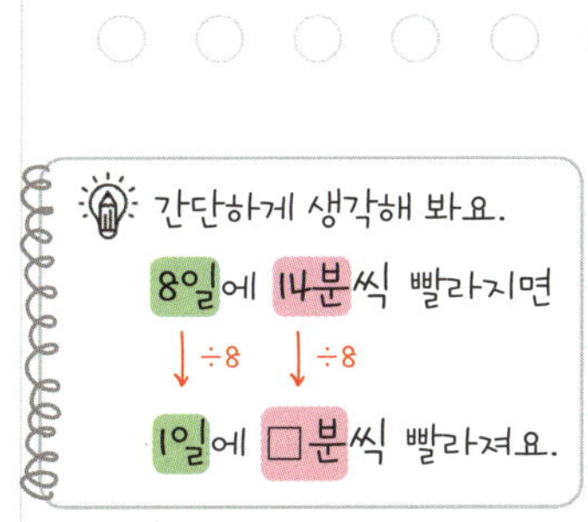

2. 5일에 15.3분씩 일정한 빠르기로 느려지는 시계가 있습니다. 이 시계는 하루에 몇 분씩 느려질까요?

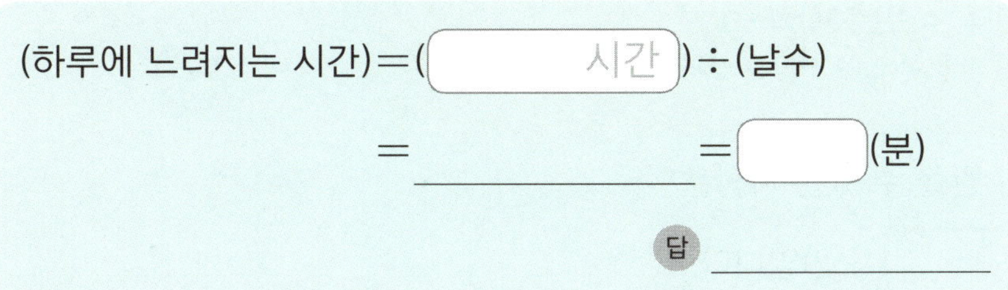

(하루에 느려지는 시간)=(시간)÷(날수)

= ______________ = ☐ (분)

답 ______________

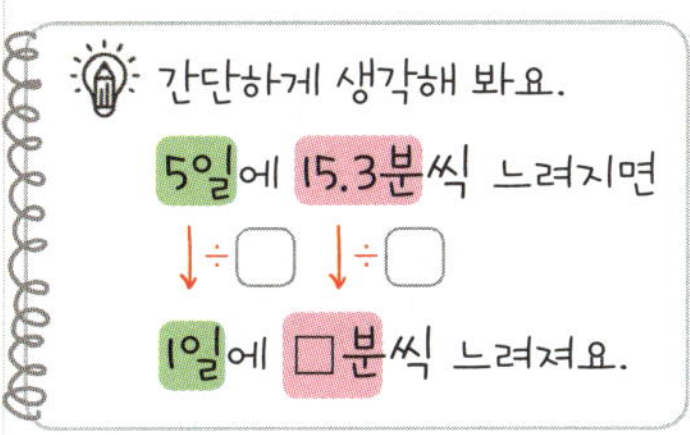

3. 2주일에 17.5분씩 일정한 빠르기로 빨라지는 시계가 있습니다. 이 시계는 하루에 몇 분씩 빨라질까요?

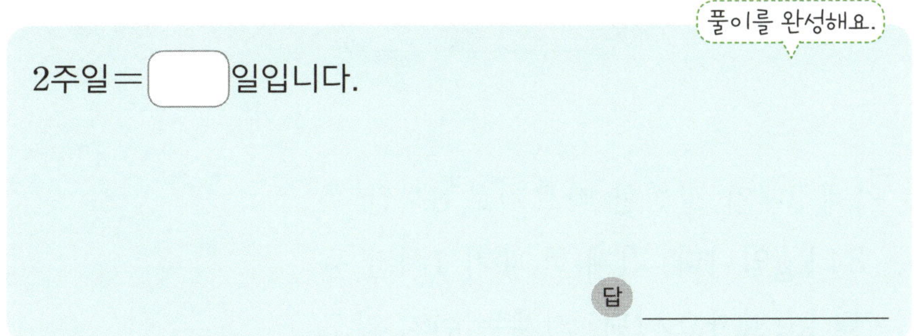

2주일 = ☐ 일입니다.

답 ______________

4. 3주일에 43.05분씩 일정한 빠르기로 느려지는 시계가 있습니다. 이 시계는 하루에 몇 분씩 느려질까요?

답 ______________

1. **교과서 유형** 사탕 공장에서 똑같은 기계 ③대가 일정한 빠르기로 ⑥시간 동안 만들 수 있는 사탕은 ⑤4.54 kg입니다. <u>기계 한 대가 1시간 동안 만들 수 있는 사탕은 몇 kg일까요?</u> (단, 기계는 쉬지 않고 만듭니다.)

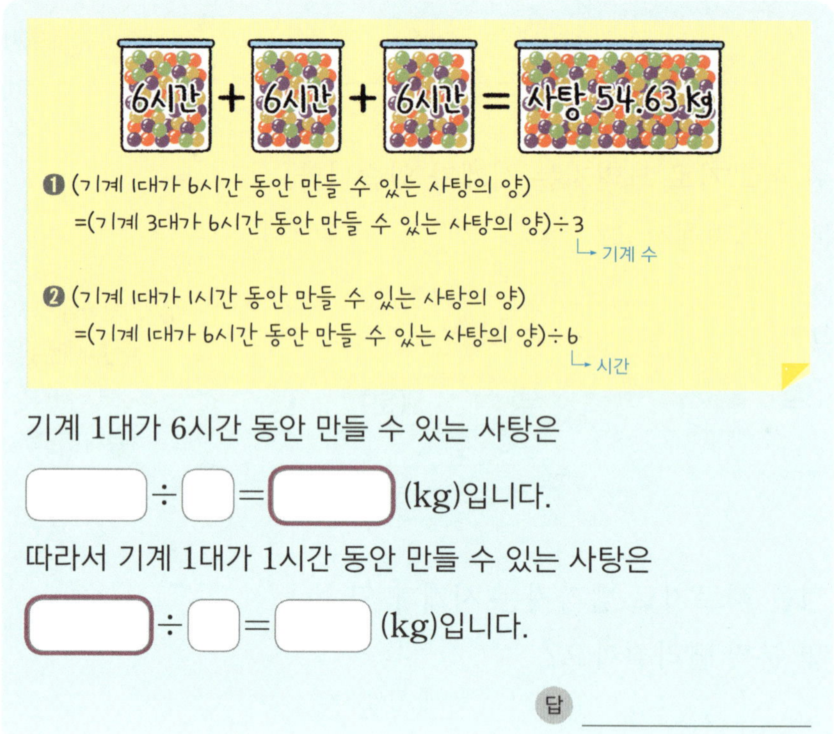

기계 1대가 6시간 동안 만들 수 있는 사탕은

[   ] ÷ [ ] = [   ] (kg)입니다.

따라서 기계 1대가 1시간 동안 만들 수 있는 사탕은

[   ] ÷ [ ] = [   ] (kg)입니다.

답 ____________

2. 과자 공장에서 똑같은 기계 3대가 일정한 빠르기로 8시간 동안 만들 수 있는 과자는 84 kg입니다. 기계 한 대가 1시간 동안 만들 수 있는 과자는 몇 kg일까요? (단, 기계는 쉬지 않고 만듭니다.)

기계 1대가 8시간 동안 만들 수 있는 과자는

____________ = [   ] (kg)입니다.

따라서 기계 1대가 1시간 동안 만들 수 있는 과자는

____________ = [   ] (kg)입니다.

답 ____________

문제에서 숫자는 ○,
조건 또는 구하는 것은 ___로
표시해 보세요.

간단하게 생각해 봐요.
기계 3대가 6시간 동안
↓ ÷3
기계 1대가 6시간 동안
↓ ÷3
기계 1대가 1시간 동안

1. 똑같은 무게의 장난감 공 10개가 들어 있는 상자의 무게는 536g입니다. 빈 상자의 무게가 120g일 때, 장난감 공 1개의 무게는 몇 g일까요?

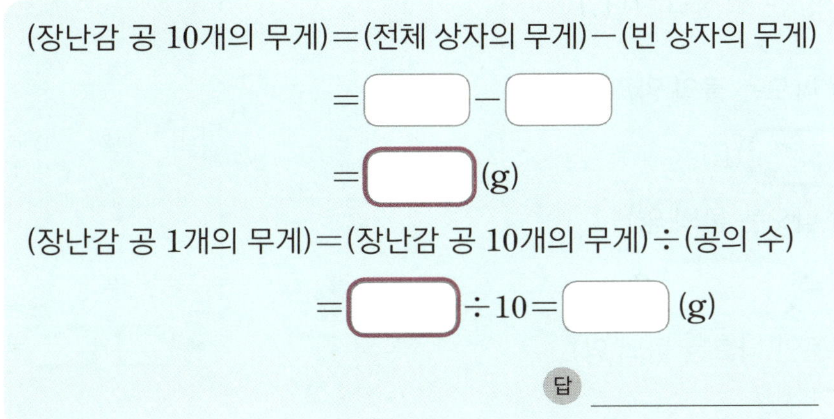

2. 똑같은 무게의 장난감 5개가 들어 있는 상자의 무게는 342g 입니다. 빈 상자의 무게가 80g일 때, 장난감 1개의 무게는 몇 g일까요?

(장난감 5개의 무게)= ____________ =   (g)

(장난감 1개의 무게)= ____________ =   (g)

답 ____________

3. 똑같은 무게의 인형 8개가 들어 있는 상자의 무게는 1575g 입니다. 빈 상자의 무게가 115g일 때, 인형 1개를 담은 상자의 무게는 몇 g일까요?

(인형 8개의 무게)= ____________ =   (g)

(인형 1개의 무게)= ____________ =   (g)

따라서 인형 1개를 담은 상자의 무게는

빈 상자
          +   =   (g)입니다.

답 ____________

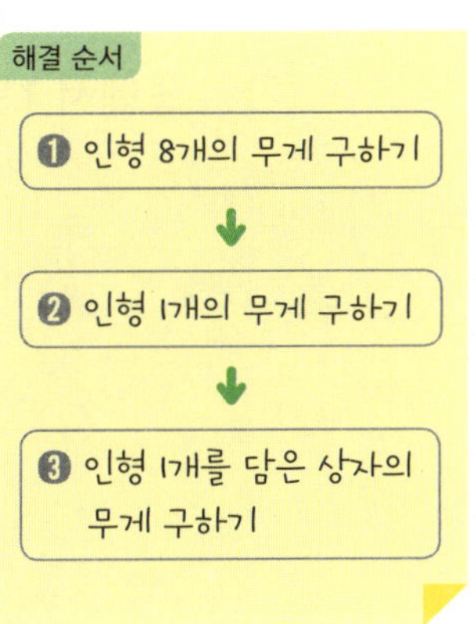

1. 가 수도를 5분 동안 틀면 5.2 L의 물이 나오고, 나 수도를 10분 동안 틀면 13.45 L의 물이 나옵니다. 두 수도를 동시에 틀어 3분 동안 수조에 받은 물은 몇 L일까요? (단, 각 수도에서 1분 동안 나오는 물의 양은 일정합니다.)

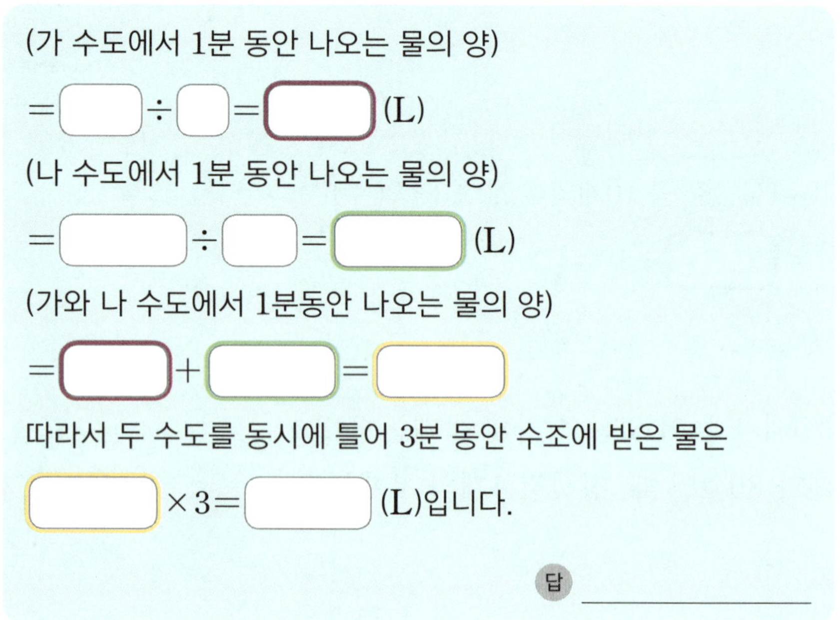

(가 수도에서 1분 동안 나오는 물의 양)

$= \boxed{} \div \boxed{} = \boxed{}$ (L)

(나 수도에서 1분 동안 나오는 물의 양)

$= \boxed{} \div \boxed{} = \boxed{}$ (L)

(가와 나 수도에서 1분동안 나오는 물의 양)

$= \boxed{} + \boxed{} = \boxed{}$

따라서 두 수도를 동시에 틀어 3분 동안 수조에 받은 물은

$\boxed{} \times 3 = \boxed{}$ (L)입니다.

답 _______________

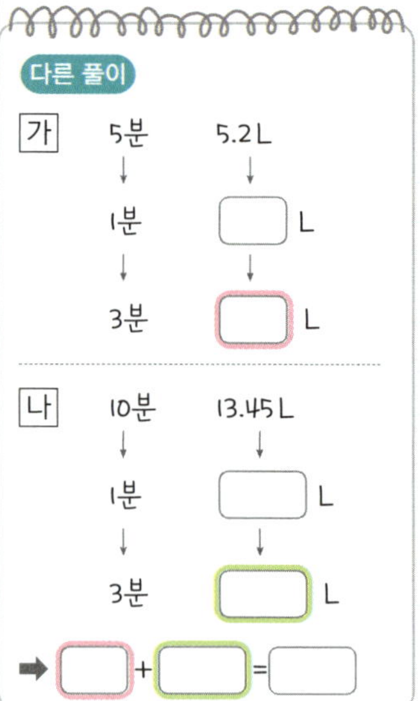

2. 가 수도를 7분 동안 틀면 12.6 L의 물이 나오고, 나 수도를 8분 동안 틀면 16.4 L의 물이 나옵니다. 두 수도를 동시에 틀어 3분 동안 수조에 받은 물은 몇 L일까요? (단, 각 수도에서 1분 동안 나오는 물의 양은 일정합니다.)

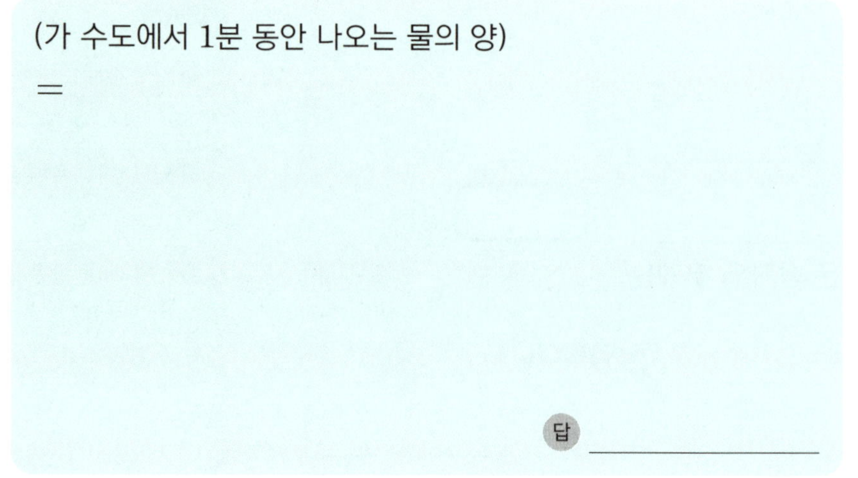

(가 수도에서 1분 동안 나오는 물의 양)

$=$

답 _______________

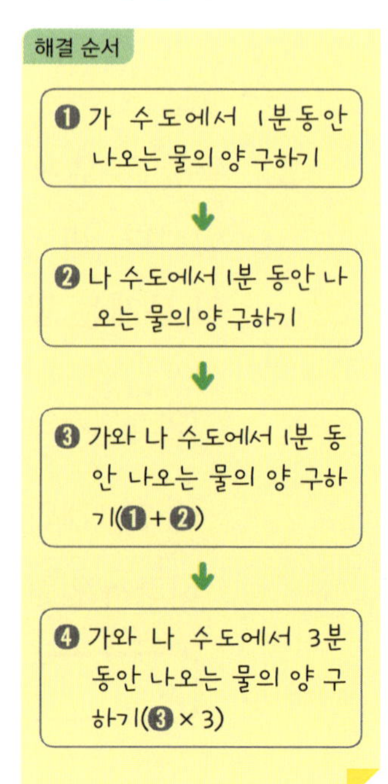

1. 길이가 28.24 m인 산책로의 한쪽에 처음부터 끝까지 같은 간격으로 가로등 5개를 세우려고 합니다. 가로등 사이의 간격은 몇 m로 해야 할까요? (단, 가로등의 두께는 생각하지 않습니다.)

(가로등 사이의 간격의 수)

$=$(가로등의 수)$-1=\boxed{}-1=\boxed{}$(군데)

(가로등 사이의 간격)

$=$(전체 산책로의 길이)$\div$(가로등 사이의 간격의 수)

$=\boxed{}\div\boxed{}=\boxed{}$ (m)

답 ____________________

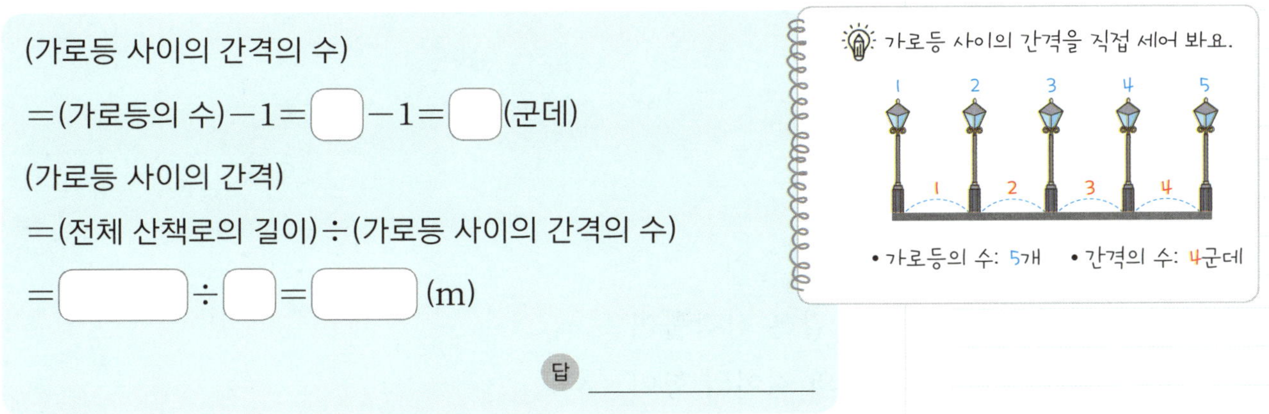

2. 길이가 54.3 m인 도로의 한쪽에 처음부터 끝까지 같은 간격으로 나무 6그루를 심으려고 합니다. 나무 사이의 간격은 몇 m로 해야 할까요? (단, 나무의 두께는 생각하지 않습니다.)

(나무 사이의 간격의 수)

$=$(나무의 수)$-1=\boxed{}-1=\boxed{}$(군데)

(나무 사이의 간격)

$=$(전체 도로의 길이)$\div$(나무 사이의 간격의 수)

$=$ ____________ $=\boxed{}$ (m)

답 ____________________

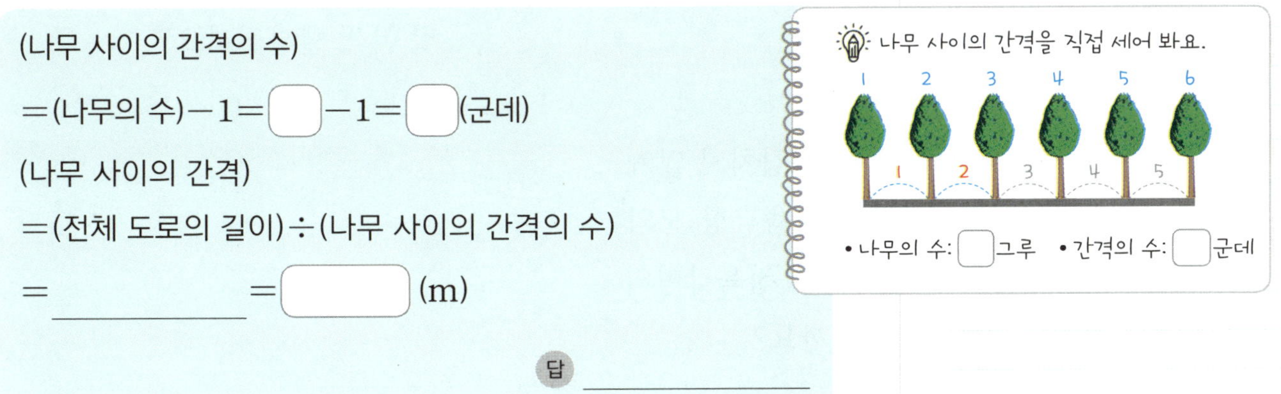

3. 길이가 9.2 m인 길의 한쪽에 처음부터 끝까지 같은 간격으로 꽃 6송이를 심으려고 합니다. 꽃 사이의 간격은 몇 m로 해야 할까요? (단, 꽃의 두께는 생각하지 않습니다.)

답 ____________________

 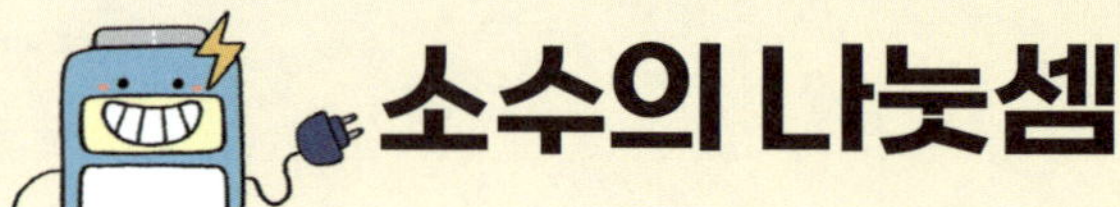 **소수의 나눗셈**

점수　　/ 100

한 문제당 10점

1. 하영이는 리본 8.4 m를 똑같이 6도막 으로 나누어 그중 한 도막을 사용했습 니다. 하영이가 사용한 리본의 길이는 몇 m일까요?

(　　　　　　　)

2. 모서리의 길이가 모두 같은 삼각뿔이 있습니다. 모든 모서리의 길이의 합이 28.38 cm일 때, 한 모서리의 길이는 몇 cm일까요?

(　　　　　　　)

3. 길이가 2.88 m인 철사를 겹치지 않게 모두 사용하여 똑같은 정육각형 모양 3개를 만들었습니다. 만든 정육각형의 한 변의 길이는 몇 m일까요?

(　　　　　　　)

4. 준서는 자전거를 타고 일정한 빠르기 로 공원을 5바퀴 도는 데 3분 1초가 걸 렸습니다. 공원을 한 바퀴 도는 데 걸 린 시간은 몇 초일까요? (20점)

(　　　　　　　)

5. 어떤 수를 9로 나누어야 할 것을 잘못 하여 곱했더니 64.8이 되었습니다. 바 르게 계산하면 얼마인지 구하세요.

(20점)

(　　　　　　　)

6. 6일에 21분씩 일정한 빠르기로 빨라지 는 시계가 있습니다. 이 시계는 하루에 몇 분씩 빨라질까요?

(　　　　　　　)

7. 무게가 같은 망고가 한 상자에 6개씩 들어 있습니다. 4상자의 무게가 18 kg 일 때, 망고 한 개의 무게는 몇 kg일까 요? (단, 상자의 무게는 생각하지 않습 니다.) (20점)

(　　　　　　　)

넷째 마당

비와 비율

넷째 마당에서는 **비와 비율**을 활용한 문장제를 배웁니다.
비와 비율을 통해 어떤 마을에 인구가 더 밀집해 있는지,
어떤 설탕물의 농도가 더 진한지,
어떤 자동차가 더 빨리 달리는지를 비교할 수 있어요.
실생활에서 다양하게 사용되는 비와 비율 문장제를 해결해 보세요.
를 채워 문장을 완성하면, 학교 시험 자신감 충전 완료!

16. 비 알아보기

1. 사탕 수와 <u>초콜릿 수의 비</u>를 구하세요.

기준량

기준이 되는 수

사탕 수와 초콜릿 수의 비 ➡ (사탕 수) : (수) = :

---

2. <u>수박 수의</u> 파인애플 <u>수에 대한</u> 비를 구하세요.

기준량 뒤에 붙는 말

기준량

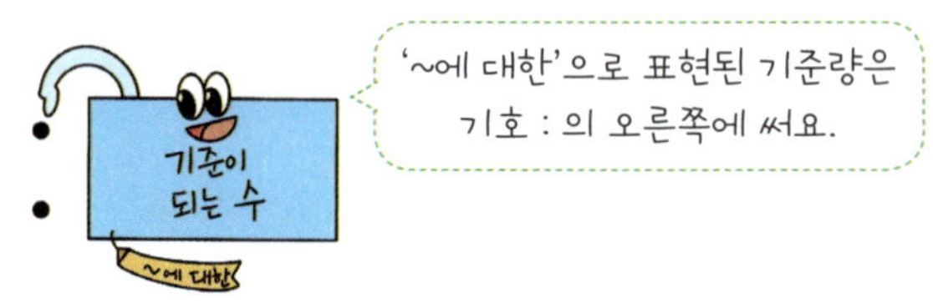

수박 수의 파인애플 수에 대한 비 ➡ (수) : (수) = :

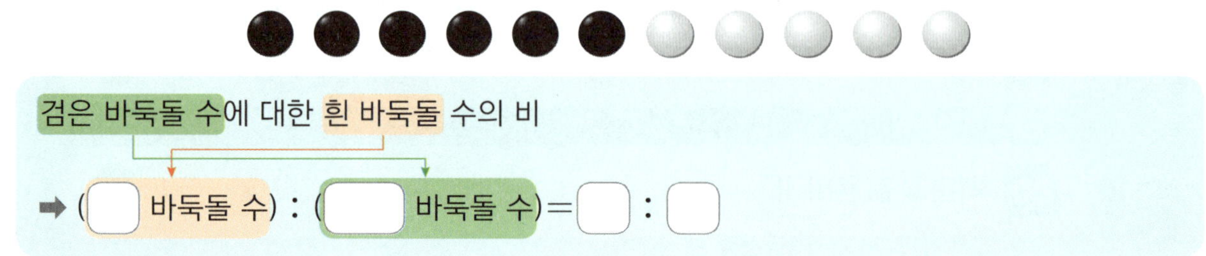

---

3. 검은 바둑돌 <u>수에 대한</u> 흰 바둑돌 수의 비를 구하세요.

검은 바둑돌 수에 대한 흰 바둑돌 수의 비

➡ (바둑돌 수) : (바둑돌 수) = :

1. 진호는 용돈 8000원을 받아 5000원을 저금했습니다. 받은 용돈에 대한 저금한 돈의 비를 구하세요.

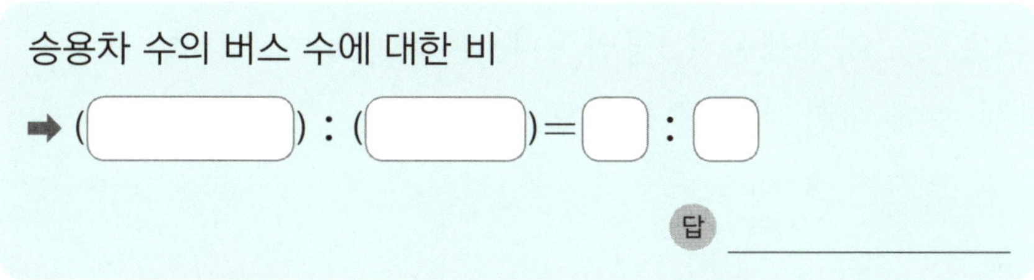

기준량 뒤에 붙는 말

2. 주차장에 버스 3대, 승용차 8대가 주차되어 있습니다. 주차된 승용차 수의 버스 수에 대한 비를 구하세요.

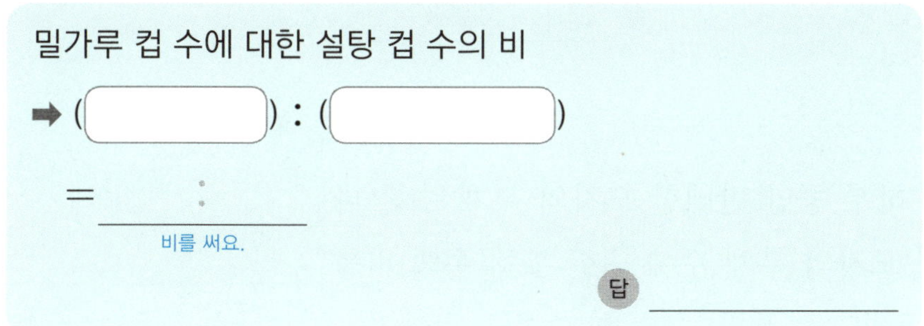

3. 설탕 4컵에 밀가루 7컵을 넣어 빵을 만들려고 합니다. 밀가루 컵 수에 대한 설탕 컵 수의 비를 구하세요.

4. 장미를 20송이, 국화를 14송이 심었습니다. 심은 국화 수와 장미 수의 비를 구하세요.

답 ____________________

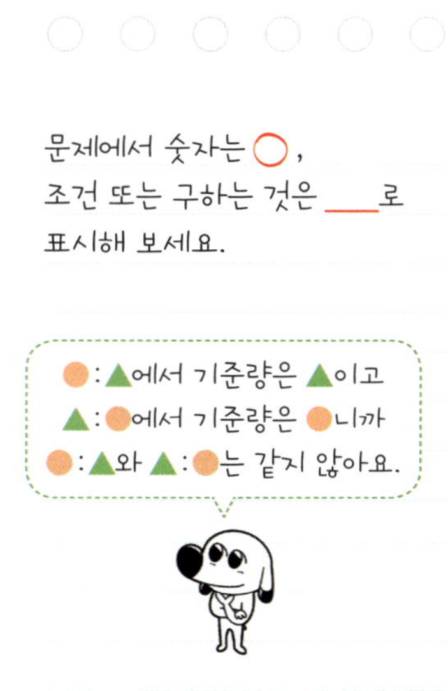

1. 윤지네 모둠은 남학생이 ③명, 여학생이 ④명입니다. 윤지네 모둠 전체 학생 수에 대한 남학생 수의 비를 구하세요.

(남학생 수)+(여학생 수)

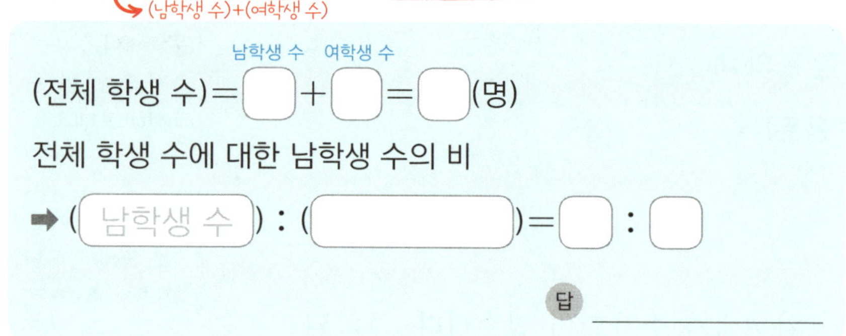

2. 현우네의 반의 남학생은 13명, 여학생은 12명입니다. 현우네 반 여학생 수의 전체 학생 수에 대한 비를 구하세요.

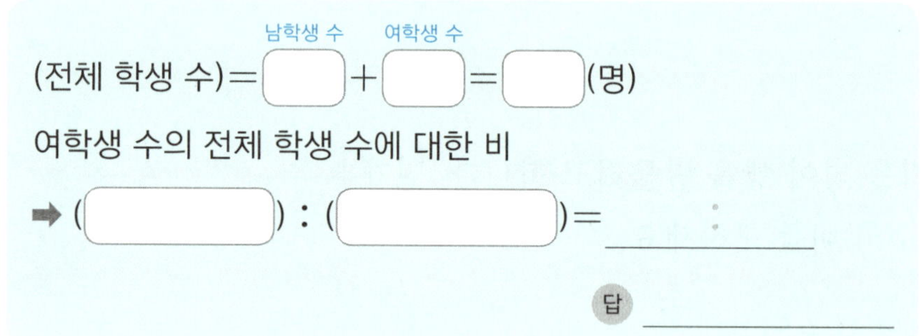

3. 어느 기념품 가게에서 하루 동안 판매한 모자와 부채 수를 나타낸 것입니다. 판매한 모자와 부채 수에 대한 부채 수의 비를 구하세요.

모자 수(개)	부채 수(개)
250	241

답 __________

1. 넓이가 ㉤50㉥m^{2}인 텃밭 중 ㉤30㉥m^{2}에는 상추를 심었고, 나머지 텃밭에는 모두 오이를 심었습니다. 전체 텃밭의 넓이와 오이를 심은 텃밭의 넓이의 비를 구하세요.

(오이를 심은 텃밭의 넓이)

＝(전체 텃밭의 넓이)－(상추를 심은 텃밭의 넓이)

＝ ☐ － ☐ ＝ ☐ (m^2)

전체 텃밭의 넓이와 오이를 심은 텃밭의 넓이의 비

➡ (☐ 텃밭의 넓이) : (☐ 를 심은 텃밭의 넓이)

＝ ☐ : ☐

답 _______________

2. 경호가 100 m 달리기를 합니다. 경호가 출발점에서 도착점을 향해 57 m를 달렸을 때, 달린 거리에 대한 도착점까지 남은 거리의 비를 구하세요.

(도착점까지 남은 거리)＝(전체 거리)－(☐ 거리)

＝ ☐ － ☐ ＝ ☐ (m)

달린 거리에 대한 도착점까지 남은 거리의 비

➡ (☐ 거리) : (☐ 거리)

＝ _______________

비를 써요.

답 _______________

17. 비율 알아보기

1. 비교하는 양이 2, 기준량이 7일 때의 비율을 분수로 나타내세요.

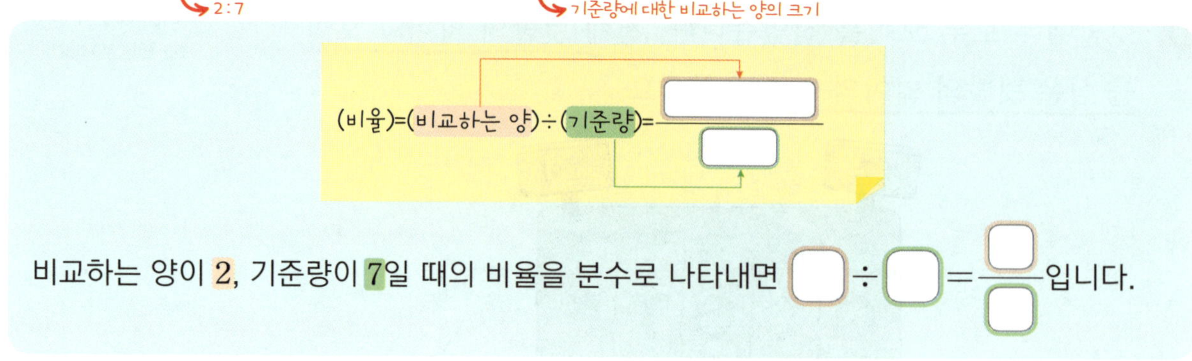

비교하는 양이 2, 기준량이 7일 때의 비율을 분수로 나타내면 ☐ ÷ ☐ = ☐/☐ 입니다.

2. 6 : 5의 비율을 소수로 나타내세요.

6 : 5에서 비교하는 양은 ☐, 기준량은 ☐ 입니다.

➡ 6 : 5의 비율을 소수로 나타내면

(비율)＝(비교하는 양)÷(기준량)＝ ☐ ÷ ☐ ＝ ☐/☐ ＝ ☐/10 ＝ ☐ 입니다.

3. 비율이 더 큰 것의 기호를 쓰세요.

㉠ 20에 대한 13의 비   ㉡ 11의 20에 대한 비

㉠ 20에 대한 13의 비는 ☐(비교하는 양) : ☐(기준량) 이므로 비율은 ☐/☐ 입니다.

㉡ 11의 20에 대한 비는 ☐(비교하는 양) : ☐(기준량) 이므로 비율은 ☐/☐ 입니다.

➡ ㉠ ☐/☐ ◯ ㉡ ☐/☐ 이므로 비율이 더 큰 것은 ☐ 입니다.

1. 물에 소금 80 g을 넣어 소금물 200 g을 만들었습니다. 소금물양에 대한 소금양의 비율을 분수와 소수로 각각 나타내세요.

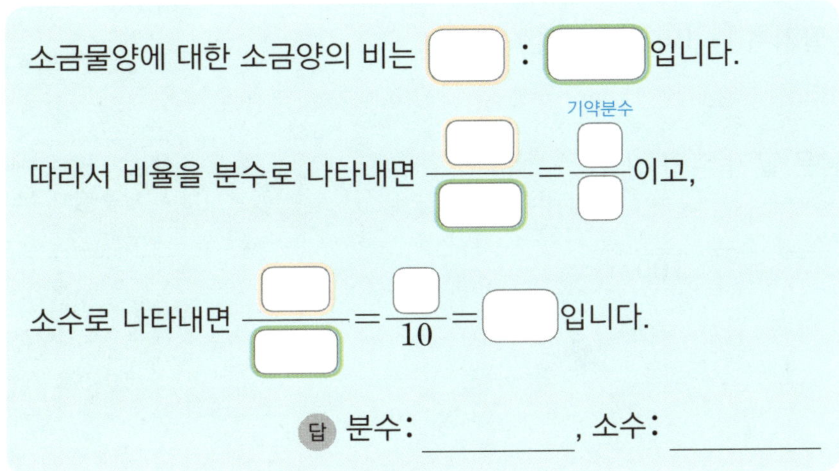

소금물양에 대한 소금양의 비는 ☐ : ☐ 입니다.

따라서 비율을 분수로 나타내면 $\dfrac{☐}{☐} = \dfrac{☐}{☐}$(기약분수)이고,

소수로 나타내면 $\dfrac{☐}{☐} = \dfrac{☐}{10} = ☐$ 입니다.

답 분수: __________ , 소수: __________

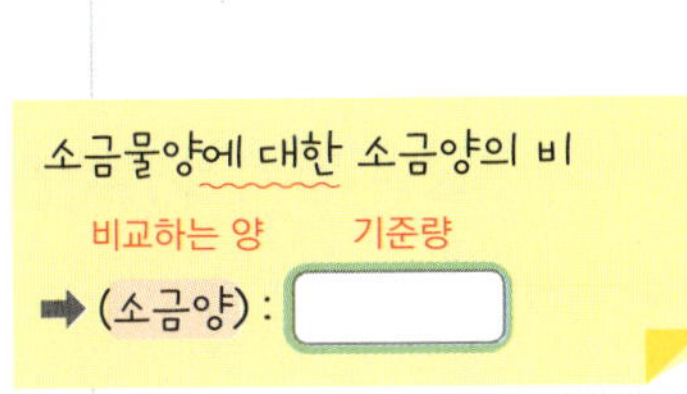

2. 검은색 공이 13개, 흰색 공이 25개 있습니다. 흰색 공 수에 대한 검은색 공 수의 비율을 분수와 소수로 각각 나타내세요.

흰색 공 수에 대한 검은색 공 수의 비는 ☐ : ☐ 입니다.

따라서 비율을 분수로 나타내면 $\dfrac{☐}{☐}$ 이고,

소수로 나타내면 $\dfrac{☐}{☐} = \dfrac{☐}{100} = ☐$ 입니다.

답 분수: __________ , 소수: __________

3. 버스에 남자가 10명, 여자가 7명 타고 있습니다. 남자 수에 대한 여자 수의 비율을 분수와 소수로 각각 나타내세요.

답 분수: __________ , 소수: __________

1. 지호는 딸기 20개 중에서 9개를 먹었습니다. 처음 있던 전체 딸기 수에 대한 남은 딸기 수의 비율을 소수로 나타내세요.

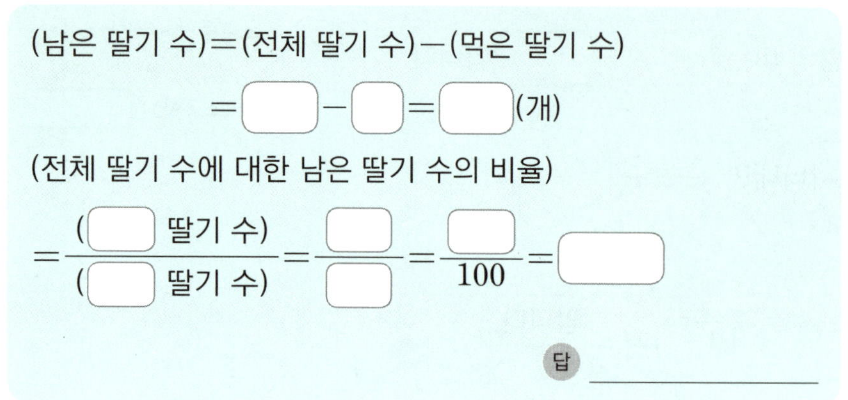

(남은 딸기 수)=(전체 딸기 수)−(먹은 딸기 수)

$$= \boxed{} - \boxed{} = \boxed{} \text{(개)}$$

(전체 딸기 수에 대한 남은 딸기 수의 비율)

$$= \frac{(\boxed{} \text{ 딸기 수})}{(\boxed{} \text{ 딸기 수})} = \frac{\boxed{}}{\boxed{}} = \frac{\boxed{}}{100} = \boxed{}$$

답 ______________

2. 과일 가게에 있는 귤 42상자 중에서 23상자를 팔았습니다. 처음 있던 전체 귤 상자 수에 대한 남은 귤 상자 수의 비율을 분수로 나타내세요.

($\boxed{}$ 귤 상자 수)=($\boxed{\text{전체}}$ 귤 상자 수)−(판 귤 상자 수)

$$= \boxed{} - \boxed{} = \boxed{} \text{(상자)}$$

(전체 귤 상자 수에 대한 남은 귤 상자 수의 비율)

$$= \frac{(\text{남은 귤 상자 수})}{(\boxed{})} = \frac{\boxed{}}{\boxed{}}$$

답 ______________

3. 보혜는 수학 25문제 중에서 20문제를 맞혔습니다. 전체 문제 수에 대한 틀린 문제 수의 비율을 소수로 나타내세요.

답 ______________

18. 비율 활용하기

1. 야구 연습을 하는 데 준기는 150타수 중에서 안타를 45번 쳤고, 민서는 120타수 중에서 안타를 30번 쳤습니다. 전체 타수에 대한 안타 수의 비율을 타율이라고 할 때, 타율이 더 높은 사람은 누구일까요?

준기 전체 타수: ☐, 안타 수: ☐

➡ 타율: $\dfrac{☐}{☐} = \dfrac{☐}{10} = $ ☐ (소수)

민서 전체 타수: ☐, 안타 수: ☐

➡ 타율: $\dfrac{☐}{☐} = \dfrac{☐}{100} = $ ☐ (소수)

따라서 ☐(준기) ◯ ☐(민서) 이므로 타율이 더 높은 사람은 ☐ 입니다.

답 ____________

2. 성하는 30타수를 기록하는 동안 안타를 6번 쳤고, 민수는 200타수를 기록하는 동안 안타를 62번 쳤습니다. 타율이 더 높은 사람은 누구일까요?

성하 타율: $\dfrac{☐}{☐} = \dfrac{☐}{10} = $ ☐ (소수)

민수 타율: $\dfrac{☐}{☐} = \dfrac{☐}{100} = $ ☐ (소수)

따라서 ☐(성하) ◯ ☐(민수) 이므로 타율이 더 높은 사람은 ☐ 입니다.

답 ____________

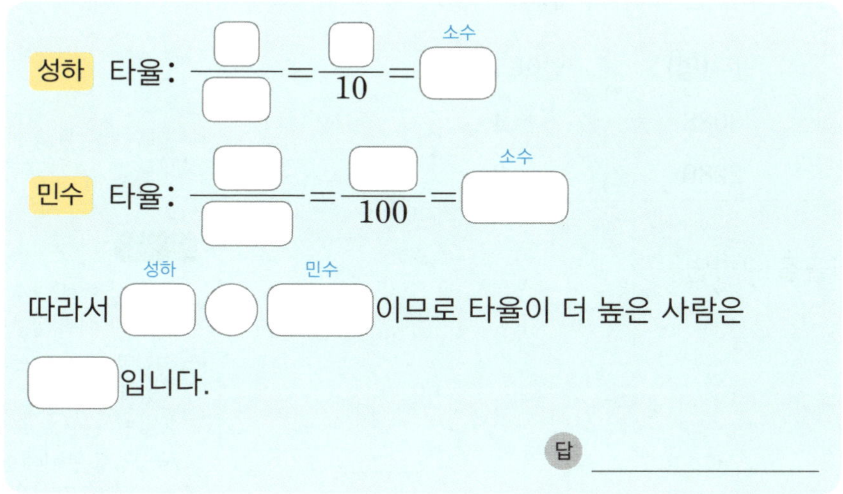

1. 소망 마을과 희망 마을의 전체 인구와 노인 인구를 나타낸 표입니다. 마을 전체 인구에 대한 노인 인구의 비율이 더 높은 곳은 어느 마을인지 구하세요.

마을	전체 인구(명)	노인 인구(명)
소망 마을	400	56
희망 마을	560	70

마을 전체 인구에 대한 노인 인구의 비율을 구하면

소수

소망 마을은 $\dfrac{\boxed{}}{\boxed{}} = \dfrac{\boxed{}}{100} = \boxed{}$ 이고,

소수

희망 마을은 $\dfrac{\boxed{}}{\boxed{}} = \dfrac{\boxed{}}{1000} = \boxed{}$ 입니다.

소망 마을   희망 마을

따라서 $\boxed{}\,\bigcirc\,\boxed{}$ 이므로 마을 전체 인구에 대한

노인 인구의 비율이 더 높은 곳은 $\boxed{}$ 마을입니다.

답 ____________________

2. 행복 마을과 사랑 마을의 인구와 넓이를 나타낸 표입니다. 인구가 더 밀집한 곳은 어느 마을인지 구하세요.

↳ 넓이에 대한 인구의 비율이 높을수록 더 밀집한 곳이에요.

마을	인구(명)	넓이(km^2)
행복 마을	3088	4
사랑 마을	2280	3

넓이에 대한 인구의 비율을 구하면

답 ____________________

1. 버스가 (280)km를 가는 데 (4)시간이 걸렸습니다. 걸린 시간
에 대한 간 거리의 비율을 이용하여 1시간 동안 간 거리는 몇
km인지 구하세요.

> 기준량

> 비교하는 양

교과서 유형

(걸린 시간에 대한 간 거리의 비율)

$$= \frac{()}{(걸린\ 시간)} = \frac{}{} = \boxed{}$$

따라서 1시간 동안 간 거리는 $\boxed{}$ km입니다.

답 ____________________

2. 자동차로 520 km를 이동하는 데 휘발유 13 L를 사용했습니
다. 휘발유량에 대한 이동 거리의 비율을 이용하여 1 km를
이동하는 데 사용한 휘발유는 몇 L인지 구하세요.

교과서 유형

(휘발유량에 대한 이동 거리의 비율)

$$= \frac{()}{()} = \frac{}{} = \boxed{}$$

따라서 1 km를 이동하는 데 사용한 휘발유는 $\boxed{}$ L입니다.

답 ____________________

3. 자동차로 330 km를 가는 데 5시간이 걸렸습니다. 걸린 시간
에 대한 간 거리의 비율을 이용하여 1시간 동안 간 거리는 몇
km인지 구하세요.

답 ____________________

19. 백분율 알아보기

1. 비율 $\dfrac{7}{20}$ 을 백분율로 나타내세요.

↳ 기준량을 100으로 할 때의 비율

방법 1 기준량이 100인 비율에서 비교하는 양에 %를 붙여 나타내기

비율 $\dfrac{7}{20}$ 을 기준량이 [ ] 인 비율로 나타내면

$$\dfrac{7}{20} \overset{\times 5}{\underset{\times 5}{=}} \dfrac{[\quad]}{100}$$ 이므로 [ ] %입니다.

비교하는 양

방법 2 (비율)×100을 한 값에 %를 붙여 나타내기

비율에 [ ] 을 곱하면 $\dfrac{7}{20} \times 100 =$ [ ] (%)입니다.

2. 비율 1.53을 백분율로 나타내세요.

$1.53 \times$ [ ] $=$ [ ] (%) ➡ 비율 1.53을 백분율로 나타내면 [ ] %입니다.

3. 5에 대한 2의 비율을 백분율로 나타내세요.

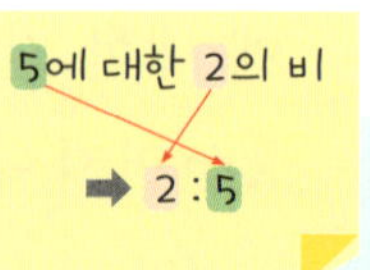

5에 대한 2의 비는 [ ] : [ ] 이고, 비율을 분수로 나타내면 [ ] 이므로

[ ] × [ ] = [ ] (%)입니다.

➡ 5에 대한 2의 비율을 백분율로 나타내면 [ ] %입니다.

1. 제과점에서 구운 도넛 ⑤⑩개 중에서 ㊺개가 팔렸습니다. <u>구운 전체 도넛 수에 대한 팔린 도넛 수의 비율은 몇 %인지 구하세요.</u>

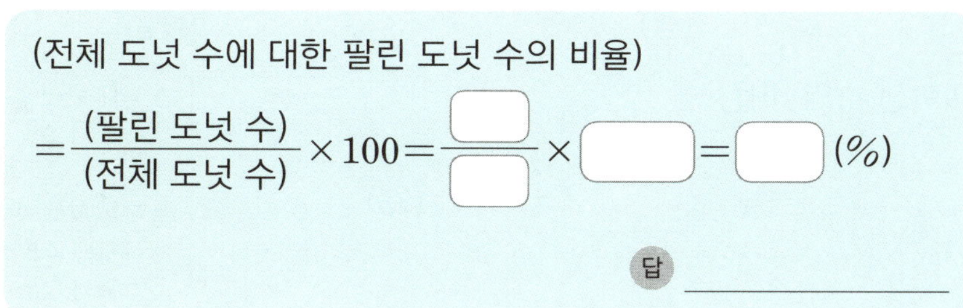

2. 지우는 수학 25문제 중에서 21문제를 맞혔습니다. 전체 문제 수에 대한 맞힌 문제 수의 비율은 몇 %인지 구하세요.

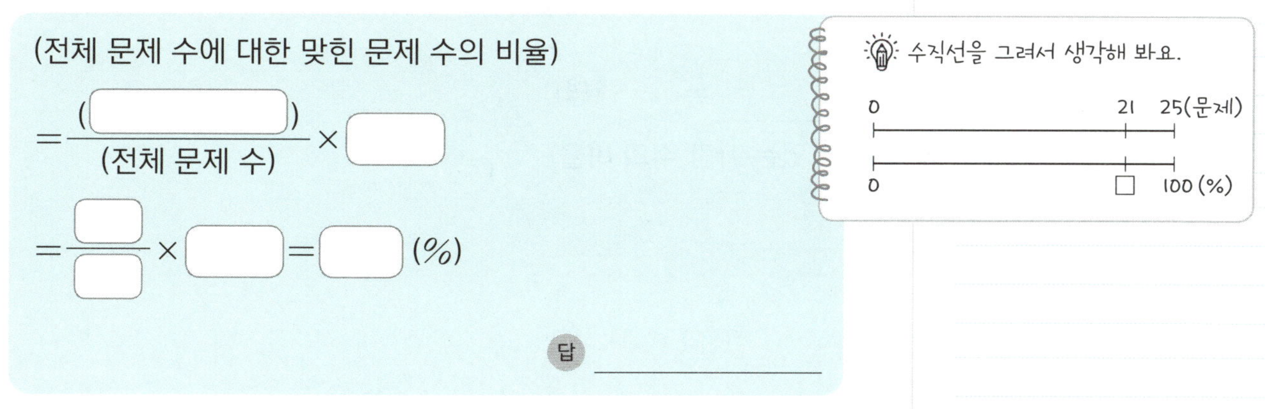

3. 마라톤에 참가한 학생 200명 중에서 완주한 학생은 160명입니다. 마라톤에 참가한 전체 학생 수에 대한 완주한 학생 수의 비율은 몇 %인지 구하세요.

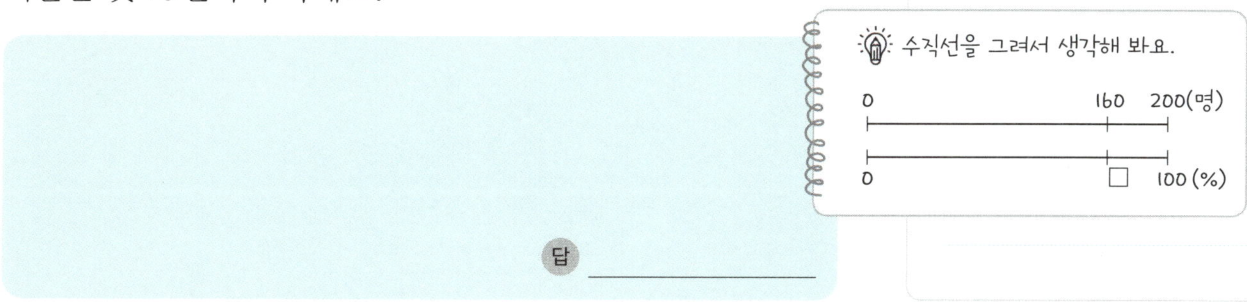

1. **교과서 유형** 유희네 반은 남학생이 23명, 여학생이 27명입니다. 전체 학생 수에 대한 여학생 수의 비율은 몇 %인지 구하세요.

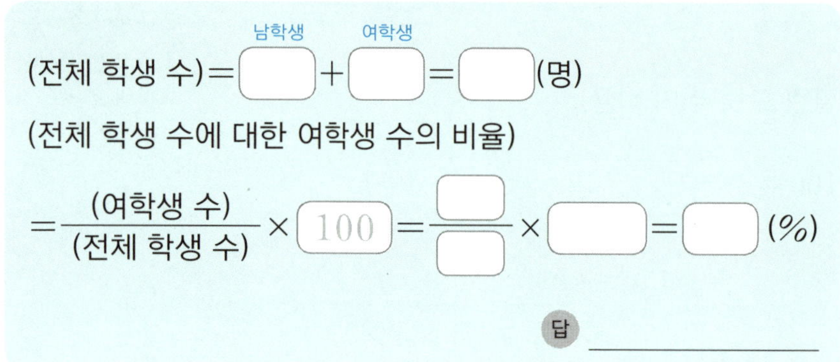

2. 버스를 타고 있는 사람 중에서 좌석에 앉아 있는 사람이 17명, 서 있는 사람이 3명입니다. 버스를 타고 있는 전체 사람 수에 대한 서 있는 사람 수의 비율은 몇 %인지 구하세요.

3. 상자 안에 빨간색 구슬이 16개, 노란색 구슬이 9개 들어 있습니다. 상자 안에 들어 있는 전체 구슬 수에 대한 노란색 구슬 수의 비율은 몇 %인지 구하세요.

1. 소금 ㉚g을 녹여 소금물 ㉛⃝200g을 만들었습니다. 소금물의 진하기는 몇 %인지 구하세요.

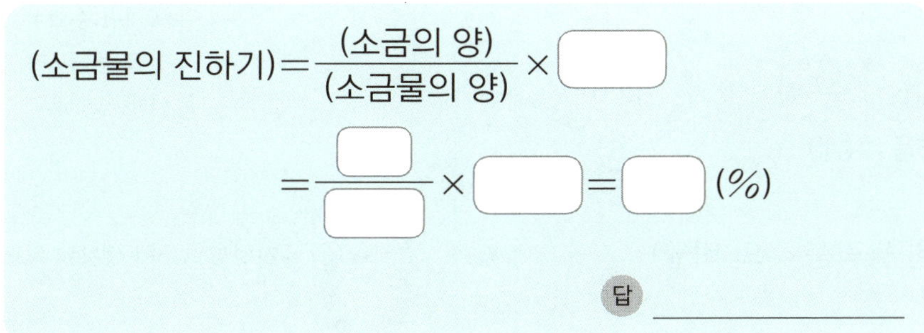

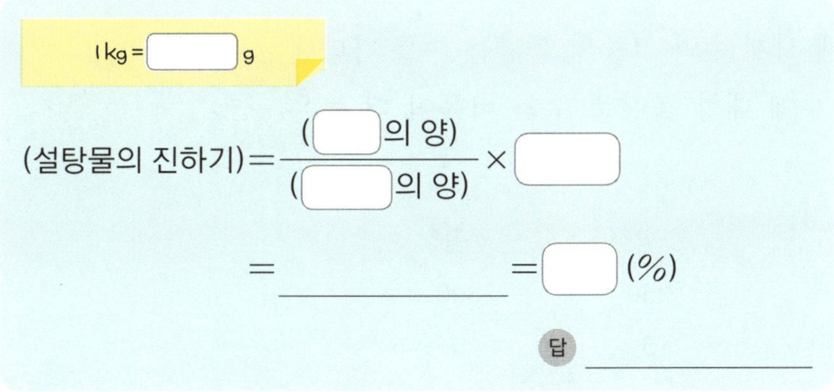

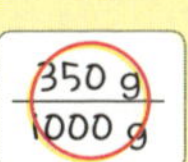

2. 설탕물 1 kg에 설탕이 350 g 녹아 있습니다. 설탕물의 진하기는 몇 %인지 구하세요.

3. 소금 60 g을 녹여 소금물 240 g을 만들었습니다. 소금물의 진하기는 몇 %인지 구하세요.

20 백분율 활용하기

1. 공장에서 만든 전체 장난감 수와 그중의 불량품 수를 나타낸
것입니다. 전체 장난감 수에 대한 불량품 수의 비율은 몇 %
인지 구하세요.

↳ 불량률

전체 장난감 수(개)	200
불량품 수(개)	6

(전체 장난감 수에 대한 불량품 수의 비율)

$$= \frac{(\boxed{} \text{수})}{(\text{전체 장난감 수})} \times \boxed{}$$

$$= \frac{\boxed{}}{\boxed{}} \times \boxed{} = \boxed{} (\%)$$

답 ___________

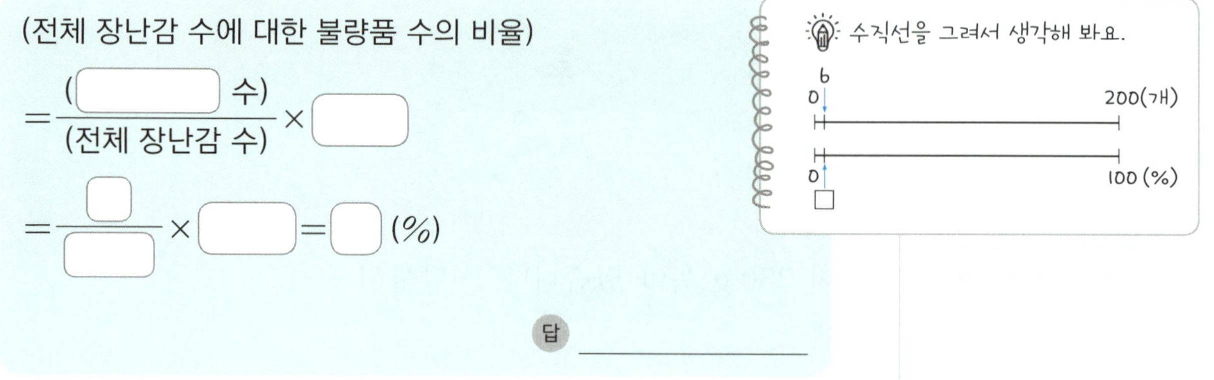

2. 두 공장에서 만든 전체 시계 수와 그중의 불량품 수를 나타낸
것입니다. 전체 시계 수에 대한 불량품 수의 비율이 더 높은
공장을 구하세요.

공장	㉮ 공장	㉯ 공장
전체 시계 수(개)	250	300
불량품 수(개)	5	9

전체 시계 수에 대한 불량품 수의 비율을 구하면

㉮ 공장은 $\dfrac{\boxed{}}{\boxed{}} \times \boxed{} = \boxed{}$ (%)이고,

㉯ 공장은 $\dfrac{\boxed{}}{\boxed{}} \times \boxed{} = \boxed{}$ (%)입니다.

㉮ 공장   ㉯ 공장

따라서 $\boxed{}$ % ◯ $\boxed{}$ %이므로 전체 시계 수에 대한 불량품

수의 비율이 더 높은 공장은 $\boxed{}$ 공장입니다.

답 ___________

$$(\text{불량률}) = \frac{(\text{불량품 수})}{(\text{전체 수})}$$

1. 현수는 회장 선거에서 전체 ㉜표 중에서 ⑧표를 받았습니다. 현수의 득표율은 몇 %인지 구하세요.

$$(\text{현수의 득표율}) = \frac{(\boxed{}\text{의 득표 수})}{(\text{전체 득표 수})} \times \boxed{}$$

$$= \frac{\boxed{}}{\boxed{}} \times \boxed{} = \boxed{} \,(\%)$$

답 ____________

$$(\text{득표율}) = \frac{(\text{받은 득표 수})}{(\text{전체 득표 수})}$$

2. 민서와 지효가 회장 선거에서 받은 득표 수입니다. 민서와 지효의 득표율은 몇 %인지 각각 구하세요.

후보	민서	지효	무효표
득표 수(표)	12	11	2

$$(\text{전체 득표 수}) = \boxed{}_{\text{민서}} + \boxed{}_{\text{지효}} + \boxed{}_{\text{무효표}} = \boxed{} \,(\text{표})$$

$$(\text{민서의 득표율}) = \frac{(\boxed{}\text{의 득표 수})}{(\text{전체 득표 수})} \times \boxed{}$$

$$= \frac{ \times 100}{} = \boxed{} \,(\%)$$

$$(\text{지효의 득표율}) = \frac{(\boxed{}\text{의 득표 수})}{(\text{전체 득표 수})} \times \boxed{}$$

$$= \frac{}{} = \boxed{} \,(\%)$$

답 민서: __________ , 지효: __________

1. 어느 문구점에서 5000원짜리 색연필 세트를 3500원에 팔고
있습니다. 색연필 세트의 할인율은 몇 %인지 구하세요.

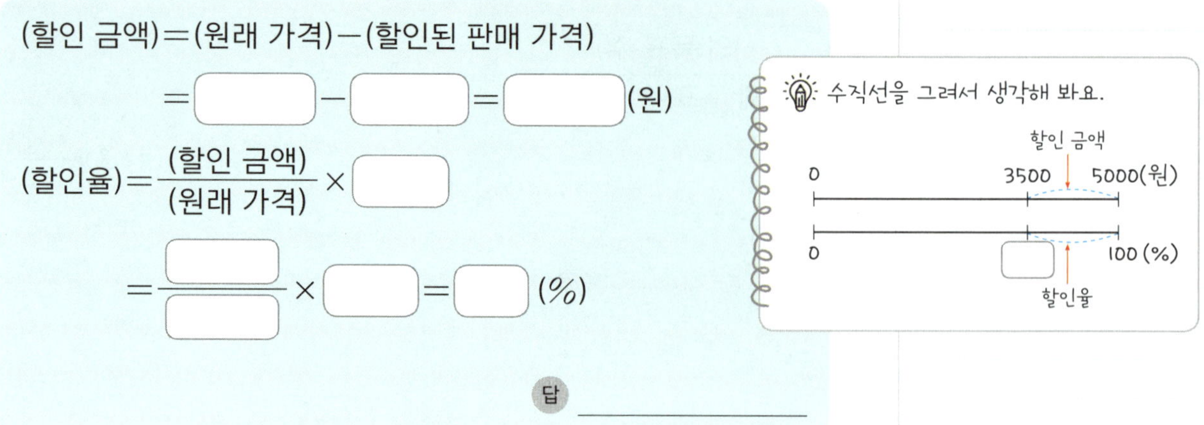

2. 세 마트에서 우유를 다음과 같이 할인하여 팔고 있습니다. 할
인율이 가장 높은 우유를 사려면 어느 마트에서 사야 할까요?

$$(할인율)=\frac{(할인\ 금액)}{(원래\ 가격)}$$

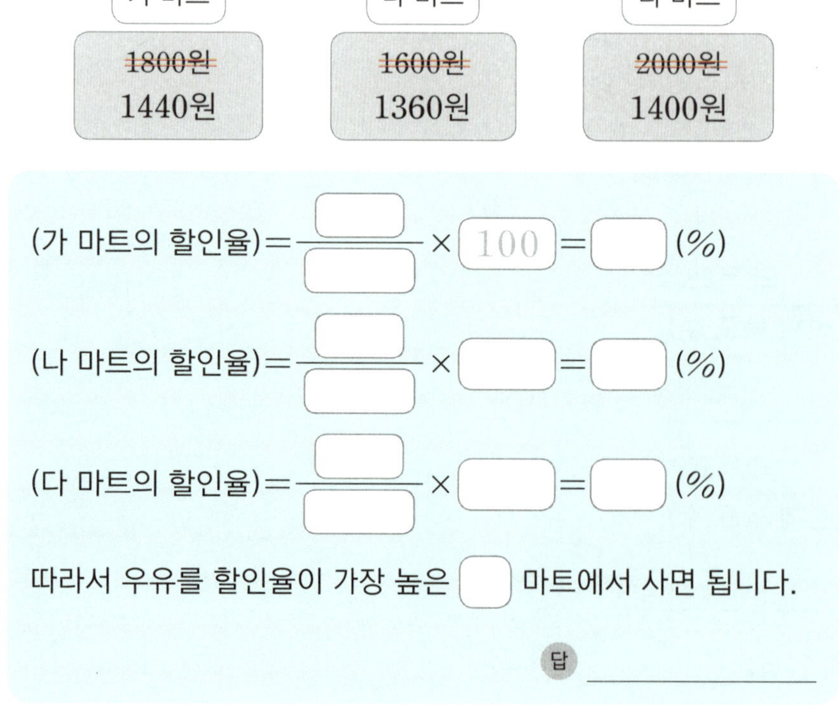

(가 마트의 할인율)= ☐ / ☐ × 100 = ☐ (%)

(나 마트의 할인율)= ☐ / ☐ × ☐ = ☐ (%)

(다 마트의 할인율)= ☐ / ☐ × ☐ = ☐ (%)

따라서 우유를 할인율이 가장 높은 ☐ 마트에서 사면 됩니다.

답 ____________

1. 소망 은행에 예금한 돈과 1년 후의 이자를 합한 돈을 나타낸 것입니다. 예금한 돈에 대한 이자의 비율인 이자율을 구하세요.

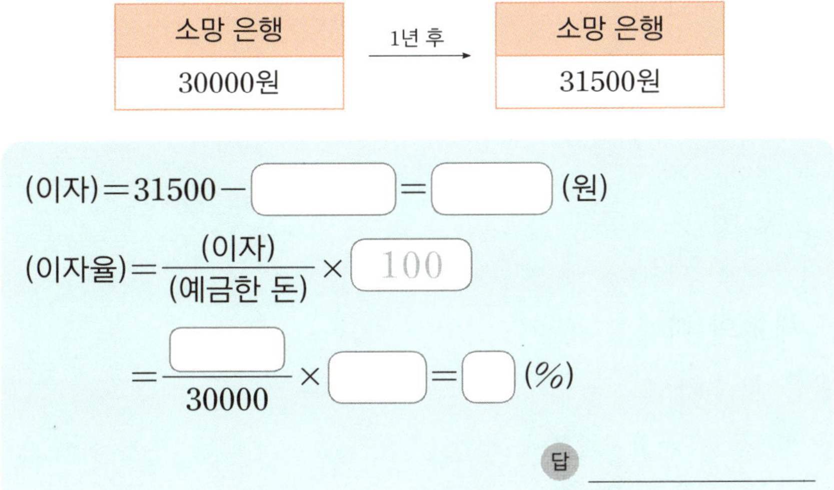

(소망 은행에서 받은 이자)
=(1년 후 이자를 합한 돈)
 −(처음 예금한 돈)

2. 사랑 은행과 기쁨 은행에 예금한 돈과 각각의 은행에서 1년 동안 받은 이자를 나타낸 표입니다. 이자율이 더 높은 은행을 구하세요.

은행	사랑 은행	기쁨 은행
예금한 돈(원)	70000	50000
이자(원)	2800	1500

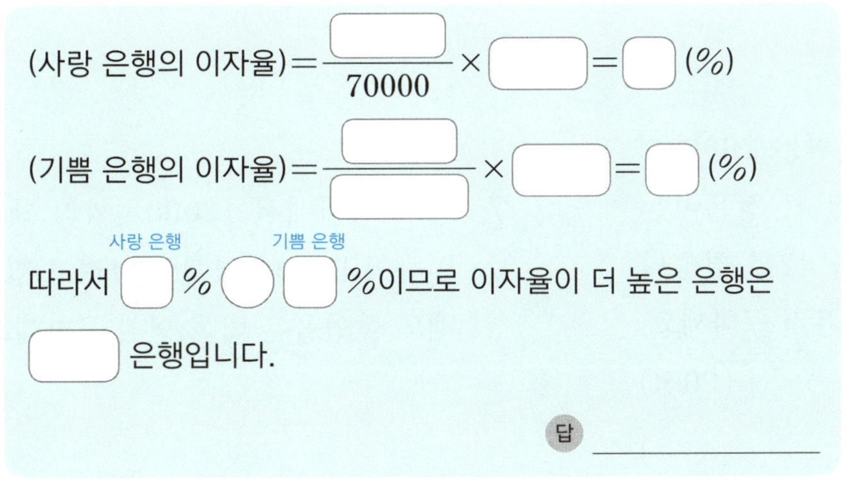

$(이자율)= \dfrac{(이자)}{(예금한\ 돈)}$

비와 비율

1. 진우네 반 학생 중 남학생은 13명, 여학생은 16명입니다. 진우네 반 남학생 수의 전체 학생 수에 대한 비를 구하세요.

(　　　　　　　　)

2. 직사각형의 가로에 대한 세로의 비를 나타낸 것입니다. 이 비율을 분수와 소수로 각각 나타내세요.

$$3 : 10$$

분수 (　　　　　　　　)

소수 (　　　　　　　　)

3. 현우는 수학 30문제 중에서 24문제를 맞혔습니다. 전체 문제 수에 대한 틀린 문제 수의 비율을 소수로 나타내세요.

(　　　　　　　　)

4. 야구 연습을 하는데 민휘는 200타수 중에서 안타를 66번 쳤고, 정은이는 150타수 중에서 안타를 42번 쳤습니다. 누구의 타율이 더 높은지 구하세요.

（20점）

(　　　　　　　　)

5. 제과점에서 만든 피자빵 25개 중에서 15개가 팔렸습니다. 만든 전체 피자빵 수에 대한 팔린 피자빵 수의 비율은 몇 %인지 구하세요.

(　　　　　　　　)

6. 종민이는 회장 선거에서 전체 28표 중에서 21표를 받았습니다. 종민이의 득표율은 몇 %인지 구하세요.

(　　　　　　　　)

7. 어느 서점에서 12000원짜리 책을 할인하여 9600원에 판매하려고 합니다. 책의 할인율은 몇 %인지 구하세요.

（30점）

(　　　　　　　　)

여러 가지 그래프

다섯째 마당에서는 **여러 가지 그래프를 활용한 문장제**를 배웁니다.
수집한 자료를 그래프로 나타내면 항목의 크기와 자료의 변화를 한눈에
볼 수 있어요.
비율 그래프인 띠그래프와 원그래프는 전체를 100으로 보고
각 항목이 차지하는 크기를 %(백분율)로 나타낸 그래프예요.
□를 채워 문장을 완성하면, 학교 시험 자신감 충전 완료!

🚩 공부한 날짜

21	띠그래프	월 일 ✔
22	원그래프	월 일 ●

21. 띠그래프

1. 준수네 반 학생 25명 중 좋아하는 영화 장르가 코미디인 학생은 전체의 40 %입니다. 코미디를 좋아하는 학생은 몇 명일까요?

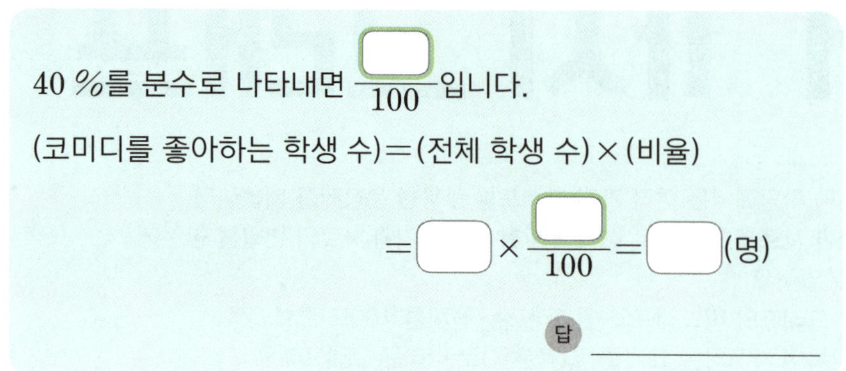

40 %를 분수로 나타내면 $\dfrac{\Box}{100}$ 입니다.

(코미디를 좋아하는 학생 수)=(전체 학생 수)×(비율)

$$= \Box \times \dfrac{\Box}{100} = \Box \text{(명)}$$

답 _____________

2. 효진이네 학교 학생 300명 중 장래 희망이 선생님인 학생은 전체의 12 %입니다. 장래 희망이 선생님인 학생은 몇 명일까요?

12 %를 분수로 나타내면 $\dfrac{\Box}{100}$ 입니다.

(장래 희망이 선생님인 학생 수)=(전체 학생 수)×(비율)

$$= \underline{\hspace{2cm}} = \Box \text{(명)}$$

답 _____________

3. 경민이네 학교 6학년 학생 90명 중 좋아하는 전통 악기가 장구인 학생은 전체의 20 %입니다. 장구를 좋아하는 학생은 몇 명일까요?

답 _____________

1. 유진이네 학교 6학년 학생 120명의 등교 방법을 조사하여 나타낸 **띠그래프**입니다. 자전거를 타고 등교하는 학생은 몇 명일까요?

전체에 대한 각 부분의 비율을 띠 모양에 나타낸 그래프

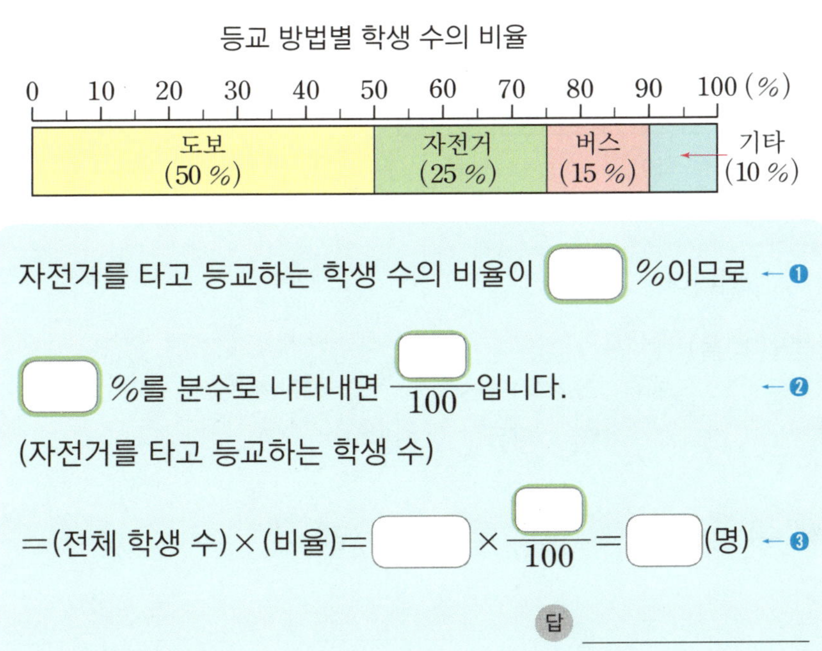

자전거를 타고 등교하는 학생 수의 비율이 $\boxed{}$ %이므로 ← ❶

$\boxed{}$ %를 분수로 나타내면 $\dfrac{\boxed{}}{100}$ 입니다. ← ❷

(자전거를 타고 등교하는 학생 수)

$=$ (전체 학생 수) $\times$ (비율) $=\boxed{} \times \dfrac{\boxed{}}{100}=\boxed{}$ (명) ← ❸

답 ____________

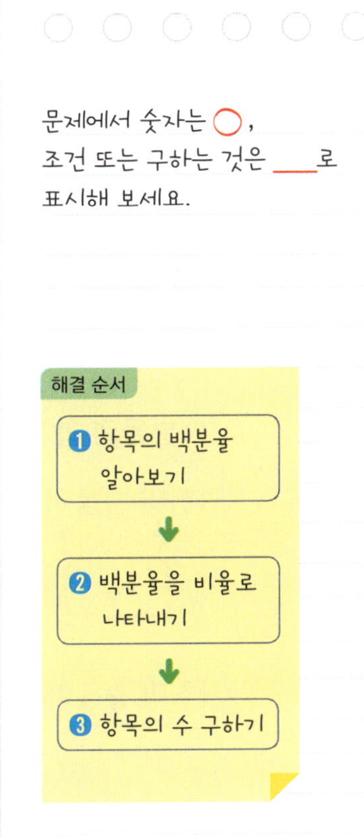

2. 주말농장의 채소별 밭의 넓이를 조사하여 나타낸 띠그래프입니다. 밭의 전체 넓이가 $130 \ m^2$라면 배추를 심은 밭의 넓이는 몇 m^2일까요?

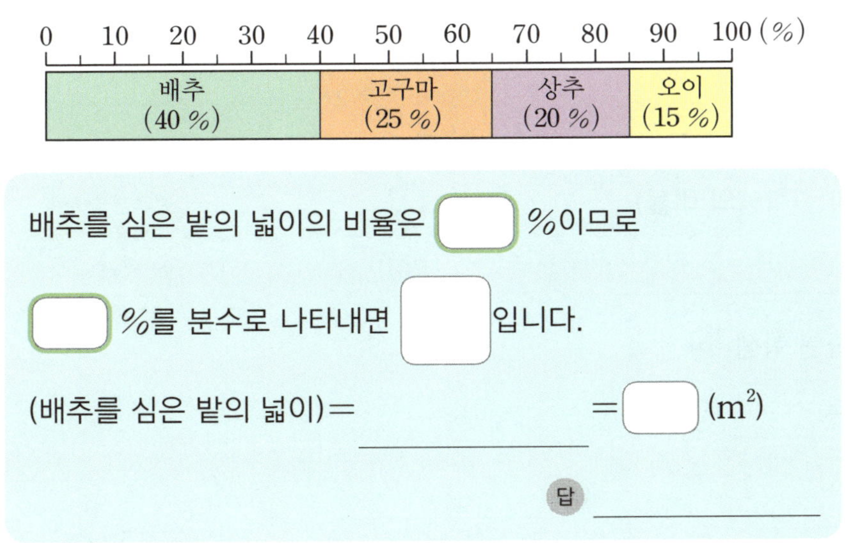

배추를 심은 밭의 넓이의 비율은 $\boxed{}$ %이므로

$\boxed{}$ %를 분수로 나타내면 $\boxed{}$ 입니다.

(배추를 심은 밭의 넓이) $=$ ____________ $=\boxed{}$ (m^2)

답 ____________

1. 수민이네 학교 학생 ⑤⑩⑩명의 취미 활동을 조사하여 나타낸 띠그래프입니다. 취미 활동이 운동인 학생은 몇 명일까요?

취미 활동별 학생 수의 비율

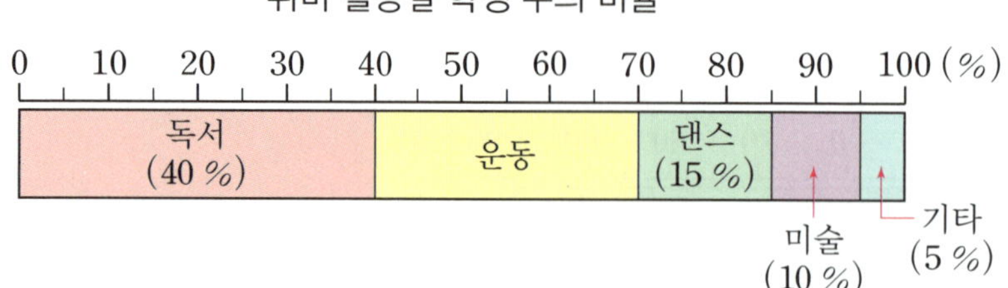

백분율의 합계는 [100] %입니다.

(취미 활동이 운동인 학생의 비율)

백분율의 합계 독서 댄스 미술 기타

$= [\quad] - ([\quad] + [\quad] + [\quad] + [\quad]) = [\quad]$ (%)

(취미 활동이 운동인 학생 수) $= [\quad] \times \dfrac{[\quad]}{100} = [\quad]$ (명)

답 ________________

2. 초등학생 800명이 가고 싶어 하는 체험학습 장소를 조사하여 나타낸 띠그래프입니다. 공연장에 가고 싶어 하는 학생은 몇 명일까요?

가고 싶어 하는 체험학습 장소별 학생 수의 비율

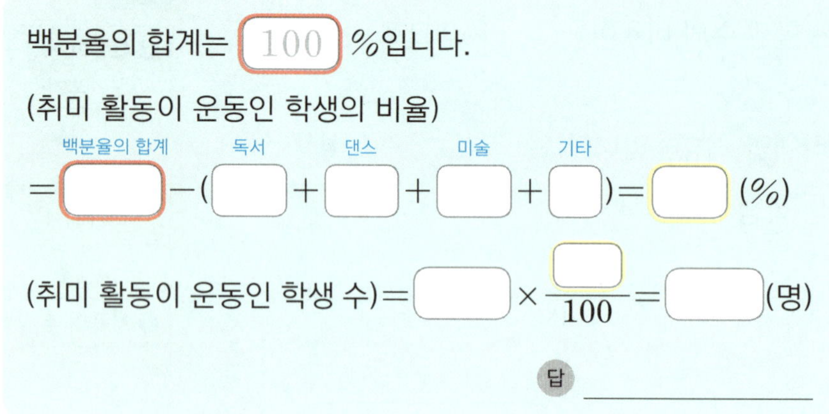

(공연장에 가고 싶어 하는 학생의 비율)

$= [100] - (\quad + \quad + \quad) = [\quad]$ (%)

(공연장에 가고 싶어 하는 학생 수)

$= \underline{\qquad\qquad} = [\quad]$ (명)

답 ________________

1. 어느 도시에 심은 가로수를 조사하여 나타낸 띠그래프입니다. 이 그래프를 길이가 ⑳cm인 띠그래프로 나타냈을 때 <u>가장 많이 심은 가로수의 띠의 길이는 몇 cm</u>일까요?

교과서 유형

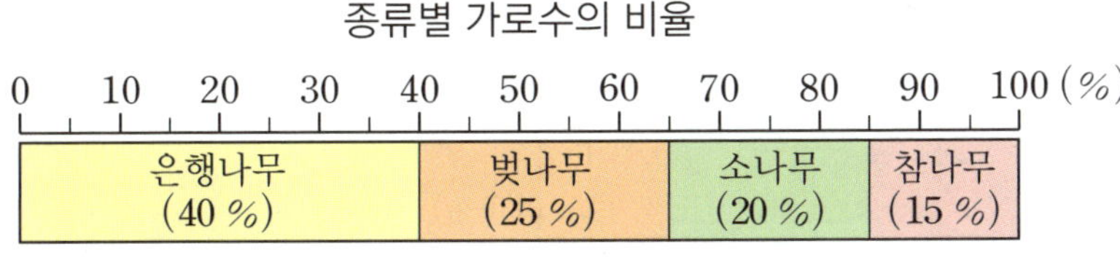

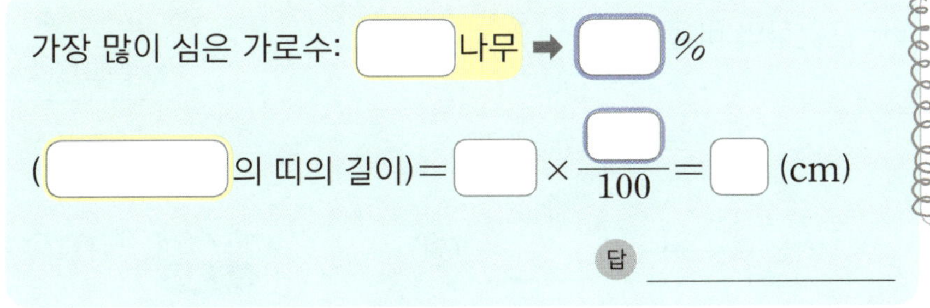

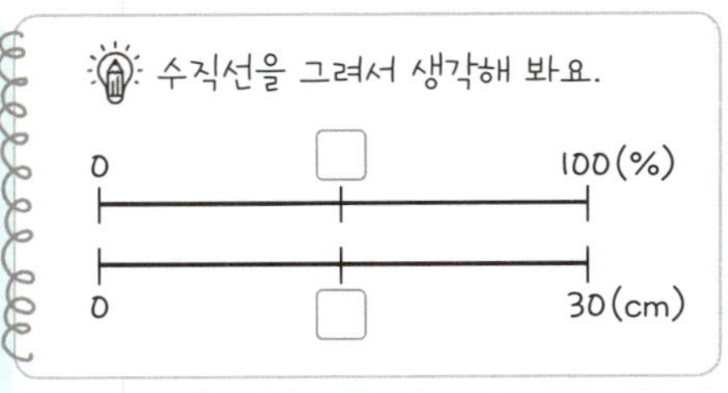

2. 초등학생이 타고 싶어 하는 놀이기구를 조사하여 나타낸 띠그래프입니다. 이 그래프를 길이가 30 cm인 띠그래프로 나타냈을 때 가장 많은 학생들이 타고 싶어 하는 놀이기구의 띠의 길이는 몇 cm일까요?

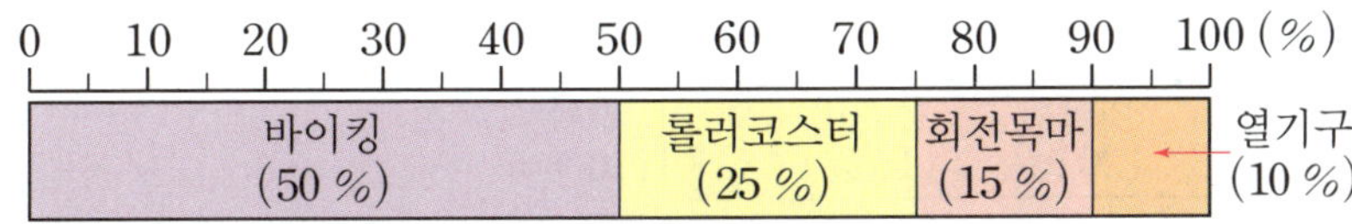

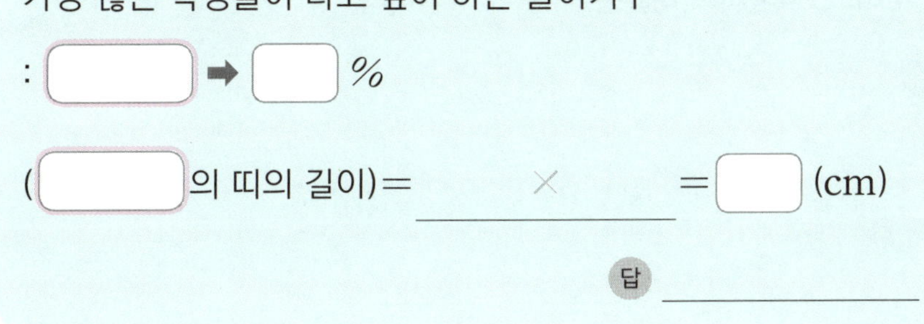

1. 희수가 한 달 동안 쓴 용돈을 항목별로 조사하여 나타낸 띠그 래프입니다. 한 달 용돈이 20000원이라면 저금한 금액은 군 것질한 금액보다 몇 원 더 많을까요?

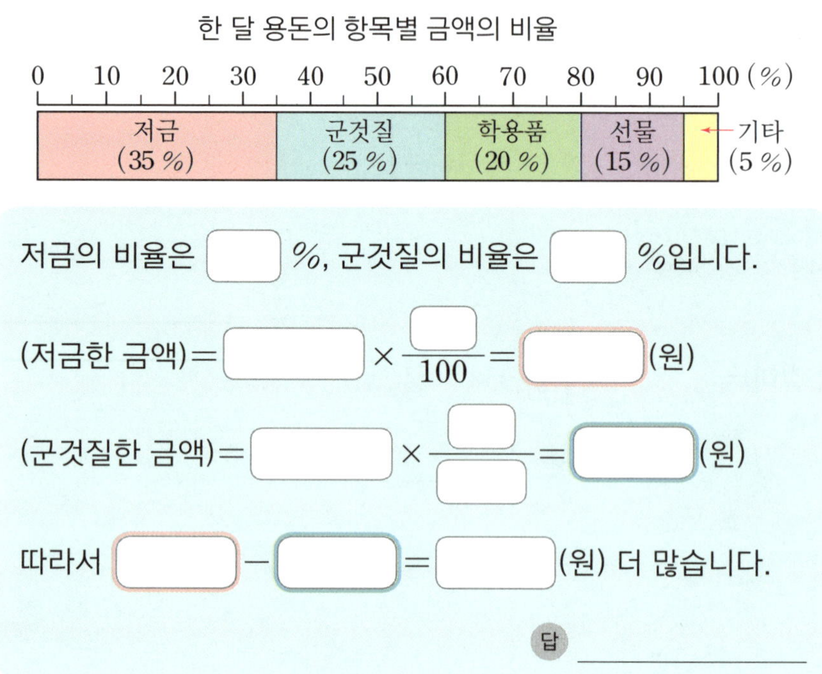

저금의 비율은 ☐ %, 군것질의 비율은 ☐ %입니다.

$$(\text{저금한 금액}) = \boxed{} \times \dfrac{\boxed{}}{100} = \boxed{} \ (\text{원})$$

$$(\text{군것질한 금액}) = \boxed{} \times \dfrac{\boxed{}}{\boxed{}} = \boxed{} \ (\text{원})$$

따라서 $\boxed{} - \boxed{} = \boxed{}$ (원) 더 많습니다.

답 ___________

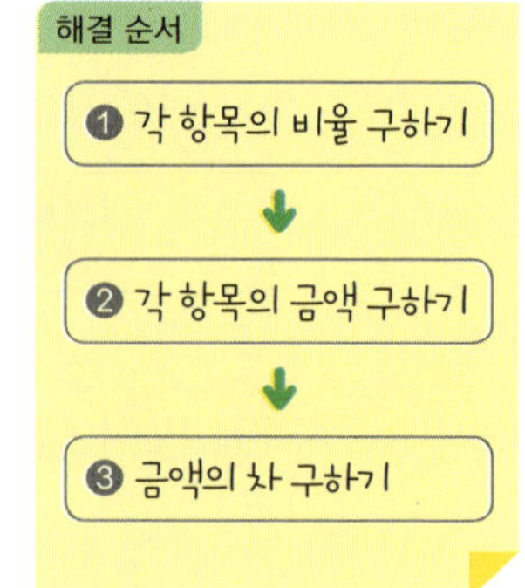

다른 풀이

저금한 용돈(35 %)은 군것질한 용돈(25 %)보다 10 % 더 많아요.

➡ $20000 \times \dfrac{10}{100} = \boxed{}$ (원)

2. 성훈이네 집 한 달 생활비를 조사하여 나타낸 띠그래프입니 다. 한 달 생활비가 200만 원이라면 교육비는 식품비보다 몇 원 더 많을까요?

교육비의 비율은 ☐ %이고, 식품비의 비율은 ☐ %입니다.

(교육비)＝

답 ___________

1. 민주네 학교 6학년 학생들이 배우고 싶어 하는 악기를 조사하여 길이가 20 cm인 띠그래프로 나타낸 것입니다. 바이올린을 배우고 싶어 하는 학생은 전체의 몇 %일까요?

배우고 싶어 하는 악기별 학생 수의 비율

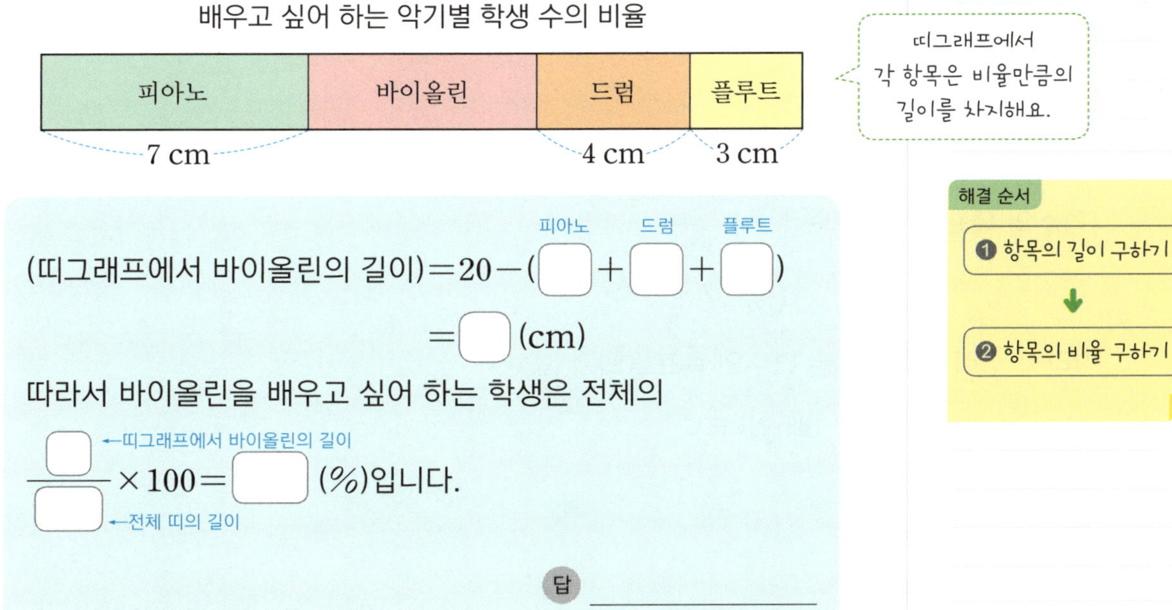

2. 준희네 반 학생들이 좋아하는 과일 주스를 조사하여 길이가 30 cm인 띠그래프로 나타낸 것입니다. 딸기 주스를 좋아하는 학생은 전체의 몇 %일까요?

좋아하는 과일 주스별 학생 수의 비율

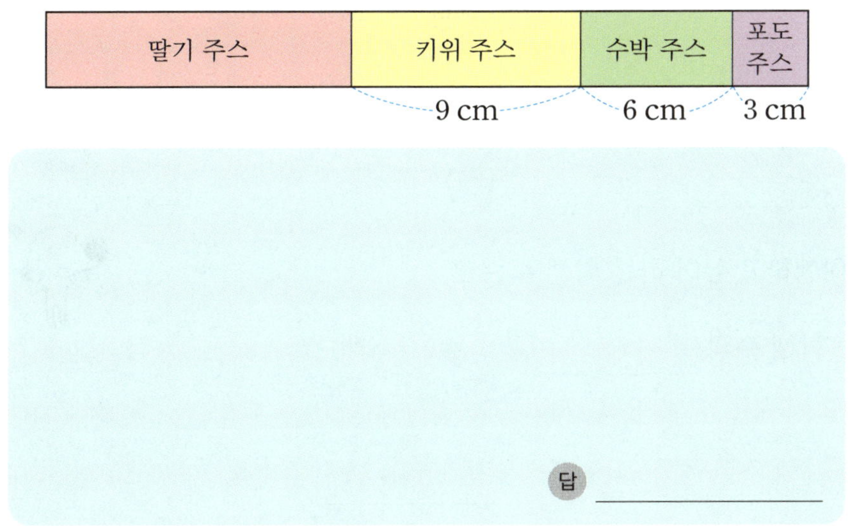

답 ____________

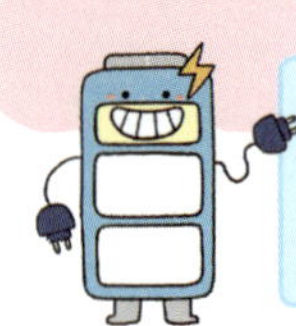

22 원그래프

1. 교과서 유형

오른쪽은 재현이네 반 회장 선거의 후보자별 득표율을 조사하여 나타낸 원그래프입니다. 주희의 득표율은 경수의 득표율의 몇 배일까요?

↳ 전체에 대한 각 부분의 비율을 원 모양에 나타낸 그래프

후보자별 득표율

(경수의 득표율)=100−(□ 주희 +□ 재석 +□ 재현)

=□(%)

따라서 주희의 득표율은 경수의 득표율의

□÷□=□(배)입니다.

답 ______

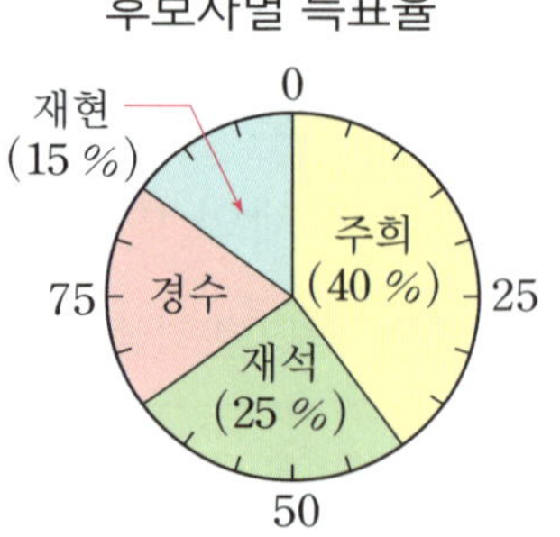

문제에서 숫자는 ○, 조건 또는 구하는 것은 ___로 표시해 보세요.

2. 오른쪽은 윤지네 반 학생들이 여행하고 싶어 하는 나라를 조사하여 나타낸 원그래프입니다. 캐나다를 여행하고 싶어 하는 학생 수는 스위스를 여행하고 싶어 하는 학생 수의 몇 배일까요?

여행하고 싶어 하는 나라별 학생 수의 비율

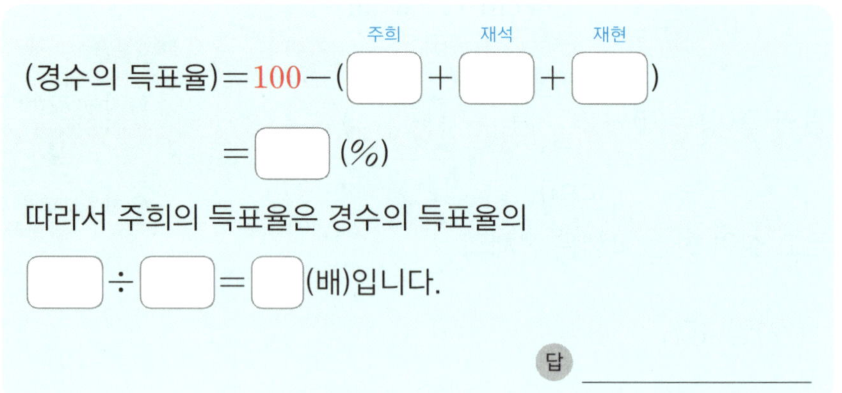

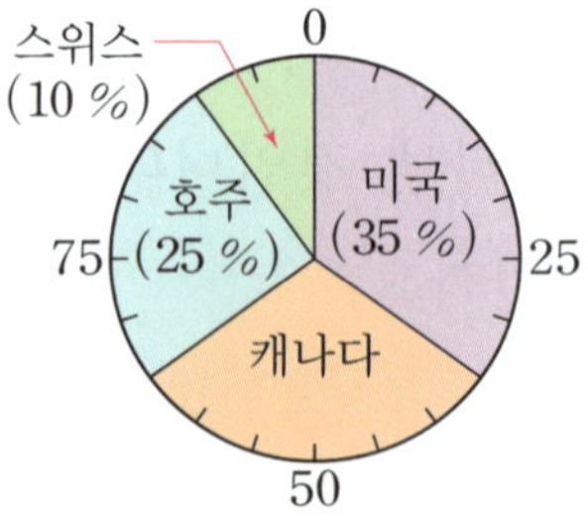

(캐나다를 여행하고 싶어 하는 학생의 비율)

=□ 백분율의 합계 −(___ + + ___)=□(%)

따라서 □를 여행하고 싶어 하는 학생 수는 □를 여행하고 싶어 하는 학생 수의 ___÷___=□(배)입니다.

답 ______

원그래프에서 백분율의 합계는 100 %예요.

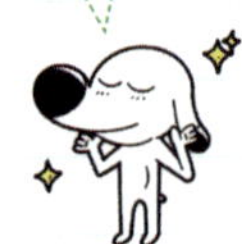

1. 오른쪽은 소희네 학교 학생들이 좋아하는 과일을 조사하여 나타낸 원그래프입니다. 수박을 좋아하는 학생이 ㉟명이라면 소희네 학교 학생은 모두 몇 명일까요?

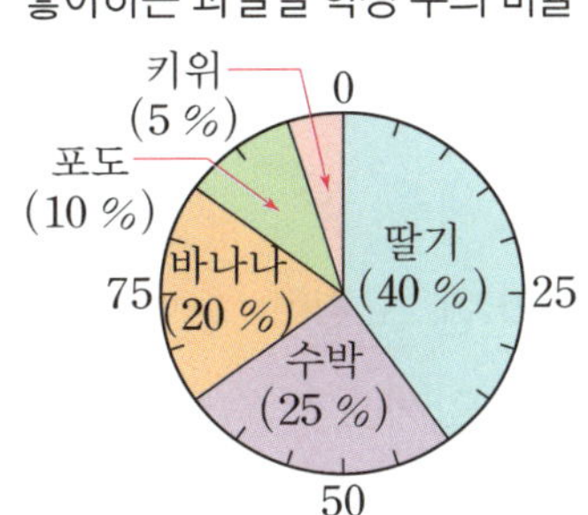

수박의 비율은 □ %이고,

□ %의 □ 배는 백분율의 합계인 [100] %가 됩니다.

(소희네 학교 학생 수)=(수박을 좋아하는 학생 수)× □

= □ × □ = □ (명)

답 __________________

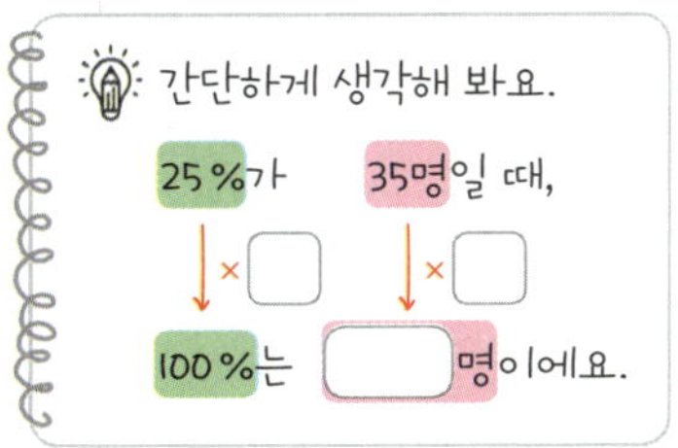

2. 오른쪽은 어느 마을의 쓰레기 발생량을 조사하여 나타낸 원그래프입니다. 플라스틱 발생량이 82 kg이라면 전체 쓰레기 발생량은 몇 kg일까요?

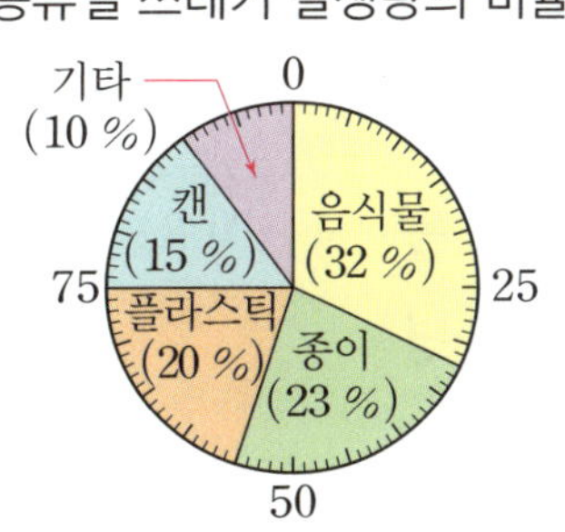

플라스틱의 비율은 □ %이고,

□ %의 □ 배는 백분율의 합계인 □ %가 됩니다.

(전체 쓰레기 발생량)=(플라스틱 발생량)× □

= ____________ = □ (kg)

답 __________________

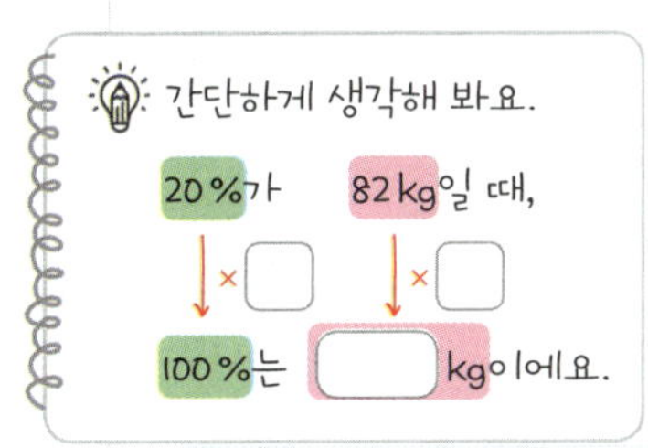

1. 오른쪽은 찬우네 학교 학생들이 좋아하는 색깔을 조사하여 나타낸 원그래프입니다. 보라색을 좋아하는 학생이 ⑫명이라면 <u>노란색을 좋아하는 학생은 몇 명일까요?</u>

좋아하는 색깔별 학생 수의 비율

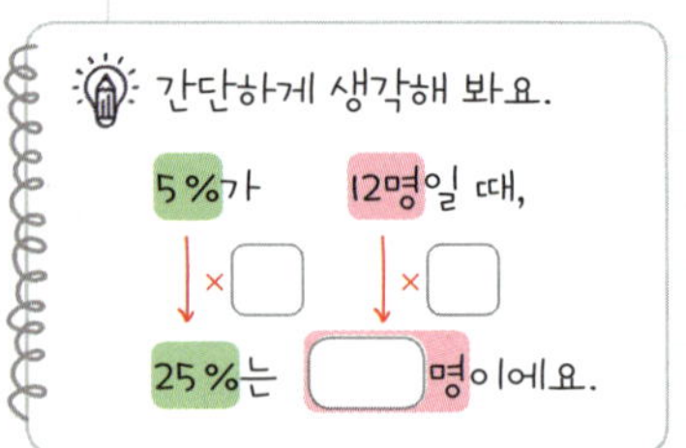

보라색의 비율은 ☐ %이고, 노란색의 비율은 ☐ %이므로
노란색을 좋아하는 학생 수는 보라색을 좋아하는 학생 수의

☐ ÷ ☐ = ☐ (배)입니다.

(노란색을 좋아하는 학생 수)＝(보라색을 좋아하는 학생 수)× ☐

＝12 × ☐ = ☐ (명)

답 ____________

2. 오른쪽은 윤서네 학교 학생들이 좋아하는 전통 놀이를 조사하여 나타낸 원그래프입니다. 팽이치기를 좋아하는 학생이 20명이라면 투호놀이를 좋아하는 학생은 몇 명일까요?

좋아하는 전통 놀이별 학생 수의 비율

투호놀이를 좋아하는 학생 수는 팽이치기를 좋아하는 학생 수의

____________ = ☐ (배)입니다.

(투호놀이를 좋아하는 학생 수)

＝(☐ 를 좋아하는 학생 수)× ☐

＝ ____________ = ☐ (명)

답 ____________

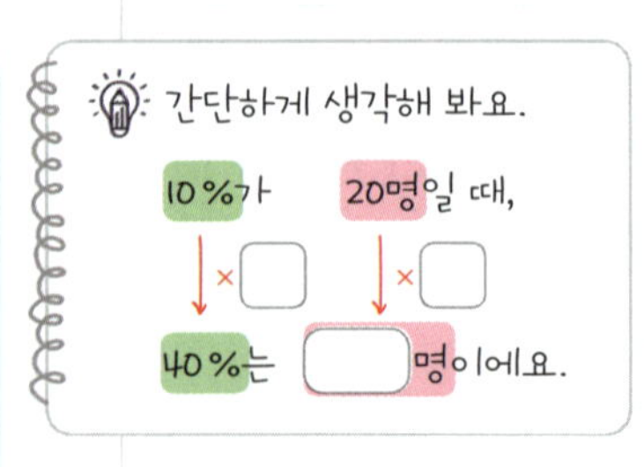

1. 오른쪽은 정우네 학교 학생 400명
이 기르고 싶어 하는 동물을 조사
하여 나타낸 원그래프입니다. 앵무
새나 토끼를 기르고 싶어하는 학생
은 몇 명일까요?

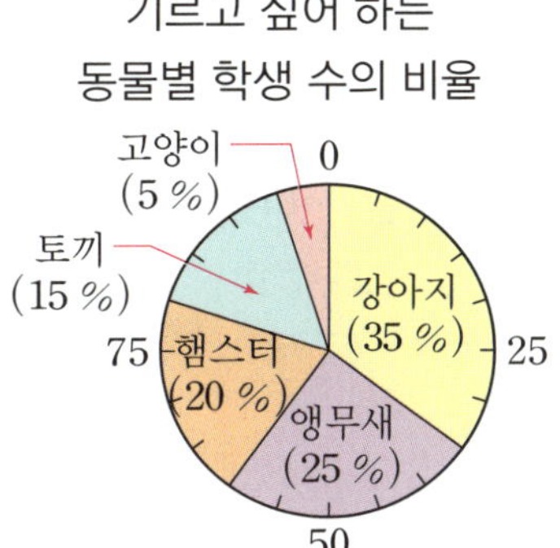

앵무새의 비율은 ☐ %이고, 토끼의 비율은 ☐ %이므로
앵무새나 토끼를 기르고 싶어 하는 학생 수의 비율은

앵무새   토끼

☐ + ☐ = ☐ (%)입니다.

(앵무새나 토끼를 기르고 싶어 하는 학생 수)

전체 학생 수

$= ☐ \times \dfrac{☐}{100} = ☐$ (명)

답 ____________________

2. 오른쪽은 초등학생 1500명이 좋
아하는 급식 메뉴를 조사하여 나
타낸 원그래프입니다. 닭강정이
나 불고기를 좋아하는 학생은 몇
명일까요?

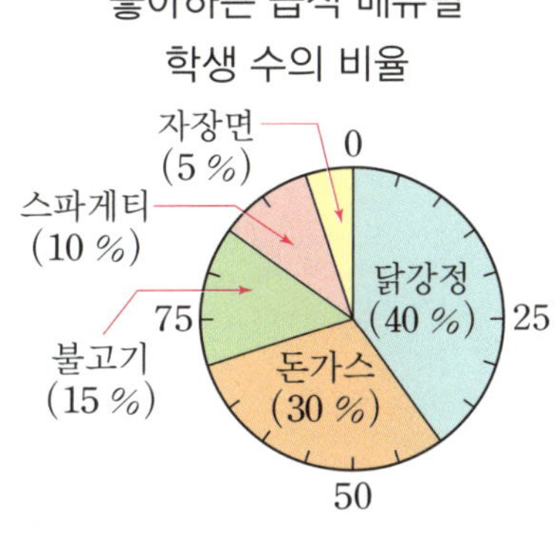

답 ____________________

1. 1반의 학급 문고 ⟨500⟩권과 2반의 학급 문고 ⟨450⟩권을 조사하여
나타낸 원그래프입니다. 위인전은 어느 반이 몇 권 더 많을까요?

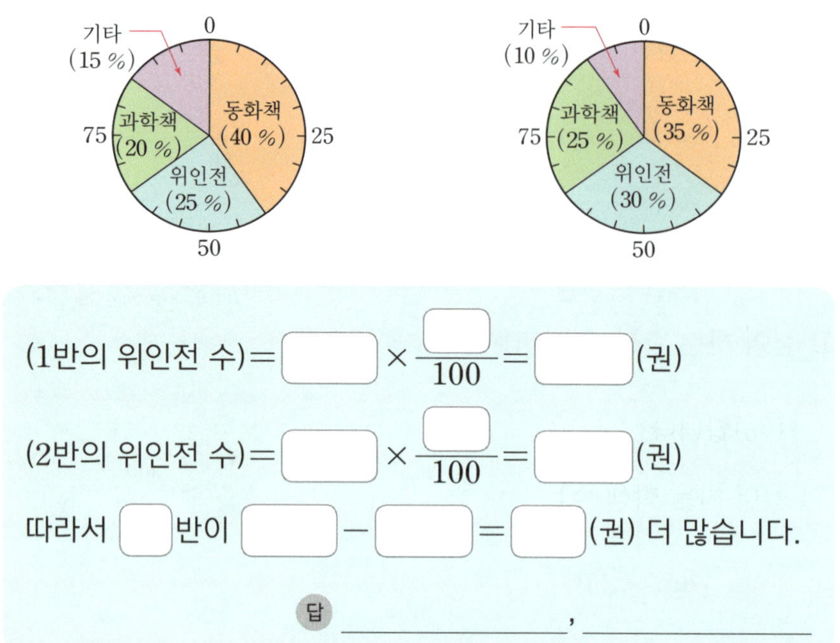

(1반의 위인전 수) = ☐ × $\frac{☐}{100}$ = ☐ (권)

(2반의 위인전 수) = ☐ × $\frac{☐}{100}$ = ☐ (권)

따라서 ☐반이 ☐ — ☐ = ☐ (권) 더 많습니다.

답 ＿＿＿＿＿＿ , ＿＿＿＿＿＿

2. 5학년 360명과 6학년 320명의 혈액형을 조사하여 나타낸 원
그래프입니다. A형인 학생은 어느 학년이 몇 명 더 많을까요?

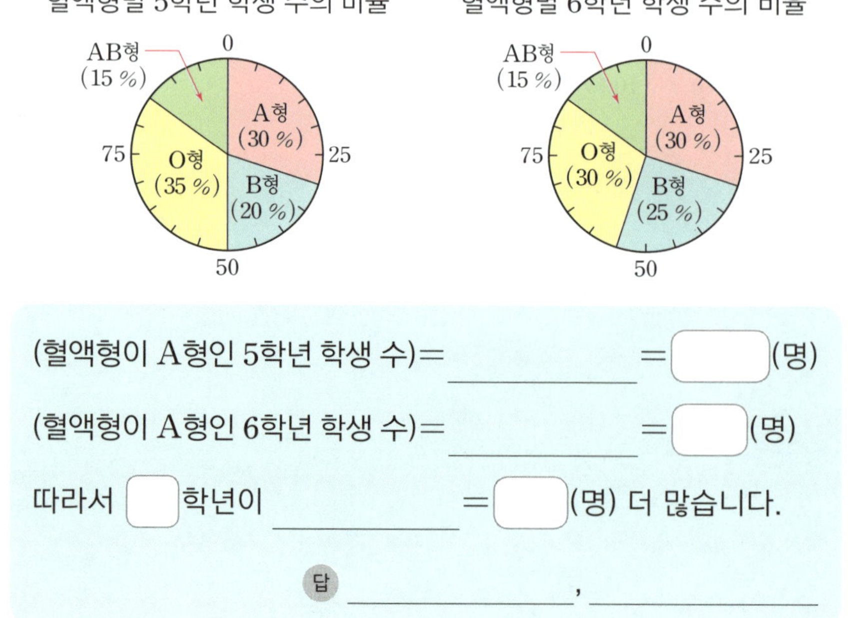

(혈액형이 A형인 5학년 학생 수) = ＿＿＿＿＿＿ = ☐ (명)

(혈액형이 A형인 6학년 학생 수) = ＿＿＿＿＿＿ = ☐ (명)

따라서 ☐학년이 ＿＿＿＿ = ☐ (명) 더 많습니다.

답 ＿＿＿＿＿＿ , ＿＿＿＿＿＿

문제에서 숫자는 ◯,
조건 또는 구하는 것은 ＿＿로
표시해 보세요.

해결 순서

❶ 각 반의 위인전 수
구하기

❷ 어느 반이 몇 권 더
많은지 구하기

1. 오른쪽은 어느 지역의 곡물 생산량 600 kg을 종류별로 조사하여 나타낸 원그래프입니다. 기타에 속하는 곡물의 30 %가 귀리라면 귀리의 생산량 몇 kg일까요?

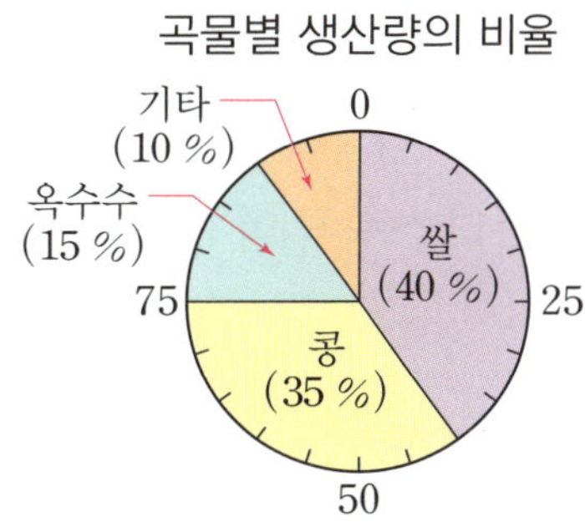

기타 곡물은 전체 [　] kg의 [　] %입니다.

(기타 곡물의 생산량) = [　] × $\dfrac{[　]}{100}$ = [　] (kg)

귀리는 기타 곡물의 [　] %입니다.

(귀리의 생산량) = [　] × $\dfrac{[　]}{100}$ = [　] (kg)

답 ____________________

해결 순서
❶ 기타 곡물의 생산량 구하기
❷ 귀리의 생산량 구하기

2. 오른쪽은 초등학생 2000명이 배우고 싶어 하는 외국어를 조사하여 나타낸 원그래프입니다. 기타에 속하는 외국어의 40 %가 아랍어라면 아랍어를 배우고 싶어 하는 학생은 몇 명일까요?

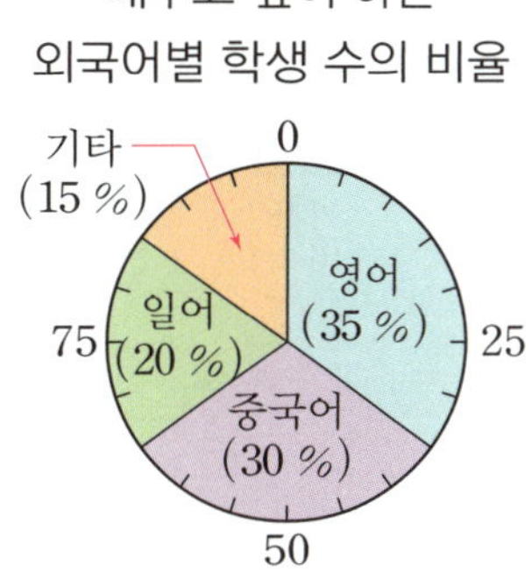

기타는 전체 [　] 명의 [　] %입니다.

(기타에 속하는 학생 수) = ____________ = [　] (명)

아랍어는 기타의 [　] %입니다.

(아랍어를 배우고 싶어 하는 학생 수)

= ____________ = [　] (명)

답 ____________________

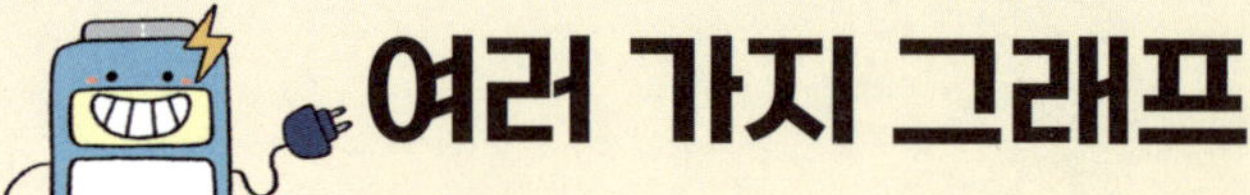

여러 가지 그래프

1. 어느 지역의 재활용품 종류별 배출량을 조사하여 나타낸 띠그래프입니다. 전체 배출량이 600 kg이라면 플라스틱류의 배출량은 몇 kg일까요?

재활용품의 종류별 배출량의 비율

0 10 20 30 40 50 60 70 80 90 100 (%)

플라스틱류 (35 %) · 종이류 (30 %) · 병, 캔류 (20 %) · 비닐류 (15 %)

(　　　　　　　　)

2. 찬호네 학교 6학년 학생 80명이 좋아하는 운동을 조사하여 나타낸 띠그래프입니다. 축구를 좋아하는 학생은 야구를 좋아하는 학생보다 몇 명 더 많을까요? (30점)

좋아하는 운동별 학생 수의 비율

0 10 20 30 40 50 60 70 80 90 100 (%)

축구 (45 %) · 야구 (30 %) · 농구 (15 %) · 기타 (10 %)

(　　　　　　　　)

3. 준수네 학교 6학년 학생들이 생일에 받고 싶어 하는 선물을 조사하여 길이가 40 cm인 띠그래프로 나타낸 것입니다. 휴대 전화를 받고 싶어 하는 학생은 전체의 몇 %일까요? (20점)

받고 싶어 하는 선물별 학생 수의 비율

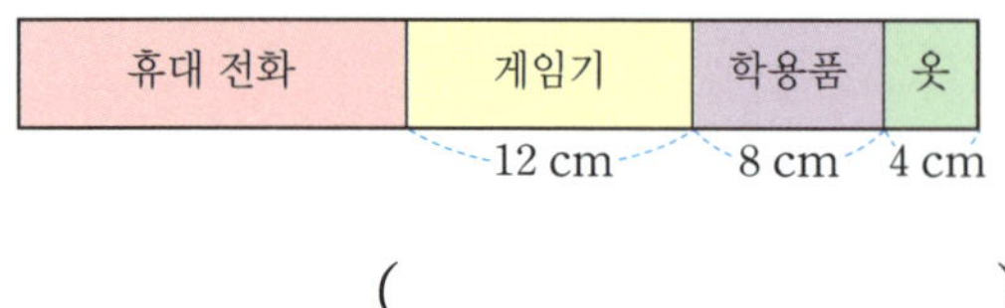

(　　　　　　　　)

4. 지아네 학교 학생 400명의 거주지를 조사하여 나타낸 원그래프입니다. 거주지가 단독 주택인 학생은 몇 명일까요?

거주지별 학생 수의 비율

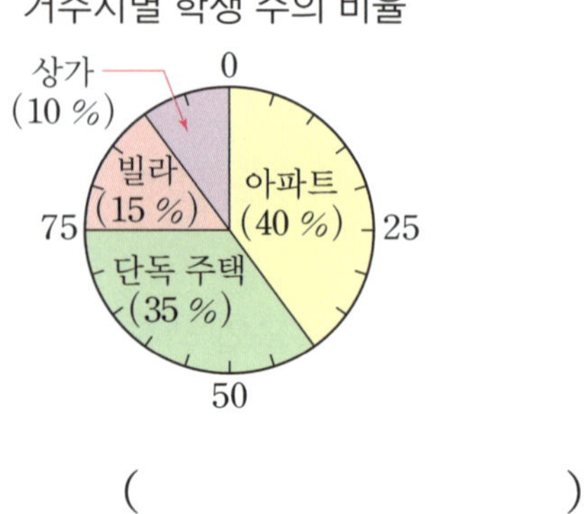

(　　　　　　　　)

5. 유미네 학교 6학년 1반 학생 30명과 2반 학생 40명이 신청한 방과 후 수업을 조사하여 나타낸 원그래프입니다. 컴퓨터 수업을 신청한 학생은 어느 반이 몇 명 더 많을까요? (30점)

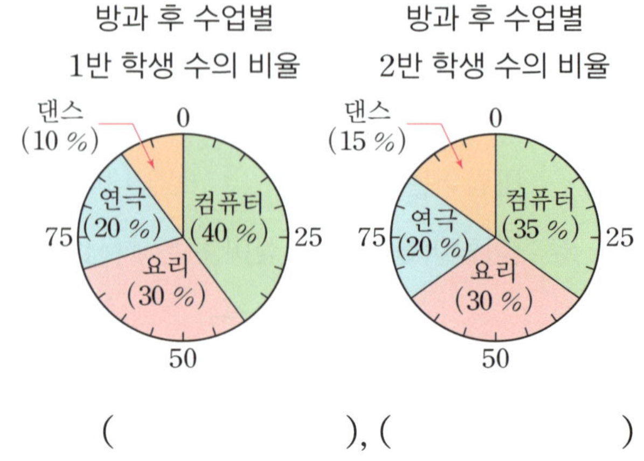

(　　　　　　　　), (　　　　　　　　)

직육면체의 부피와 겉넓이

여섯째 마당에서는 직육면체의 부피와 겉넓이를 활용한 문장제를
배웁니다.
직육면체의 가로, 세로, 높이는 보는 방향에 따라 바뀔 수 있어요.
실생활에서 다양한 직육면체를 관찰하며 부피와 겉넓이를 구해 보세요.
를 채워 문장을 완성하면, 학교 시험 자신감 충전 완료!

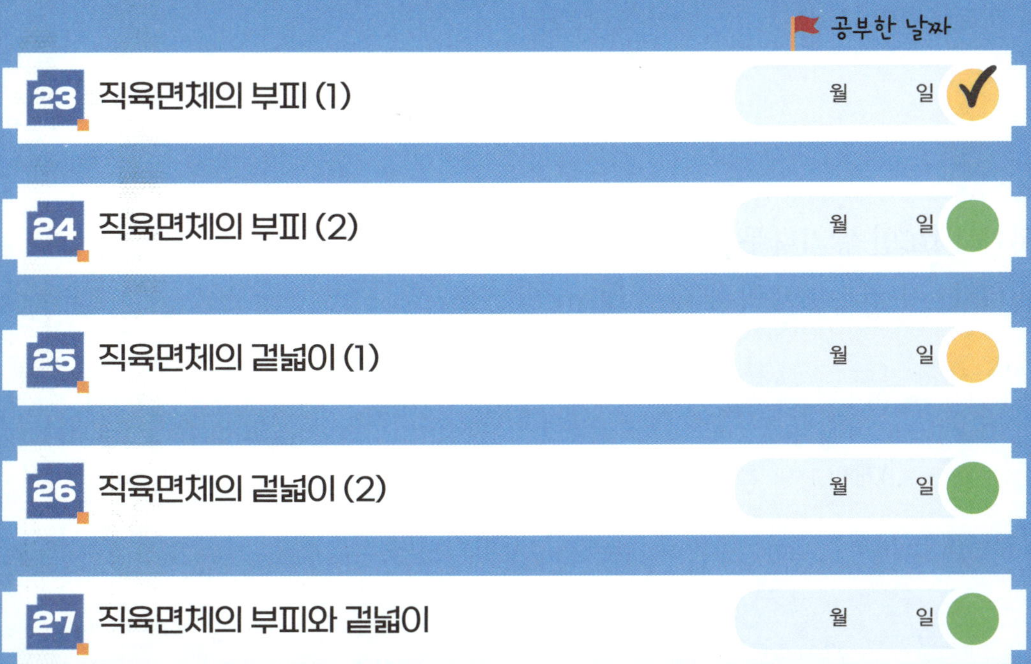

23 직육면체의 부피 (1)

1. 부피가 1 cm³인 쌓기나무를 사용하여 오른쪽과 같은 직육면체를 만들었습니다. 이 직육면체의 부피는 몇 cm³일까요?

→ 어떤 물건이 공간에서 차지하는 크기

부피가 1 cm³인 쌓기나무를 가로 ☐개, 세로 ☐개로

(☐×☐)개씩 ☐층으로 쌓았으므로

쌓기나무는 모두 ☐×☐×☐=☐(개)입니다.

➡ 직육면체의 부피는 ☐ cm³입니다.

2. 부피가 1 cm³인 쌓기나무를 사용하여 오른쪽과 같은 정육면체를 만들었습니다. 이 정육면체의 부피는 몇 cm³일까요?

부피가 1 cm³인 쌓기나무를 가로 ☐개, 세로 ☐개로 (☐×☐)개씩

☐층으로 쌓았으므로 쌓기나무는 모두 ☐×☐×☐=☐(개)입니다.

➡ 정육면체의 부피는 ☐ cm³입니다.

3. 부피가 1 m³인 쌓기나무를 사용하여 오른쪽과 같은 정육면체를 만들었습니다. 이 정육면체의 부피는 몇 m³일까요?

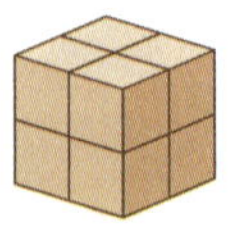

부피가 1 m³인 쌓기나무를 가로 ☐개, 세로 ☐개로

(☐×☐)개씩 ☐층으로 쌓았으므로

쌓기나무는 모두 _________ = ☐(개)입니다.

➡ ________________

1. 오른쪽 직육면체의 부피는 몇 cm^3일까요?

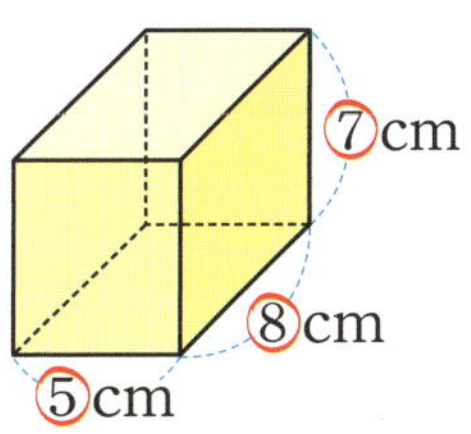

> (직육면체의 부피)=(가로)×(세로)×(높이)
>
> $=\boxed{}×\boxed{}×\boxed{}=\boxed{}$ (cm³)
>
> 답 ____________________

2. 오른쪽 직육면체의 부피는 몇 m^3 일까요?

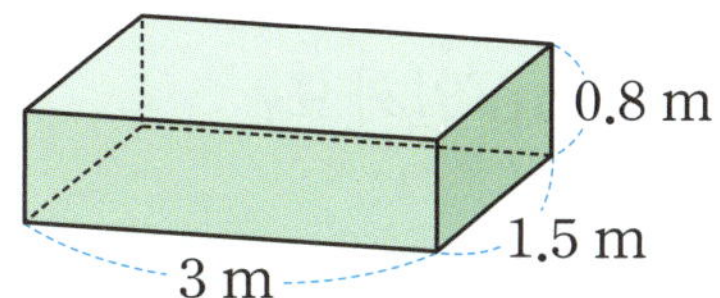

> (직육면체의 부피)=(가로)×(세로)×(높이)
>
> $=\boxed{}×\boxed{}×\boxed{}=\boxed{}$ (m³)
>
> 답 ____________________

3. 한 밑면의 넓이가 18 cm^2인 오른쪽 직육면체의 부피는 몇 cm^3일까요?

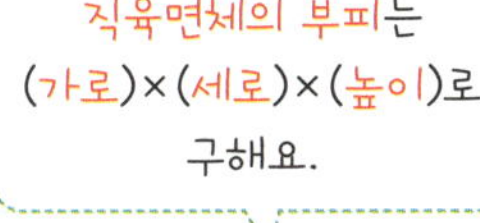

> (직육면체의 부피)=(한 밑면의 넓이)×(높이)
>
> $=\boxed{}×\boxed{}=\boxed{}$ (cm³)
>
> 답 ____________________

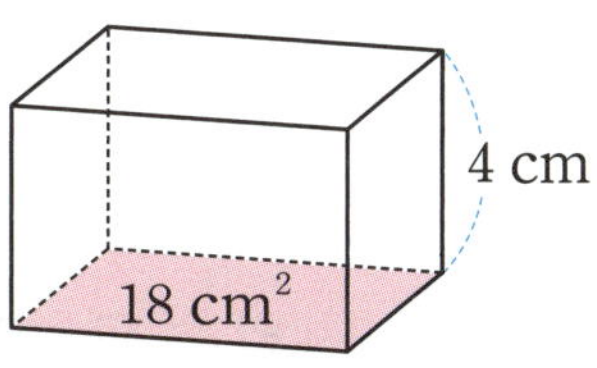

1. 오른쪽 정육면체의 부피는 몇 cm^{3}일까요?

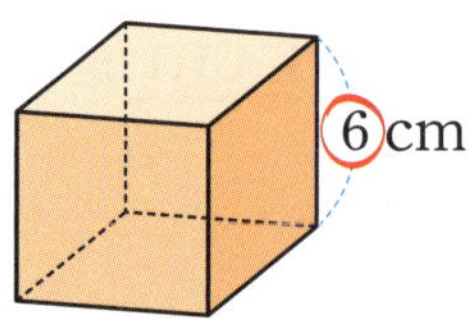

(정육면체의 부피)

＝(한 모서리의 길이)×(한 모서리의 길이)×(한 모서리의 길이)

＝ ☐ × ☐ × ☐ ＝ ☐ (cm^3)

답 ＿＿＿＿＿＿＿＿

2. 한 모서리의 길이가 20 cm인 정육면체 모양의 상자가 있습니다. 이 상자의 부피는 몇 cm^{3}일까요?

(상자의 부피)＝ ☐ × ☐ × ☐ ＝ ☐ (cm^3)

답 ＿＿＿＿＿＿＿＿

3. 한 면의 넓이가 25 cm^{2}인 정육면체의 부피는 몇 cm^{3}일까요?

정육면체는 모든 면이 (정사각형 , 직사각형)이므로 가로, 세로, 높이가 모두 (같습니다 , 다릅니다).

한 면의 넓이

☐ × ☐ ＝ 25 이므로 정육면체의 한 모서리의 길이는

☐ cm입니다.

(정육면체의 부피)＝ ☐ × ☐ × ☐ ＝ ☐ (cm^3)

답 ＿＿＿＿＿＿＿＿

1. 가로가 0.8 m, 세로가 13 cm, 높이가 10 cm인 직육면체 모양의 상자가 있습니다. 이 상자의 부피는 몇 **cm³**일까요?

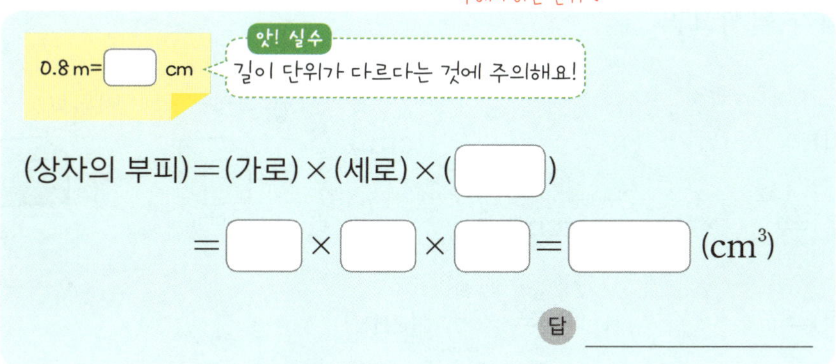

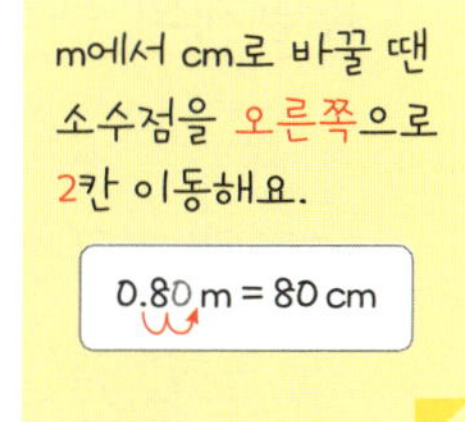

2. 가로가 200 cm, 세로가 6 m, 높이가 0.4 m인 직육면체 모양의 나무 블록이 있습니다. 이 나무 블록의 부피는 몇 **m³**일까요?

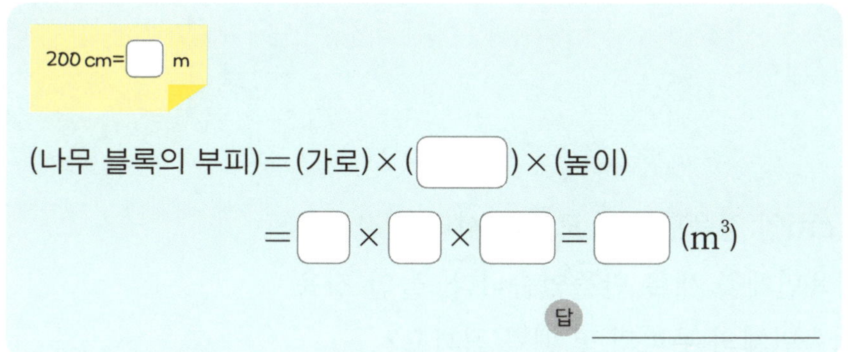

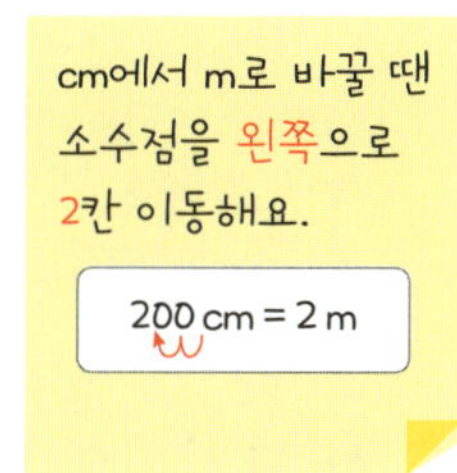

3. 한 모서리의 길이가 70 cm인 정육면체 모양의 상자가 있습니다. 이 상자의 부피는 몇 **m³**일까요?

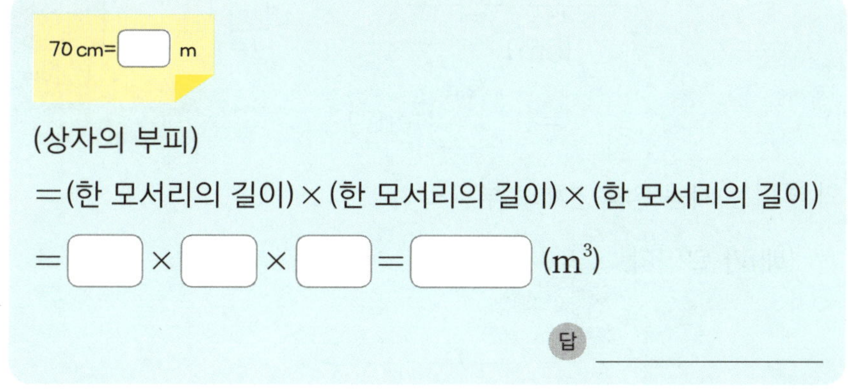

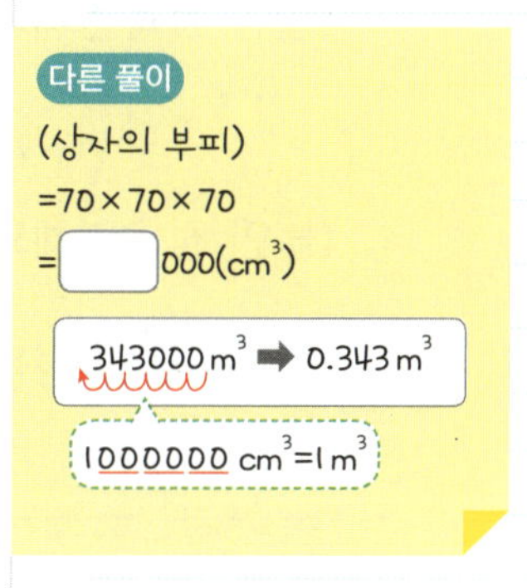

1. 한 모서리의 길이가 ③ cm인 정육면체의 가로만 2배로 늘여서
직육면체를 만들었습니다. 만든 직육면체의 부피는 처음 정
육면체의 부피의 몇 배가 될까요?

(처음 정육면체의 부피) = ☐ × ☐ × ☐ = ☐ (cm³)
한 모서리 한 모서리 한 모서리

(만든 직육면체의 가로) = ☐ × 2 = ☐ (cm)

(만든 직육면체의 부피) = ☐ × ☐ × ☐ = ☐ (cm³)
가로 세로 높이

따라서 만든 직육면체의 부피는 처음 정육면체의 부피의

☐ ÷ ☐ = ☐ (배)가 됩니다.

답 ____________________

2. 한 모서리의 길이가 4 cm인 정육면체의 모든 모서리의 길이를
각각 2배로 늘여서 정육면체를 새로 만들었습니다. 늘인 정육
면체의 부피는 처음 정육면체의 부피의 몇 배가 될까요?

(처음 정육면체의 부피) = ___________ = ☐ (cm³)

(늘인 정육면체의 한 모서리의 길이) = ___________
= ☐ (cm)

(늘인 정육면체의 부피) = ___________ = ☐ (cm³)

따라서 늘인 정육면체의 부피는 처음 정육면체의 부피의

___________ ÷ ___________ = ☐ (배)가 됩니다.

답 ____________________

24 직육면체의 부피 (2)

1. 오른쪽 직육면체의 부피가 ⑯336 cm^3일 때, 한 밑면의 넓이는 몇 cm^2일까요?

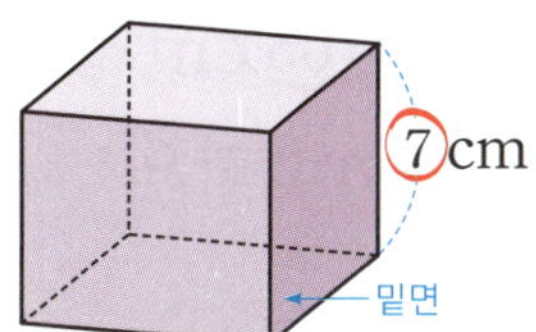

(직육면체의 부피)=(한 밑면의 넓이)×(높이)이므로

(한 밑면의 넓이)=(직육면체의 부피)÷(　　　)

$$= \boxed{} ÷ \boxed{} = \boxed{} (cm^2)입니다.$$

답 ____________

2. 부피가 396 cm^3이고 높이가 9 cm인 직육면체가 있습니다. 이 직육면체의 한 밑면의 넓이는 몇 cm^2일까요?

(직육면체의 부피)=(한 밑면의 넓이)×(높이)이므로

(　　　　　　　)

=(직육면체의 부피)÷(높이)

$$= \underline{} = \boxed{} (cm^2)입니다.$$

답 ____________

3. 부피가 420 cm^3이고 높이가 12 cm인 직육면체 모양의 상자가 있습니다. 이 상자의 한 밑면의 넓이는 몇 cm^2일까요?

답 ____________

1. 오른쪽 직육면체의 부피는 ⬭105⬬ cm³입니다.

[교과서 유형] 이 직육면체의 **세로**는 몇 cm일까요?

↳ ■라 하고 식을 세워요.

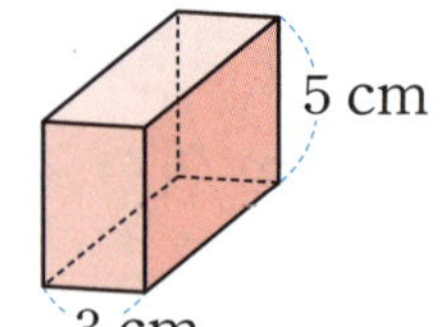

직육면체의 세로를 ■ cm라 하면 ⬚ × ■ × ⬚ = ⬚,

■ × ⬚ = ⬚, ■ = ⬚ 입니다.

따라서 직육면체의 세로는 ⬚ cm입니다.

답 ______________

문제에서 숫자는 ◯,
조건 또는 구하는 것은 ___로
표시해 보세요.

2. 오른쪽 직육면체의 부피는 432 cm³입니다.

이 직육면체의 **가로**는 몇 cm일까요?

↳ ■라 하고 식을 세워요.

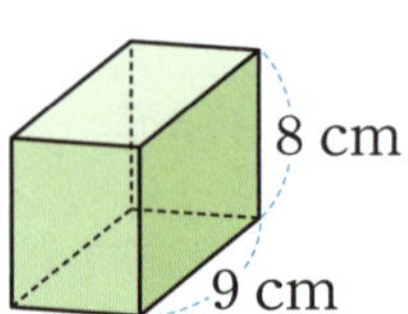

직육면체의 ⬚ 를 ■ cm라 하면 ■ × ⬚ × ⬚ = ⬚,

■ × ⬚ = ⬚, ■ = ⬚ 입니다.

따라서 ______________ 입니다.

답 ______________

3. 오른쪽 직육면체의 부피는 420 cm³입니다. 이 직육면체의 **높이**는 몇 cm일까요?

↳ ■라 하고 식을 세워요.

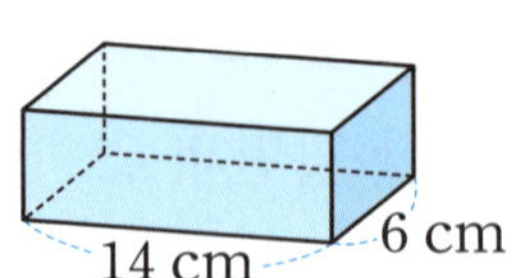

답 ______________

1. 두 직육면체의 부피가 같을 때, 나 직육면체의 가로는 몇 cm
일까요?

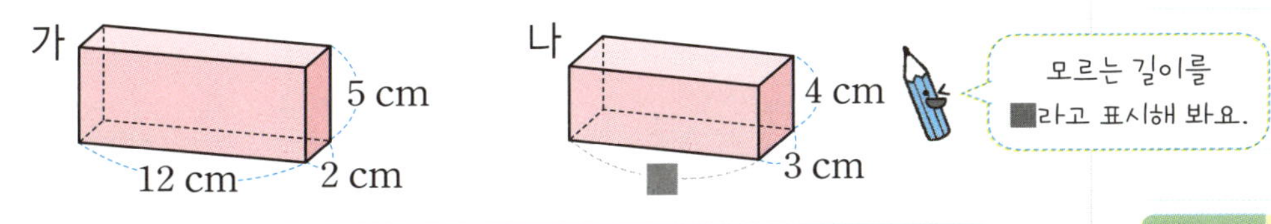

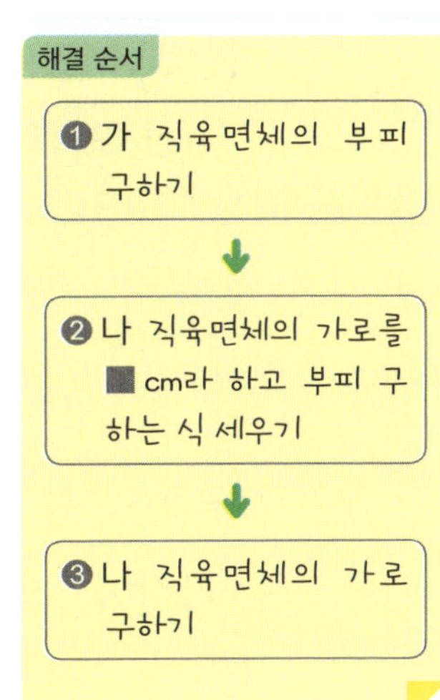

(가 직육면체의 부피)= □ × □ × □ = □ (cm³)

두 직육면체의 부피가 같으므로 나 직육면체의 높이를 ■ cm라

하고 부피를 구하면 ■ × □ × □ = □ ,

■ × □ = □ , ■ = □ 입니다.

따라서 나 직육면체의 가로는 □ cm입니다.

답 ___________

2. 두 직육면체의 부피가 같을 때, 가 직육면체의 세로는 몇 cm
일까요?

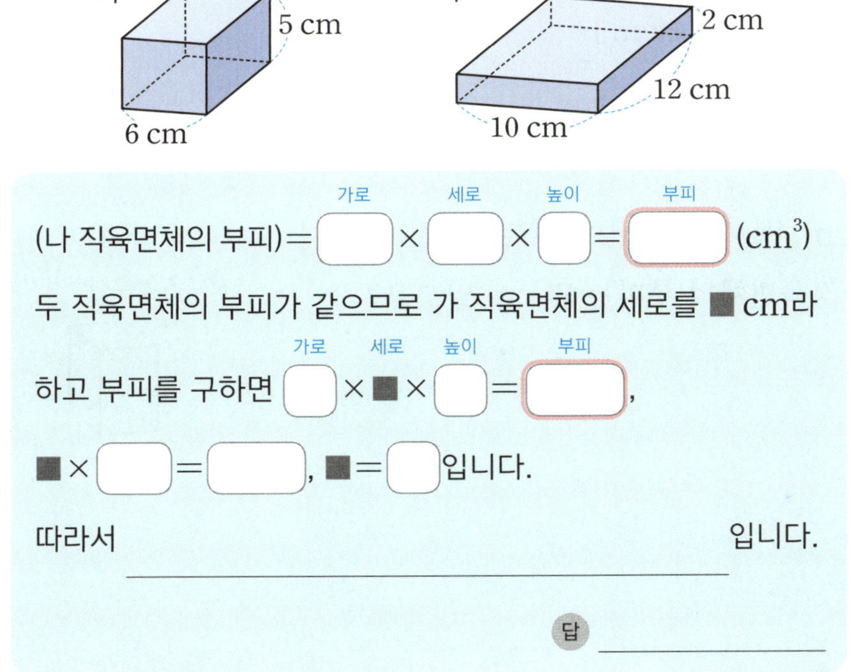

(나 직육면체의 부피)= □ × □ × □ = □ (cm³)

두 직육면체의 부피가 같으므로 가 직육면체의 세로를 ■ cm라

하고 부피를 구하면 □ × ■ × □ = □ ,

■ × □ = □ , ■ = □ 입니다.

따라서 _______________ 입니다.

답 ___________

1. 오른쪽과 같은 직육면체를 잘라서 만들 수 있는 가장 큰 정육면체의 부피는 몇 cm^{3}일까요?

교과서 유형

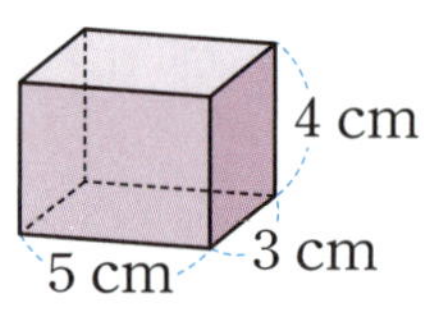

(만들 수 있는 가장 큰 정육면체의 한 모서리의 길이)=□ cm

(만들 수 있는 가장 큰 정육면체의 부피)
=(한 모서리의 길이)×(한 모서리의 길이)×(한 모서리의 길이)
=□×□×□=□ (cm^3)

답 ____________

2. 오른쪽과 같은 직육면체를 잘라서 만들 수 있는 가장 큰 정육면체의 부피는 몇 cm^{3}일까요?

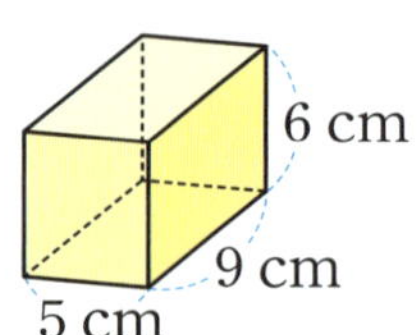

(만들 수 있는 가장 큰 정육면체의 한 모서리의 길이)=□ cm

(만들 수 있는 가장 큰 정육면체의 □)
=(한 모서리의 길이)×(한 모서리의 길이)×(□)
= __________ =□ (cm^3)

답 ____________

3. 가로 8 cm, 세로 7 cm, 높이 12 cm인 직육면체를 잘라서 만들 수 있는 가장 큰 정육면체의 부피는 몇 cm^{3}일까요?

답 ____________

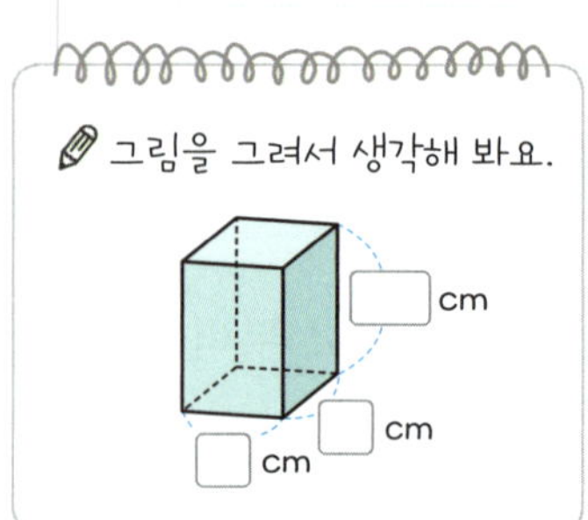

⭐ 직육면체 모양의 수조 가와 나에 같은 양의 물을 담았습니다. 나 수조에 담은 물의 높이는 몇 cm인지 구하세요. (단, 수조의 두께는 생각하지 않습니다.)

1.

교과서 유형

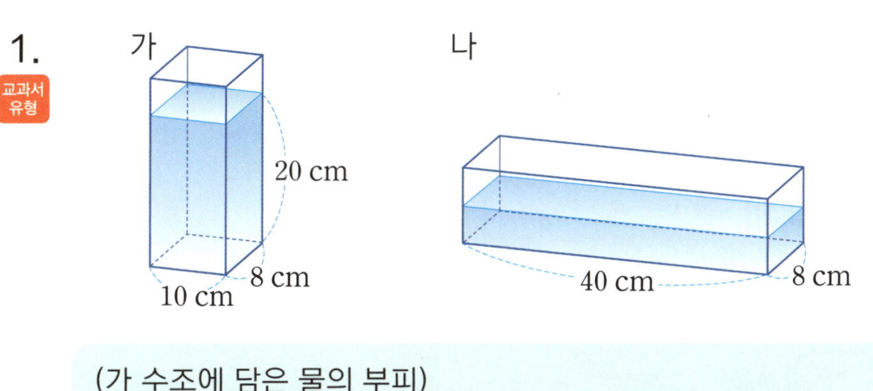

(가 수조에 담은 물의 부피)

가로   세로   높이
= ☐ × ☐ × ☐ = ☐ (cm³)

(나 수조에 담은 물의 부피)

가로   세로
= ☐ × ☐ × (높이) = ☐ (cm³)

따라서 ☐ × (높이) = ☐ , (높이) = ☐ cm입니다.

답 ____________

같은 양의 물을 담았으므로 물의 부피는 같아요.
➡ (가 수조에 담은 물의 부피)
   = (나 수조에 담은 물의 부피)

2.

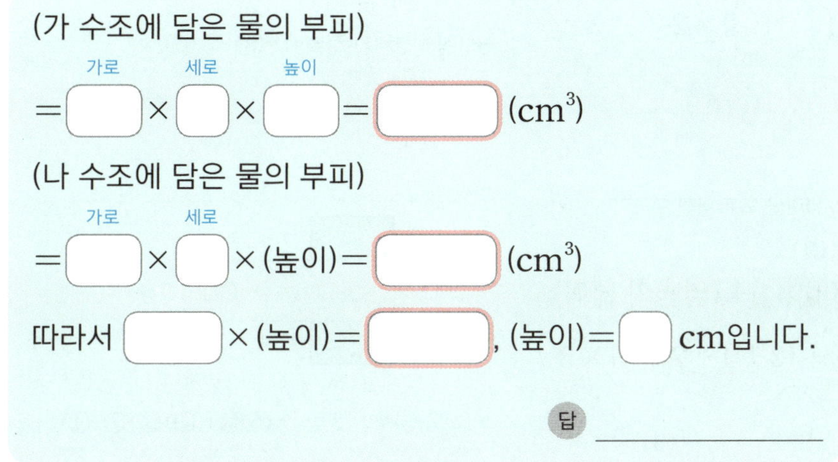

(가 수조에 담은 물의 부피) = ____________ = ☐ (cm³)

(나 수조에 담은 물의 부피) = ____________ = ☐ (cm³)

따라서 ____________________________ 입니다.

답 ____________

직육면체의 겉넓이 (1)

1. 오른쪽 직육면체의 **겉넓이**는 몇 cm^2인지 두 가지 방법으로 구하세요.

→ 겉면의 넓이

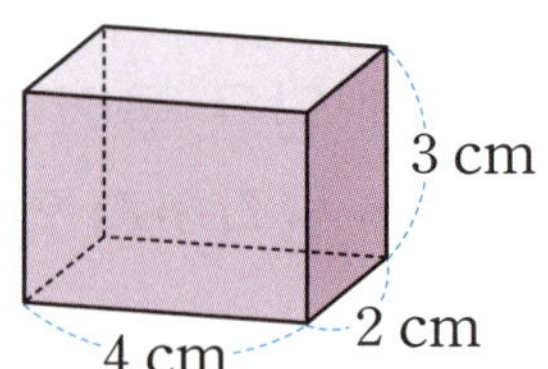

방법 1 평행한 두 면의 넓이가 서로 같다는 것을 이용하기

(직육면체의 겉넓이)

$=$(합동인 세 면의 넓이의 합)$\times 2$

① ② ③

$=(4\times\boxed{}+2\times\boxed{}+4\times\boxed{})\times 2$

$=(\boxed{}+\boxed{}+\boxed{})\times 2$

$=\boxed{}\times 2=\boxed{}$ (cm^2)

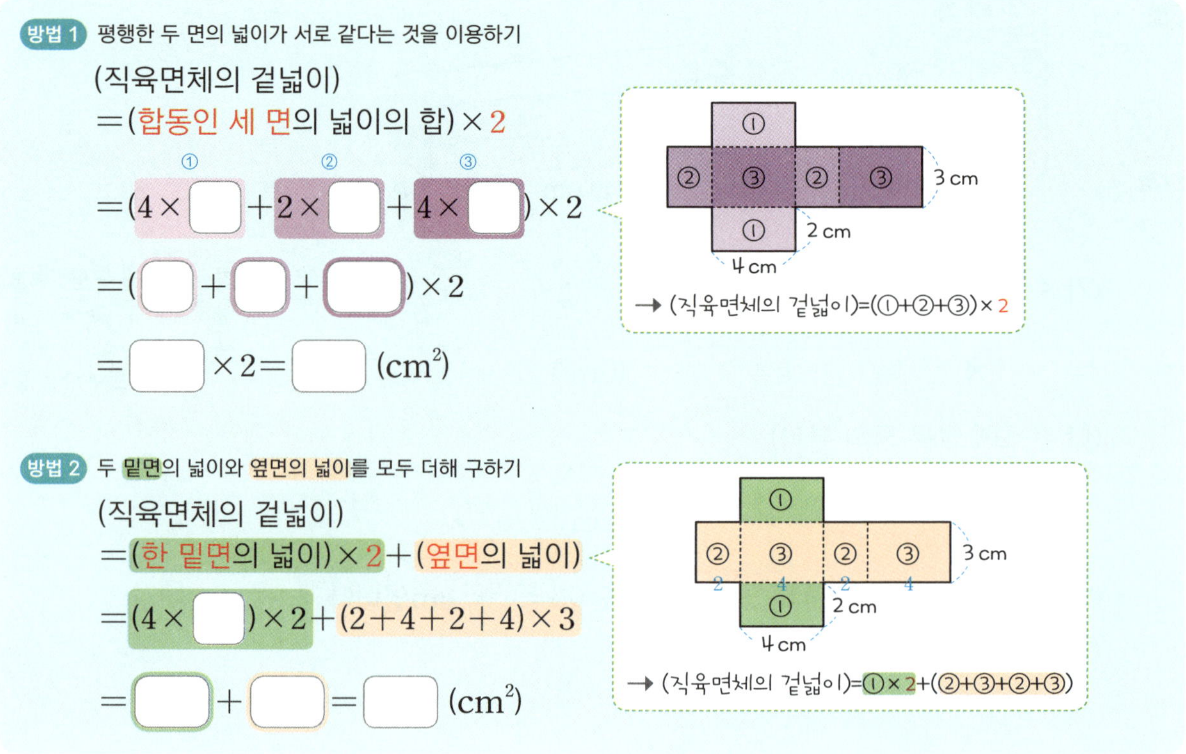

방법 2 두 **밑면**의 넓이와 **옆면**의 넓이를 모두 더해 구하기

(직육면체의 겉넓이)

$=$(한 **밑면**의 넓이)$\times 2+$(**옆면**의 넓이)

$=(4\times\boxed{})\times 2+(2+4+2+4)\times 3$

$=\boxed{}+\boxed{}=\boxed{}$ (cm^2)

2. 오른쪽과 같이 한 모서리의 길이가 $2\,cm$인 정육면체의 겉넓이는 몇 cm^2일까요?

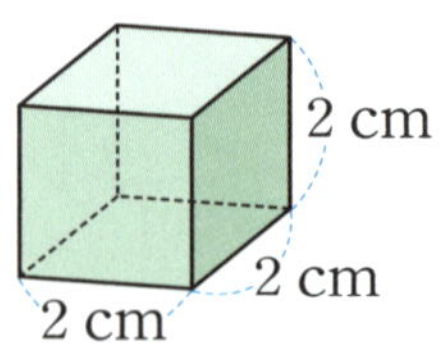

한 면의 넓이

(정육면체의 겉넓이)$=$(한 모서리의 길이)$\times$(한 모서리의 길이)$\times 6$

$=\boxed{}\times\boxed{}\times 6$

한 면의 넓이

$=\boxed{}\times 6=\boxed{}$ (cm^2)

1. 오른쪽 정육면체의 겉넓이는 몇 cm²일까요?

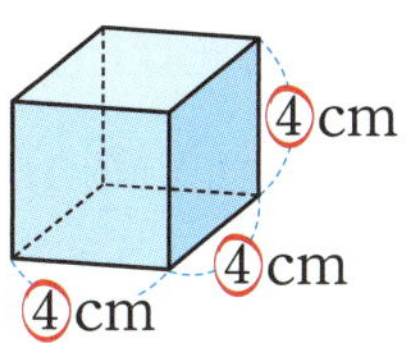

> (정육면체의 겉넓이)
> =(한 모서리의 길이)×(한 모서리의 길이)×6
> =☐×☐×6=☐×6=☐ (cm²)
>
> 답 __________

2. 한 면의 넓이가 64 cm²인 오른쪽 정육면체의 겉넓이는 몇 cm²일까요?

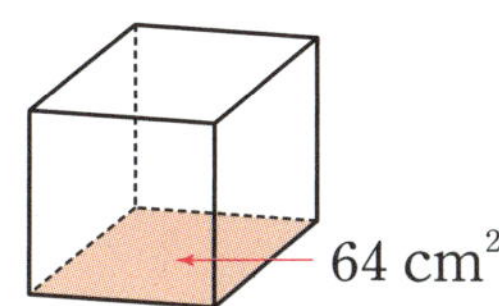

> (정육면체의 겉넓이)=(한 면의 넓이)×☐
>
> = __________ =☐ (cm²)
>
> 답 __________

3. 오른쪽 정육면체의 전개도를 접어서 만든 정육면체의 겉넓이는 몇 cm² 일까요?

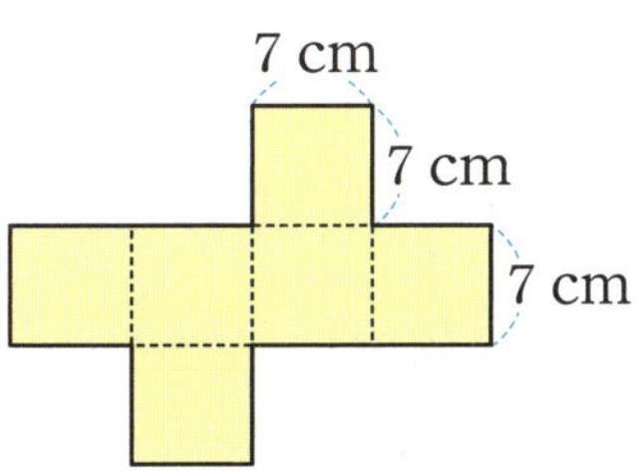

> 답 __________

1. 모든 모서리의 길이의 합이 60 cm 정육면체가 있습니다. 이 정육면체의 겉넓이는 몇 cm^{2}일까요?

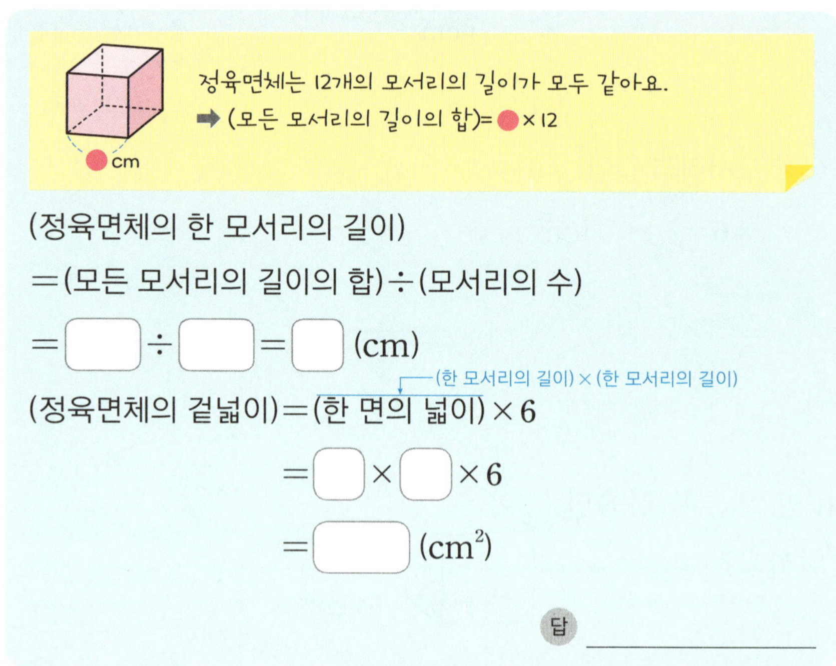

(정육면체의 한 모서리의 길이)
= (모든 모서리의 길이의 합) ÷ (모서리의 수)
= □ ÷ □ = □ (cm)

(정육면체의 겉넓이) = (한 면의 넓이) × 6
└ (한 모서리의 길이) × (한 모서리의 길이)
= □ × □ × 6
= □ (cm^2)

답 ____________

2. 모든 모서리의 길이의 합이 84 cm인 정육면체가 있습니다. 이 정육면체의 겉넓이는 몇 cm^{2}일까요?

(정육면체의 한 모서리의 길이)
= ([________]의 길이의 합) ÷ (모서리의 수)
= ________ = □ (cm)

(정육면체의 겉넓이) = (한 면의 넓이) × □
= ________________
= □ (cm^2)

답 ____________

1. 겉넓이가 216 cm²인 정육면체가 있습니다. 이 정육면체의 한 모서리의 길이는 몇 cm일까요?

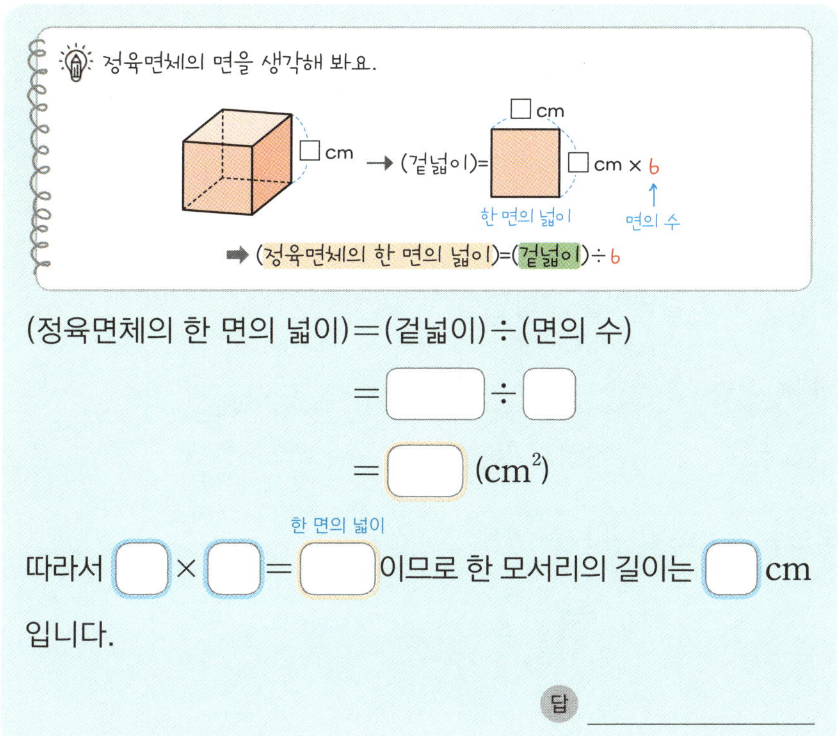

(정육면체의 한 면의 넓이)＝(겉넓이)÷(면의 수)

$$= \boxed{} ÷ \boxed{}$$

$$= \boxed{} \ (cm^2)$$

한 면의 넓이

따라서 $\boxed{} × \boxed{} = \boxed{}$ 이므로 한 모서리의 길이는 $\boxed{}$ cm 입니다.

답 ________________

2. 겉넓이가 486 cm²인 정육면체가 있습니다. 이 정육면체의 한 모서리의 길이는 몇 cm일까요?

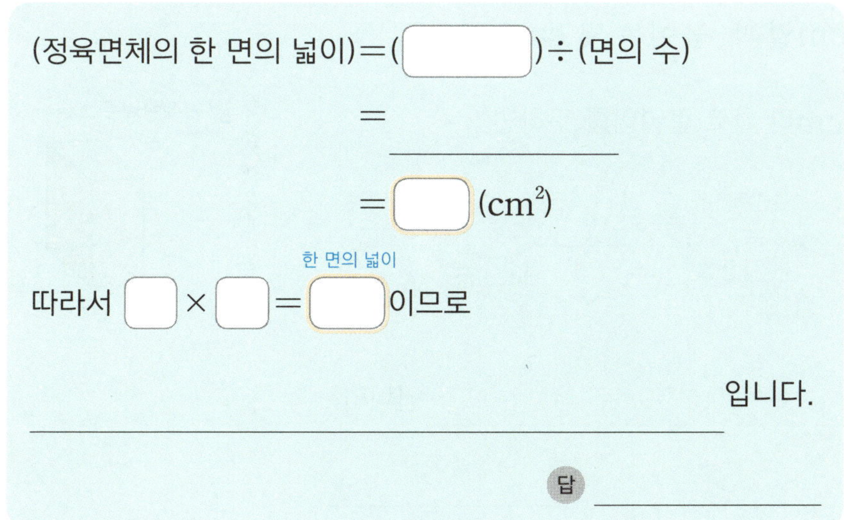

(정육면체의 한 면의 넓이)＝($\boxed{}$)÷(면의 수)

$$=$$

$$\overline{}$$

$$= \boxed{} \ (cm^2)$$

한 면의 넓이

따라서 $\boxed{} × \boxed{} = \boxed{}$ 이므로

________________________ 입니다.

답 ________________

26 직육면체의 겉넓이 (2)

1. 겉넓이가 94 cm^{2}인 직육면체가 있습니다. 이 직육면체의 세로가 3 cm, 높이가 4 cm일 때, 가로는 몇 cm일까요?

↪ □라 하고 식을 세워요.

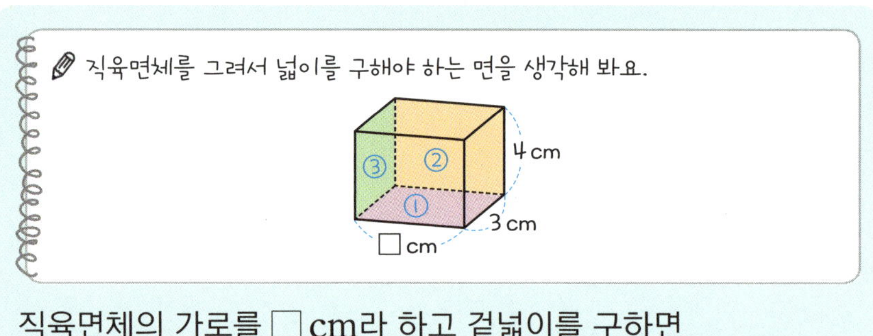

직육면체의 가로를 □ cm라 하고 겉넓이를 구하면

① ② ③ 겉넓이
(□×3+□×4+3×4)×2=□,

□×7+12=□, □×7=□, □=□입니다.

따라서 직육면체의 가로는 □ cm입니다.

답 ____________

2. 겉넓이가 310 cm^{2}인 직육면체가 있습니다. 이 직육면체의 가로가 5 cm, 세로가 7 cm일 때, 높이는 몇 cm일까요?

↪ □라 하고 식을 세워요.

직육면체의 높이를 □ cm라 하고 겉넓이를 구하면

가로 세로 가로 높이 세로 높이 겉넓이
(___ × ___ + ___ × ___ + ___ × ___)×2=□,

□+12×□=□, 12×□=□, □=□입니다.

따라서 ____________________ 입니다.

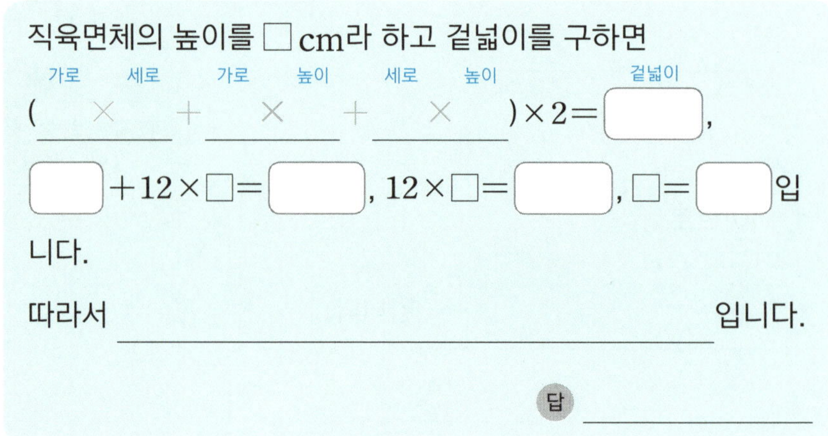

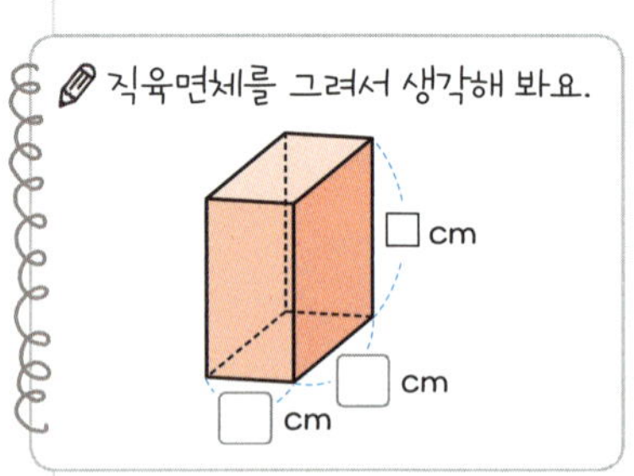

답 ____________

1. 오른쪽은 겉넓이가 $142\,\text{cm}^2$ 인 직육면체의 전개도입니다. □ 안에 알맞은 수를 구하세요.

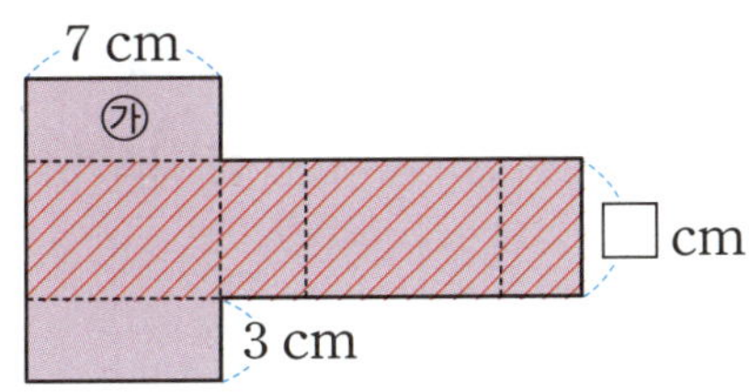

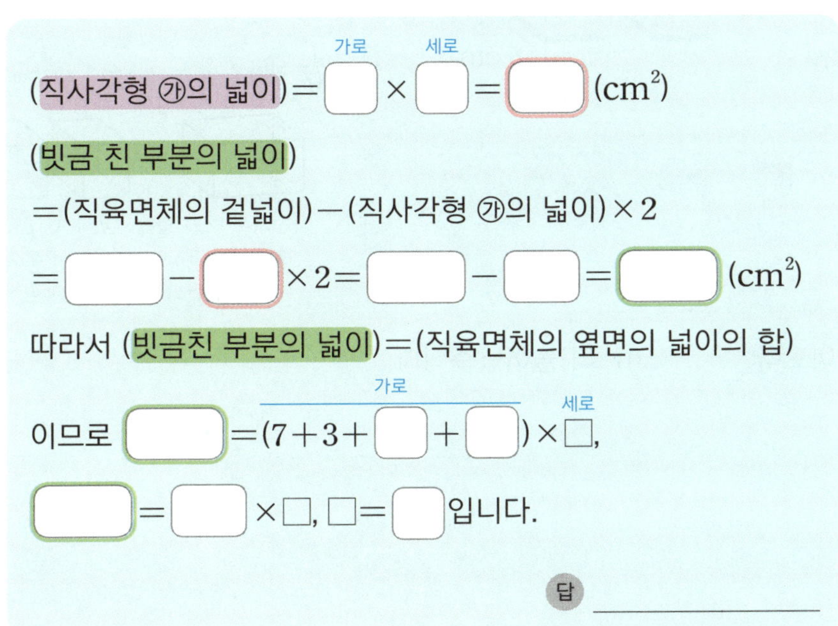

(직사각형 ㉮의 넓이)= [가로] □ × [세로] □ = □ (cm²)

(빗금 친 부분의 넓이)

=(직육면체의 겉넓이)−(직사각형 ㉮의 넓이)×2

= □ − □ ×2= □ − □ = □ (cm²)

따라서 (빗금친 부분의 넓이)=(직육면체의 옆면의 넓이의 합)

이므로 □ =(7+3+ □ + □)× □,   [가로] [세로]

□ = □ × □, □ = □ 입니다.

답 ___________

2. 오른쪽은 겉넓이가 $160\,\text{cm}^2$ 인 직육면체의 전개도입니다. □ 안에 알맞은 수를 구하세요.

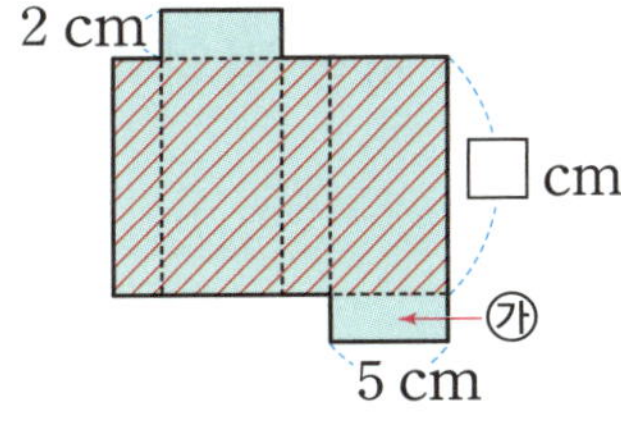

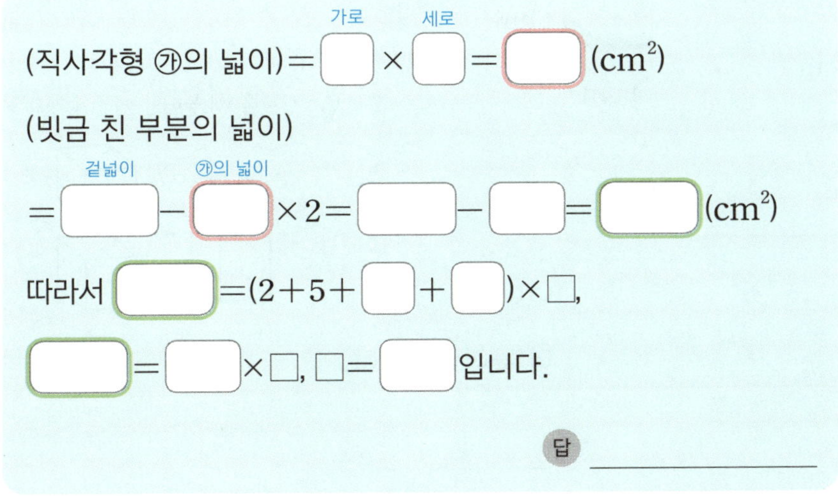

(직사각형 ㉮의 넓이)= [가로] □ × [세로] □ = □ (cm²)

(빗금 친 부분의 넓이)

= [겉넓이] □ − [㉮의 넓이] □ ×2= □ − □ = □ (cm²)

따라서 □ =(2+5+ □ + □)× □,

□ = □ × □, □ = □ 입니다.

답 ___________

1. 직육면체 모양의 떡을 그림과 같이 똑같이 2조각으로 잘랐습니다. 자른 떡 2조각의 겉넓이는 처음 떡의 겉넓이보다 몇 cm^2 더 늘어났을까요?

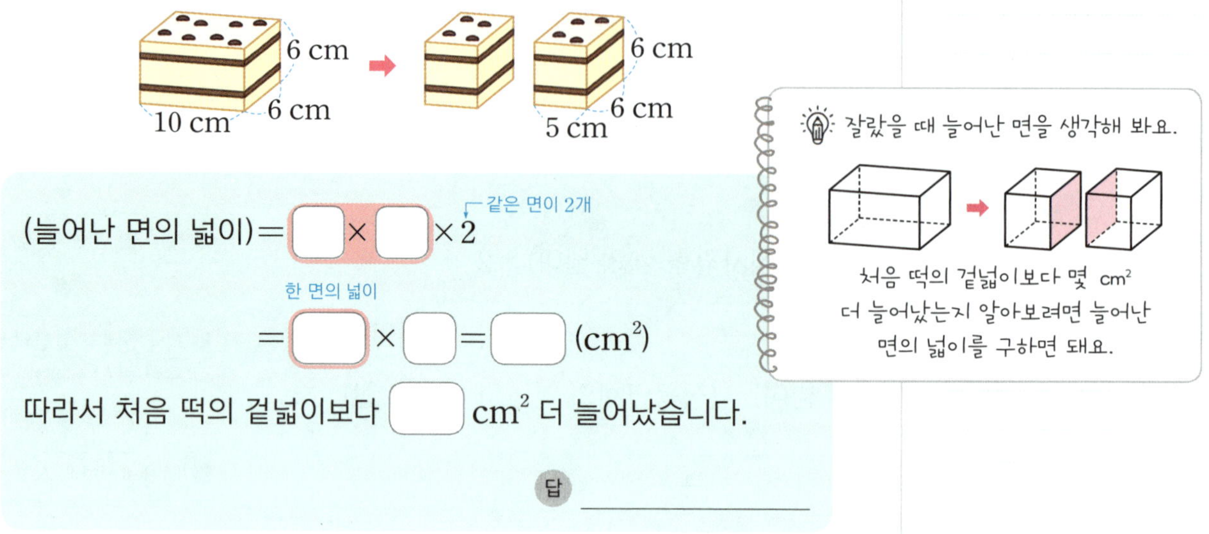

2. 직육면체 모양의 떡을 그림과 같이 똑같이 2조각으로 잘랐습니다. 자른 떡 2조각의 겉넓이는 처음 떡의 겉넓이보다 몇 cm^2 더 늘어났을까요?

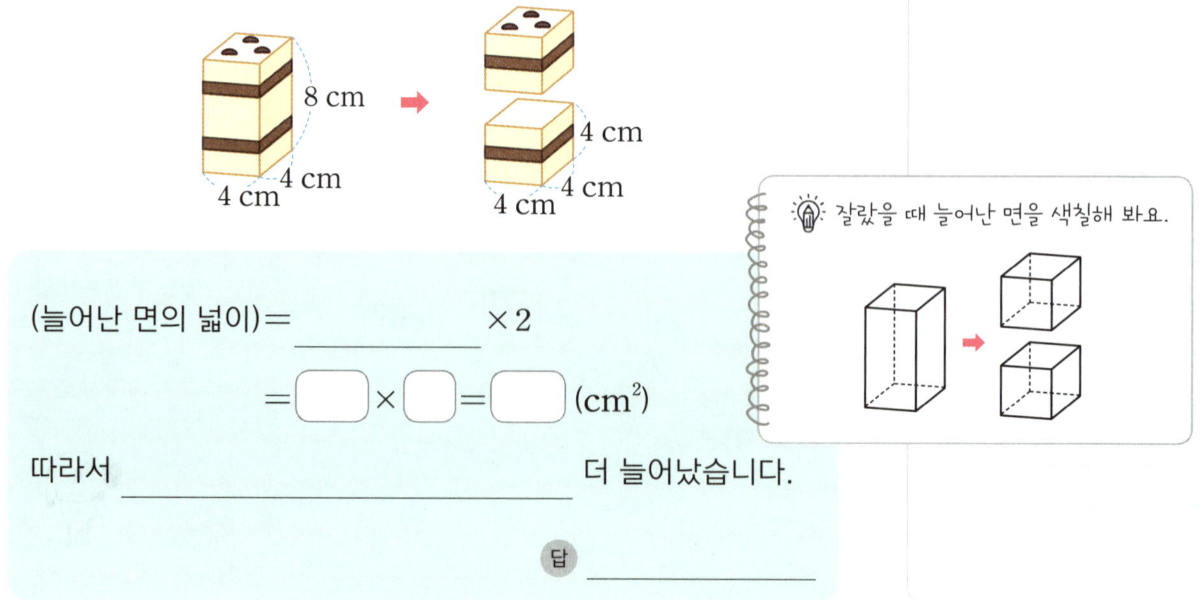

1. 가로가 ③cm, 세로가 ⑧cm인 직육면체가 있습니다. 이 직육면체의 부피가 ⑨⑥cm³일 때, 겉넓이는 몇 cm²일까요?

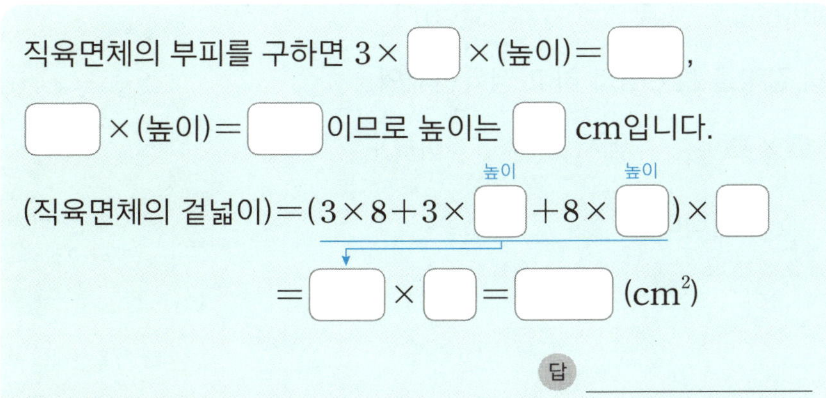

직육면체의 부피를 구하면 $3 \times \boxed{} \times (높이) = \boxed{}$,

$\boxed{} \times (높이) = \boxed{}$ 이므로 높이는 $\boxed{}$ cm입니다.

(직육면체의 겉넓이) $= (3 \times 8 + 3 \times \boxed{}^{높이} + 8 \times \boxed{}^{높이}) \times \boxed{}$

$= \boxed{} \times \boxed{} = \boxed{}$ (cm²)

답 _______________

문제에서 숫자는 ◯, 조건 또는 구하는 것은 ___로 표시해 보세요.

해결 순서

❶ 직육면체의 부피를 이용하여 직육면체의 높이 구하기

⬇

❷ 직육면체의 겉넓이 구하기

2. 정육면체의 부피가 8 cm³일 때, 겉넓이는 몇 cm²일까요?

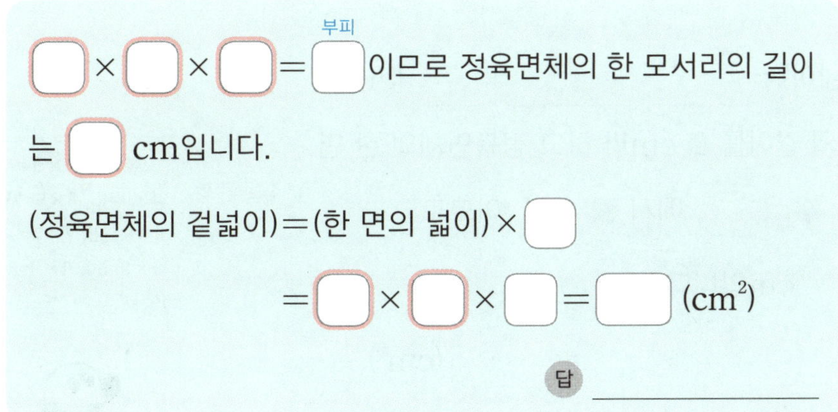

$\boxed{} \times \boxed{} \times \boxed{} = \boxed{}^{부피}$ 이므로 정육면체의 한 모서리의 길이는 $\boxed{}$ cm입니다.

(정육면체의 겉넓이) $= (한 면의 넓이) \times \boxed{}$

$= \boxed{} \times \boxed{} \times \boxed{} = \boxed{}$ (cm²)

답 _______________

3. 세로가 7 cm, 높이가 4 cm인 직육면체가 있습니다. 이 직육면체의 부피가 280 cm³일 때, 겉넓이는 몇 cm²일까요?

직육면체의 부피를 구하면 $(가로) \times 7 \times 4 = \boxed{}$,

$(가로) \times \boxed{} = \boxed{}$ 이므로 가로는 $\boxed{}$ cm입니다.

(직육면체의 겉넓이) =

답 _______________

문제에 주어진 조건을 먼저 이용해요. ←부피

1. 정육면체의 겉넓이가 ⑤④ cm² 일 때, <u>부피는 몇 cm³</u>일까요?

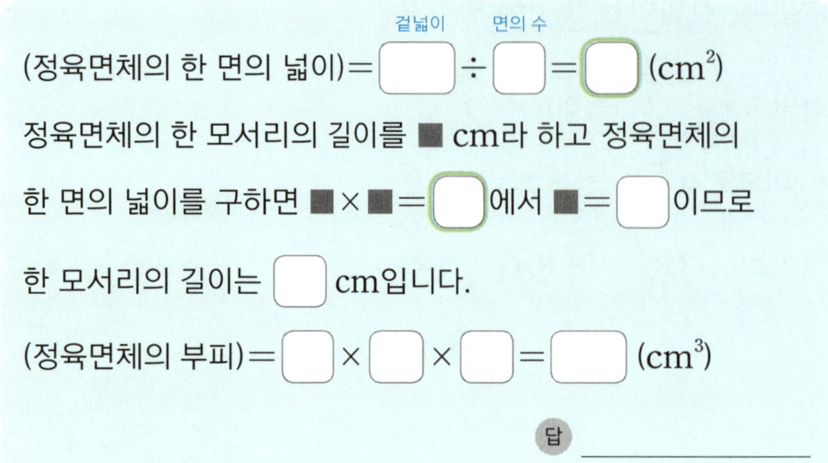

$$(\text{정육면체의 한 면의 넓이}) = \boxed{} \div \boxed{} = \boxed{} \ (cm^2)$$

겉넓이   면의 수

정육면체의 한 모서리의 길이를 ■ cm라 하고 정육면체의

한 면의 넓이를 구하면 ■ × ■ = $\boxed{}$ 에서 ■ = $\boxed{}$ 이므로

한 모서리의 길이는 $\boxed{}$ cm입니다.

$$(\text{정육면체의 부피}) = \boxed{} \times \boxed{} \times \boxed{} = \boxed{} \ (cm^3)$$

답 ____________

문제에서 숫자는 ◯,
조건 또는 구하는 것은 ____로
표시해 보세요.

해결 순서

❶ 정육면체의 한 면의 넓이
  구하기

↓

❷ 정육면체의 한 모서리의
  길이 구하기

↓

❸ 정육면체의 부피 구하기

2. 정육면체의 겉넓이가 384 cm² 일 때, 부피는 몇 cm³일까요?

$$(\text{정육면체의 한 면의 넓이}) = \frac{}{} \div = \boxed{} \ (cm^2)$$

겉넓이   면의 수

정육면체의 한 모서리의 길이를 ■ cm라 하고 정육면체의 한 면

의 넓이를 구하면 ■ × ■ = $\boxed{}$ 에서 ■ = $\boxed{}$ 이므로

한 모서리의 길이는 $\boxed{}$ cm입니다.

$$(\text{정육면체의 부피}) = \times = \boxed{} \ (cm^3)$$

답 ____________

3. 정육면체의 겉넓이가 486 cm² 일 때, 부피는 몇 cm³일까요?

답 ____________

1. **교과서 유형** 오른쪽 직육면체의 겉넓이가 ⑧②cm^{2}일 때, 부피는 몇 cm^{3}일까요?

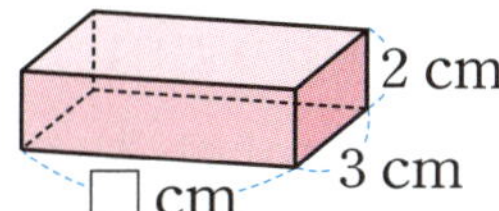

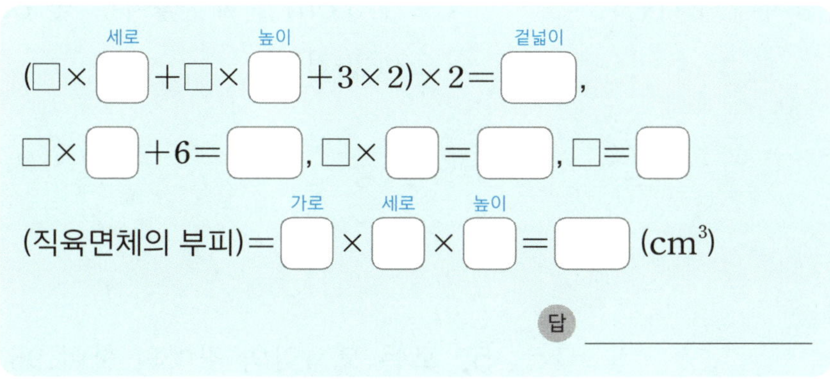

$$(□ × □ + □ × □ + 3 × 2) × 2 = □,$$

세로 · 높이 · 겉넓이

$$□ × □ + 6 = □, □ × □ = □, □ = □$$

$$(직육면체의 부피) = □ × □ × □ = □ \ (\text{cm}^3)$$

가로 · 세로 · 높이

답 __________

2. 오른쪽 직육면체의 겉넓이가 210 cm^{2}일 때, 부피는 몇 cm^{3}일까요?

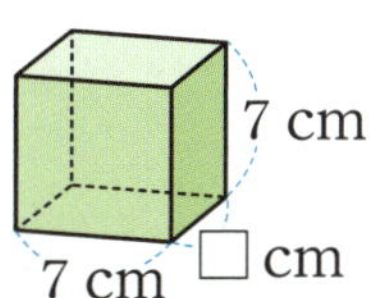

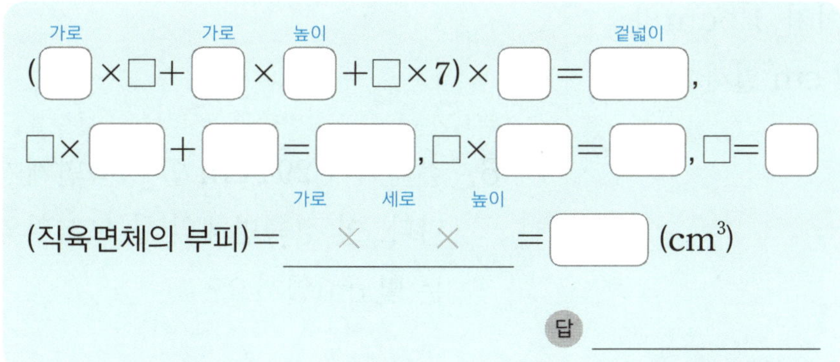

$$(□ × □ + □ × □ + □ × 7) × □ = □,$$

가로 · 가로 · 높이 · 겉넓이

$$□ × □ + □ = □, □ × □ = □, □ = □$$

$$(직육면체의 부피) = \underline{\quad × \quad × \quad} = □ \ (\text{cm}^3)$$

가로 · 세로 · 높이

답 __________

3. 오른쪽 직육면체의 겉넓이가 126 cm^{2}일 때, 부피는 몇 cm^{3}일까요?

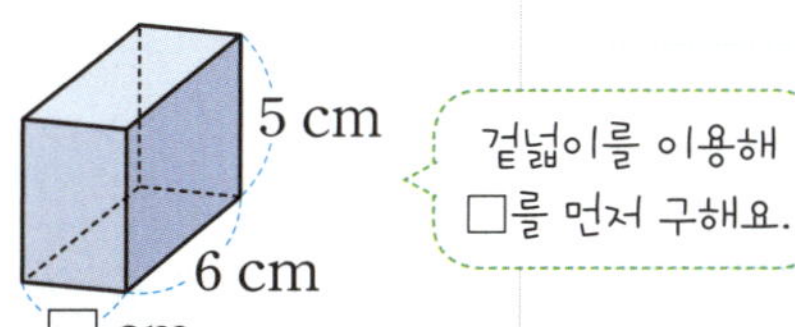

답 __________

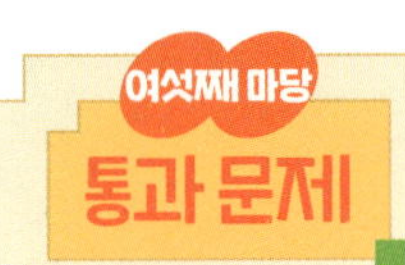

직육면체의 부피와 겉넓이

점수　　　/ 100

한 문제당 10점

1. 지효는 가로가 7 cm, 세로가 6 cm, 높이가 15 cm인 직육면체 모양의 상자를 만들었습니다. 이 상자의 부피는 몇 cm^3일까요?

(　　　　　　　　)

2. 부피가 540 cm^3인 직육면체가 있습니다. 이 직육면체의 높이가 12 cm일 때, 한 밑면의 넓이는 몇 cm^2일까요?

(　　　　　　　　)

3. 두 직육면체의 부피가 같을 때, 가 직육면체의 세로는 몇 cm일까요? (20점)

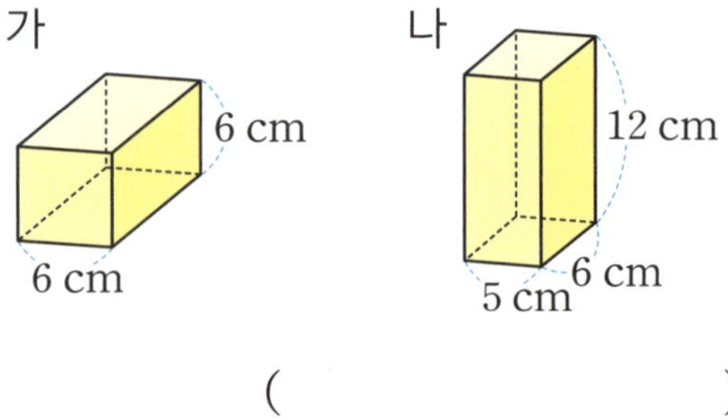

(　　　　　　　　)

4. 겉넓이가 216 cm^2인 직육면체가 있습니다. 이 직육면체의 가로가 6 cm, 세로가 3 cm일 때, 높이는 몇 cm일까요? (20점)

(　　　　　　　　)

5. 모든 모서리의 길이의 합이 96 cm인 정육면체가 있습니다. 이 정육면체의 겉넓이는 몇 cm^2일까요?

(　　　　　　　　)

6. 겉넓이가 294 cm^2인 정육면체가 있습니다. 이 정육면체의 한 모서리의 길이는 몇 cm일까요?

(　　　　　　　　)

7. 직육면체의 부피가 120 cm^3일 때, 겉넓이는 몇 cm^2일까요? (20점)

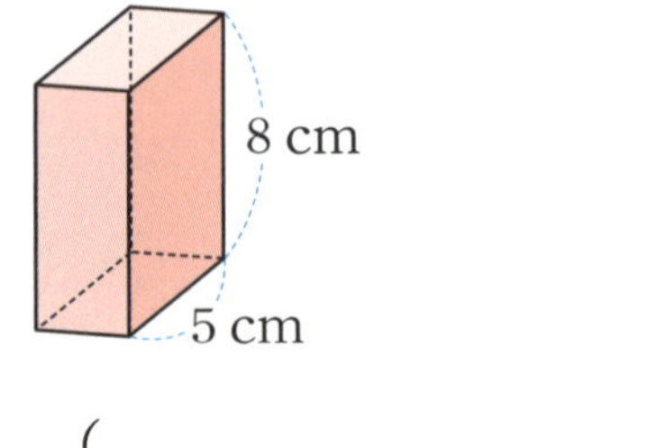

(　　　　　　　　)

초등 수학 공부, 이렇게 하면 효과적!

"펑펑 내려야 눈이 쌓이듯 공부도 집중해야 실력이 쌓인다!"

학교 다닐 때는? 학기별 연산책 '바빠 교과서 연산'

'바빠 교과서 연산' 부터 시작하세요. 학기별 진도에 딱 맞춘 쉬운 연산 책이니까요! 방학 동안 다음 학기 선행을 준비할 때도 '바빠 교과서 연산' 으로 시작하세요! 교과서 순서대로 빠르게 공부할 수 있어, 첫 번째 수학 책으로 추천합니다.

시험이나 서술형 대비는? '나 혼자 푼다 바빠 수학 문장제'

학교 시험을 대비하고 싶다면 '나 혼자 푼다 수학 문장제' 로 공부하세요. 너무 어렵지도 쉽지도 않은 딱 적당한 난이도로, 빈칸을 채우면 풀이 과 정이 완성됩니다! 막막하지 않아요~ 요즘 학교 시험 풀이 과정을 손쉽게 연습할 수 있습니다.

방학 때는? 10일 완성 영역별 연산책 '바빠 연산법'

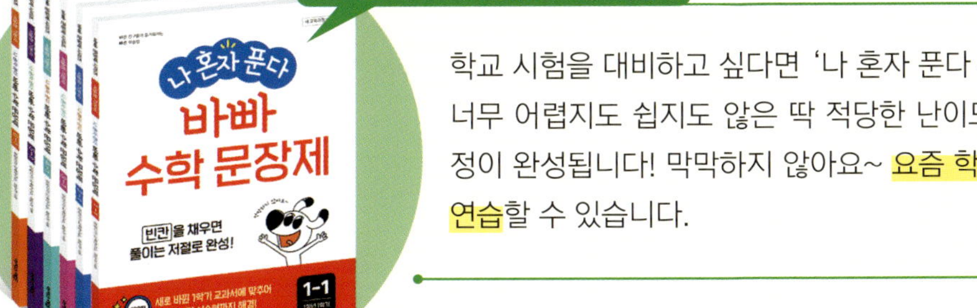

내가 부족한 영역만 골라 보충할 수 있어요! 예를 들어 4학년인데 나눗 셈이 어렵다면 나눗셈만, 분수가 어렵다면 분수만 골라 훈련하세요. 방학 때나 학습 결손이 생겼을 때, 취약한 연산 구멍을 빠르게 메꿀 수 있어요!

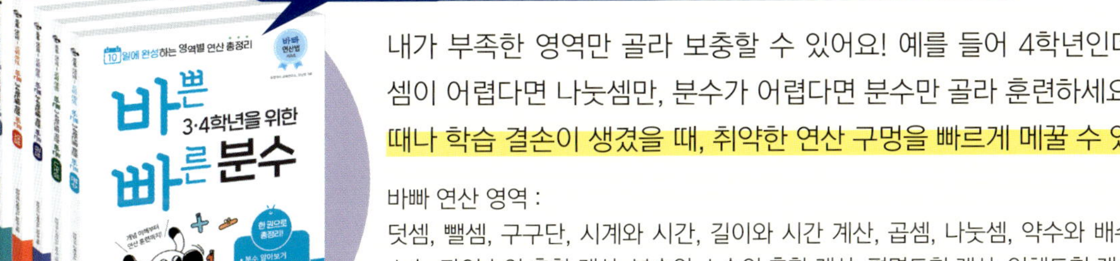

바빠 연산 영역 :
덧셈, 뺄셈, 구구단, 시계와 시간, 길이와 시간 계산, 곱셈, 나눗셈, 약수와 배수, 분수, 소수, 자연수의 혼합 계산, 분수와 소수의 혼합 계산, 평면도형 계산, 입체도형 계산, 비와 비례, 방정식, 확률과 통계, 19단

바빠 ^{시리즈} 초등 학년별 추천 도서

학년	학기별 연산책 바빠 교과서 연산 학기 중, 선행용으로 추천!	나 혼자 푼다 바빠 수학 문장제 학교 시험 서술형 완벽 대비!
1학년	·바빠 교과서 연산 1-1 ·바빠 교과서 연산 1-2	·나 혼자 푼다 바빠 수학 문장제 1-1 ·나 혼자 푼다 바빠 수학 문장제 1-2
2학년	·바빠 교과서 연산 2-1 ·바빠 교과서 연산 2-2	·나 혼자 푼다 바빠 수학 문장제 2-1 ·나 혼자 푼다 바빠 수학 문장제 2-2
3학년	·바빠 교과서 연산 3-1 ·바빠 교과서 연산 3-2	·나 혼자 푼다 바빠 수학 문장제 3-1 ·나 혼자 푼다 바빠 수학 문장제 3-2
4학년	·바빠 교과서 연산 4-1 ·바빠 교과서 연산 4-2	·나 혼자 푼다 바빠 수학 문장제 4-1 ·나 혼자 푼다 바빠 수학 문장제 4-2
5학년	·바빠 교과서 연산 5-1 ·바빠 교과서 연산 5-2	·나 혼자 푼다 바빠 수학 문장제 5-1 ·나 혼자 푼다 바빠 수학 문장제 5-2
6학년	·바빠 교과서 연산 6-1 ·바빠 교과서 연산 6-2	·나 혼자 푼다 바빠 수학 문장제 6-1 ·나 혼자 푼다 바빠 수학 문장제 6-2

새 교육과정 반영

+ 단원평가

빈칸을 채우면
풀이는 저절로 완성!

6-1
6학년 1학기

이지스에듀

학교 시험 자신감
충전 완료!
주관식
서술형

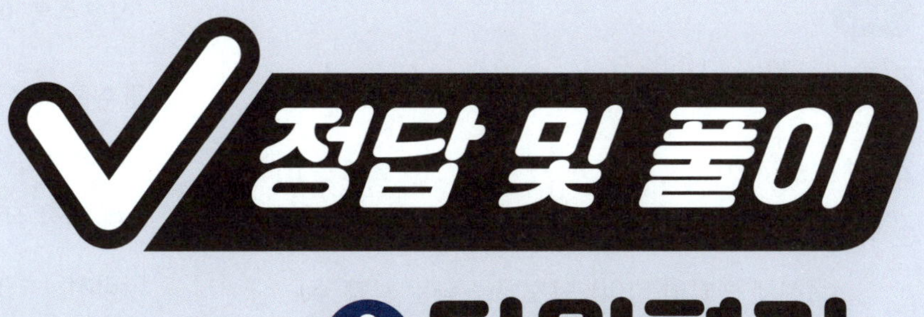

정답 및 풀이
＋단원평가

01 (자연수)÷(자연수)

8쪽

1. $\dfrac{1}{7}$, 3 / $\dfrac{3}{7}$

2. 방법1 $\dfrac{1}{5}$, $\dfrac{1}{5}$, 11 / $\dfrac{11}{5}$, $2\dfrac{1}{5}$

   방법2 2, 1, 1, $\dfrac{1}{5}$ / $2\dfrac{1}{5}$

3. $\dfrac{2}{9}$ / $\dfrac{2}{9}$

4. $\dfrac{14}{3}$, $4\dfrac{2}{3}$ / $4\dfrac{2}{3}$

9쪽

1. ÷, 2, $\dfrac{11}{2}$, $5\dfrac{1}{2}$ 　답 $5\dfrac{1}{2}$ m²

2. 전체, ÷ / 20÷3, $\dfrac{20}{3}$, $6\dfrac{2}{3}$ 　답 $6\dfrac{2}{3}$ m²

3. 예 (다예가 콩을 심은 텃밭의 넓이)
   = (전체 텃밭의 넓이)÷(텃밭을 나눈 사람 수)
   = 13÷4 = $\dfrac{13}{4}$ = $3\dfrac{1}{4}$ 　답 $3\dfrac{1}{4}$ m²

10쪽

1. 2, 5, $\dfrac{2}{5}$ 　답 $\dfrac{2}{5}$ kg

2. 사람 수 / 3÷4, $\dfrac{3}{4}$ 　답 $\dfrac{3}{4}$ m

3. 예 (한 병에 담을 간장의 양)
   = (전체 간장의 양)÷(병 수)
   = 7÷10 = $\dfrac{7}{10}$ (L) 　답 $\dfrac{7}{10}$ L

11쪽

1. 5 / 4, 5, $\dfrac{4}{5}$ 　답 $\dfrac{4}{5}$ m

2. 변의 수 / 13÷8, $\dfrac{13}{8}$, $1\dfrac{5}{8}$ 　답 $1\dfrac{5}{8}$ m

3. 7÷4, $\dfrac{7}{4}$, $1\dfrac{3}{4}$ / 11÷6, $\dfrac{11}{6}$, $1\dfrac{5}{6}$
   / $1\dfrac{3}{4}$, 9, <, $1\dfrac{5}{6}$, 10 / 지혜 　답 지혜

12쪽

1. $1\dfrac{1}{4}$, 4, $\dfrac{5}{4}$, 4, 5 / 5, 6, $\dfrac{5}{6}$ 　답 $\dfrac{5}{6}$ L

2. $1\dfrac{1}{6}$, 6, $\dfrac{7}{6}×6$, 7 / 날수, 7÷10, $\dfrac{7}{10}$
   　답 $\dfrac{7}{10}$ kg

3. 예 (전체 우유의 양)=$1\dfrac{1}{3}×3$=$\dfrac{4}{3}×3$=4 (L)
   (하루에 마실 수 있는 우유의 양)
   = (전체 우유의 양)÷(날수)
   = 4÷7 = $\dfrac{4}{7}$ (L) 　답 $\dfrac{4}{7}$ L

13쪽

1. '작을수록'에 ○, 4 / 4, $\dfrac{3}{4}$ 　답 $\dfrac{3}{4}$

2. 클수록, 8 / 8, $\dfrac{9}{8}$, $1\dfrac{1}{8}$ 　답 $1\dfrac{1}{8}$

3. '커야'에 ○
   / 예 가장 작아지므로 □ 안에 들어갈 수는 11입니다.
   따라서 4÷11 = $\dfrac{4}{11}$ 입니다. 　답 $\dfrac{4}{11}$

14쪽

1. 방법 1 분자 / 2, $\dfrac{2}{5}$

   방법 2 2, $\dfrac{2}{5}$

2. 방법 1 3, 21, 21, 3, $\dfrac{7}{12}$

   방법 2 $\dfrac{7}{4} \times \dfrac{1}{3} = \dfrac{7}{12}$

15쪽

1. 3, 3, 6, 3, 6, 3, $\dfrac{2}{15}$ 답 $\dfrac{2}{15}$ m

2. 도막 수 / $\dfrac{4}{3}$, 7, 28, 7, 28, 7, $\dfrac{4}{21}$ 답 $\dfrac{4}{21}$ m

3. 예 (리본 한 도막의 길이)

   =(전체 리본의 길이)÷(도막 수)

   $= \dfrac{11}{8} \div 5 = \dfrac{55}{40} \div 5 = \dfrac{55 \div 5}{40} = \dfrac{11}{40}$ (m)

   답 $\dfrac{11}{40}$ m

16쪽

1. (위에서부터)6, 2, 7 / $\dfrac{3}{7}$ 답 $\dfrac{3}{7}$ m

2. 날수 / $\dfrac{10}{9}$, 5, 10, 5, $\dfrac{2}{9}$ 답 $\dfrac{2}{9}$ km

3. 예 (한 사람이 마실 수 있는 식혜의 양)

   =(전체 식혜의 양)÷(사람 수)

   $= \dfrac{8}{11} \div 4 = \dfrac{8 \div 4}{11} = \dfrac{2}{11}$ (L)   답 $\dfrac{2}{11}$ L

17쪽

1. $\dfrac{3}{8}$, 2, $\dfrac{3}{8}$, $\dfrac{1}{2}$, $\dfrac{3}{16}$ 답 $\dfrac{3}{16}$ kg

2. 봉지 수 / $\dfrac{13}{9}$, 4, $\dfrac{13}{9} \times \dfrac{1}{4}$, $\dfrac{13}{36}$ 답 $\dfrac{13}{36}$ kg

3. 예 (한 컵에 담은 수정과의 양)

   =(전체 수정과의 양)÷(컵 수)

   $= \dfrac{2}{3} \div 5 = \dfrac{2}{3} \times \dfrac{1}{5} = \dfrac{2}{15}$ (L)   답 $\dfrac{2}{15}$ L

18쪽

1. $\dfrac{4}{5}$, 8, $\dfrac{4}{5}$, $\dfrac{1}{8}$, $\dfrac{1}{10}$

   / 끈 한 도막의 길이, $\dfrac{1}{10}$, 3, $\dfrac{3}{10}$ 답 $\dfrac{3}{10}$ m

2. 예 (전체 고무찰흙의 무게)÷(덩이 수)

   $= \dfrac{10}{7} \div 5 = \dfrac{2}{7}$ (kg)

   (자동차 모양을 만드는 데 사용한 고무찰흙의 무게)

   =(고무찰흙 한 덩이의 무게)×(사용한 덩이 수)

   $= \dfrac{2}{7} \times 2 = \dfrac{4}{7}$ (kg)   답 $\dfrac{4}{7}$ kg

19쪽

1. + / $\dfrac{5}{9}$, +, $\dfrac{1}{3}$ / $\dfrac{5}{9}$, +, $\dfrac{3}{9}$ / $\dfrac{8}{9}$

   / 전체 음료수의 양 / $\dfrac{8}{9}$, 4, $\dfrac{8}{9}$, $\dfrac{1}{4}$, $\dfrac{2}{9}$

   답 $\dfrac{2}{9}$ L

2. 예 (전체 설탕의 양)

   =(처음 설탕의 양)+(더 넣은 설탕의 양)

   $= \dfrac{3}{10} + \dfrac{3}{5} = \dfrac{3}{10} + \dfrac{6}{10} = \dfrac{9}{10}$ (kg)

   (통 한 개에 담아야 하는 설탕의 양)

   =(전체 설탕의 양)÷(통 수)

   $= \dfrac{9}{10} \div 6 = \dfrac{9}{10} \times \dfrac{1}{6} = \dfrac{3}{20}$ (kg)   답 $\dfrac{3}{20}$ kg

20쪽

1. 분수의 나눗셈을 분수의 곱셈으로 바꾸어 생각해 봐요.

   $\dfrac{(분자)}{(분모)} \div (자연수) = \dfrac{(분자)}{(분모)} \times \dfrac{1}{(자연수)} = \dfrac{(분자)}{(분모) \times (자연수)}$

   ➡ 분자가 (클수록, 작을수록)

   분모와 자연수의 곱이 (클수록 , 작을수록) 몫이 작아져요.

   / 2, 9 / 2, 2, 9, $\dfrac{2}{27}$ / 2, 3, 2, 3, $\dfrac{2}{27}$ 답 $\dfrac{2}{27}$

2. 작은, 4, 5, 7 / 4, 7, $\dfrac{4}{5}$, $\dfrac{1}{7}$, $\dfrac{4}{35}$

   / 예 $\dfrac{4}{7} \div 5 = \dfrac{4}{7} \times \dfrac{1}{5} = \dfrac{4}{35}$ 답 $\dfrac{4}{35}$

21쪽

1. 방법1 $2, 2, \dfrac{1}{3}, 2\dfrac{1}{3}$

   방법2 $14, 14, 2, \dfrac{7}{3}, 2\dfrac{1}{3}$

2. $9, 2, 9, \dfrac{1}{2}, \dfrac{9}{14} \,/\, \dfrac{9}{14}$

3. 예 $\dfrac{9}{2}÷3=\dfrac{9}{2}×\dfrac{1}{3}=\dfrac{3}{2}=1\dfrac{1}{2} \,/\, 1\dfrac{1}{2}$

22쪽

1. $8\dfrac{3}{5}, 6, \dfrac{43}{5}, 6, \dfrac{43}{5}, \dfrac{1}{6}, \dfrac{43}{30}, 1\dfrac{13}{30}$

   답 $1\dfrac{13}{30}$ cm

2. 넓이 $/\ 12\dfrac{2}{3}, 5 \,/\, \dfrac{38}{3}÷5 \,/\, \dfrac{38}{3}×\dfrac{1}{5} \,/\, \dfrac{38}{15}, 2\dfrac{8}{15}$

   답 $2\dfrac{8}{15}$ cm

3. 예 (가로)=(직사각형의 넓이)÷(세로)

   $=8\dfrac{2}{7}÷3=\dfrac{58}{7}÷3=\dfrac{58}{7}×\dfrac{1}{3}$

   $=\dfrac{58}{21}=2\dfrac{16}{21}$ 답 $2\dfrac{16}{21}$ cm

23쪽

1. $1\dfrac{1}{3}, 2, 3, 2, 3, 1, \dfrac{2}{3}$ 답 $\dfrac{2}{3}$ L

2. 봉지 수 $/\ 2\dfrac{2}{7}, 8 \,/\, \dfrac{16}{7}÷8 \,/\, \dfrac{16}{7}×\dfrac{1}{8} \,/\, \dfrac{2}{7}$

   답 $\dfrac{2}{7}$ kg

3. 예 (한 모둠에 나누어 준 철사의 길이)

   =(전체 철사의 길이)÷(모둠 수)

   $=5\dfrac{1}{4}÷7=\dfrac{21}{4}÷7=\dfrac{21}{4}×\dfrac{1}{7}=\dfrac{3}{4}$ (m)

   답 $\dfrac{3}{4}$ m

24쪽

1. $1\dfrac{3}{4}, 7, \dfrac{7}{4}, \dfrac{1}{7}, \dfrac{1}{4} \,/\, \dfrac{1}{4}, 31, \dfrac{31}{4}, 7\dfrac{3}{4}$

   답 $7\dfrac{3}{4}$ kg

2. 예 (하빈이가 하루 동안 수학을 공부한 시간)

   =(5일 동안 수학을 공부한 시간)÷(날수)

   $=4\dfrac{2}{7}÷5=\dfrac{30}{7}×\dfrac{1}{5}=\dfrac{6}{7}$ (시간)

   (4월 한 달 동안 수학을 공부한 시간)

   =(하루 동안 수학을 공부한 시간)×(날수)

   $=\dfrac{6}{7}×30=\dfrac{180}{7}=25\dfrac{5}{7}$ (시간)

   답 $25\dfrac{5}{7}$ 시간

25쪽

1. $1\dfrac{11}{15}, 13, \dfrac{26}{15}, \dfrac{1}{13}, \dfrac{2}{15}$ 답 $\dfrac{2}{15}$ km

2. 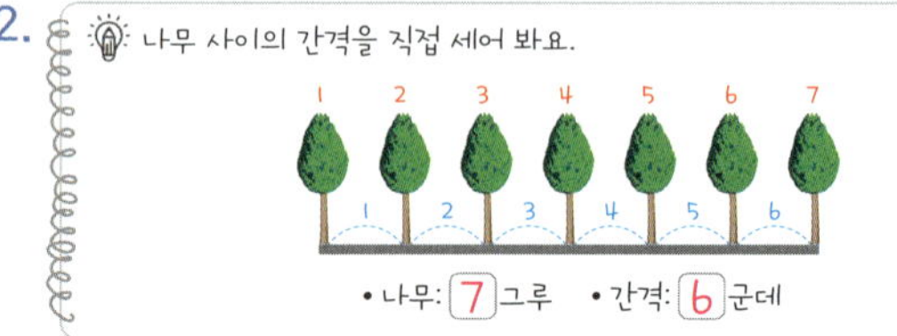

   $/\ 7, 6 \,/\, 2\dfrac{4}{5}, 6, \dfrac{14}{5}, \dfrac{1}{6}, \dfrac{7}{15}$ 답 $\dfrac{7}{15}$ km

26쪽

1. 정사각형 $/\ 2\dfrac{1}{5}, 2, \dfrac{11}{5}, \dfrac{1}{2}, \dfrac{11}{10}, 1\dfrac{1}{10}$

   / 정사각형 한 개의 둘레 $/\ 1\dfrac{1}{10}, 4, \dfrac{11}{10}, \dfrac{1}{4}, \dfrac{11}{40}$

   답 $\dfrac{11}{40}$ m

2. 예 (마름모 한 개의 둘레)

   =(전체 철사의 길이)÷(마름모의 수)

   $=4\dfrac{2}{7}÷3=\dfrac{30}{7}×\dfrac{1}{3}=\dfrac{10}{7}=1\dfrac{3}{7}$ (m)

   (마름모의 한 변의 길이)

   =(마름모 한 개의 둘레)÷(변의 수)

   $=1\dfrac{3}{7}÷4=\dfrac{10}{7}×\dfrac{1}{4}=\dfrac{5}{14}$ (m)

   답 $\dfrac{5}{14}$ m

1. $5\dfrac{2}{5}$, 4, $\dfrac{27}{5}$, $\dfrac{1}{4}$, $\dfrac{27}{20}$, $1\dfrac{7}{20}$ / 1분 동안, 달린 시간

/ $1\dfrac{7}{20}$, 10, $\dfrac{27}{20}$, 10, $\dfrac{27}{2}$, $13\dfrac{1}{2}$　답 $13\dfrac{1}{2}$ km

2. 예 (자동차가 1분 동안 달린 거리)

= (전체 달린 거리) ÷ (달린 시간)

= $13\dfrac{1}{3} \div 12 = \dfrac{40}{3} \times \dfrac{1}{12} = \dfrac{10}{9} = 1\dfrac{1}{9}$ (km)

(자동차가 5분 동안 달린 거리)

= (자동차가 1분 동안 달린 거리) × (달린 시간)

= $1\dfrac{1}{9} \times 5 = \dfrac{10}{9} \times 5 = \dfrac{50}{9} = 5\dfrac{5}{9}$ (km)

답 $5\dfrac{5}{9}$ km

04 □ 안에 알맞은 수 구하기

1. $\dfrac{5}{4}$, $\dfrac{1}{2}$, $\dfrac{5}{8}$, $\dfrac{5}{8}$ / 5 / 1, 2, 3, 4 / 4　답 4개

2. $\dfrac{8}{3}$, $\dfrac{1}{5}$, $\dfrac{8}{15}$, $\dfrac{8}{15}$ / 8 / 1, 2, 3, 4, 5, 6, 7 / 7

답 7개

3. 예 $1\dfrac{1}{6} \div 2 = \dfrac{7}{6} \times \dfrac{1}{2} = \dfrac{7}{12}$ 이므로 $\dfrac{\square}{12} < \dfrac{7}{12}$ 입니

다. 따라서 □ < 7이므로 □ 안에 들어갈 수 있는 자

연수는 1, 2, 3, 4, 5, 6으로 모두 6개입니다.

답 6개

1. 수직선으로 생각해 봐요.

$5\dfrac{1}{2} <$ □에서 □ 안에 들어갈 수 있는 가장 작은 자연수: 6

$5\dfrac{1}{2} >$ □에서 □ 안에 들어갈 수 있는 가장 큰 자연수: 5

/ $\dfrac{49}{3}$, ×, $\dfrac{1}{4}$, $\dfrac{49}{12}$, $4\dfrac{1}{12}$, $4\dfrac{1}{12}$ / 5, 5　답 5

2. $\dfrac{37}{4}$, $\dfrac{1}{2}$, $\dfrac{37}{8}$, $4\dfrac{5}{8}$, $4\dfrac{5}{8}$ / 1, 2, 3, 4 / 4　답 4

1. $\dfrac{26}{7}$, $3\dfrac{5}{7}$ / $\dfrac{43}{6}$, $7\dfrac{1}{6}$ / $3\dfrac{5}{7}$, $7\dfrac{1}{6}$ / 4, 5, 6, 7

답 4, 5, 6, 7

2. $\dfrac{21}{2} \times \dfrac{1}{3}$ / 7, $3\dfrac{1}{2}$ / $\dfrac{31}{5}$, $6\dfrac{1}{5}$, $3\dfrac{1}{2}$, $6\dfrac{1}{5}$ / 4, 5, 6

답 4, 5, 6

3. 예 $\dfrac{23}{5} \div 2 = \dfrac{23}{5} \times \dfrac{1}{2} = \dfrac{23}{10} = 2\dfrac{3}{10}$,

$16\dfrac{1}{2} \div 4 = \dfrac{33}{2} \times \dfrac{1}{4} = \dfrac{33}{8} = 4\dfrac{1}{8}$ 이므로

$2\dfrac{3}{10} < \square < 4\dfrac{1}{8}$ 입니다.

따라서 □ 안에 들어갈 수 있는 자연수는 3, 4입니다.

답 3, 4

05 바르게 계산한 값 구하기

1. 2, $\dfrac{4}{7}$ / $\dfrac{4}{7}$, 2, $\dfrac{4}{7}$, $\dfrac{1}{2}$, $\dfrac{2}{7}$, $\dfrac{2}{7}$　답 $\dfrac{2}{7}$

2. ■ $\times 4 = 2\dfrac{2}{7}$ / $2\dfrac{2}{7} \div 4 = \dfrac{16}{7} \times \dfrac{1}{4} = \dfrac{4}{7}$ / $\dfrac{4}{7}$

답 $\dfrac{4}{7}$

3. 예 ■ $\times 3 = \dfrac{9}{4}$ 입니다.

■ $= \dfrac{9}{4} \div 3 = \dfrac{9}{4} \times \dfrac{1}{3} = \dfrac{3}{4}$ 이므로 어떤 기약분수는

$\dfrac{3}{4}$ 입니다.　답 $\dfrac{3}{4}$

1. 7 / 7, 6, 6, 7, $\dfrac{6}{7}$　　　　　답 $\dfrac{6}{7}$

2. ■$\times 3 = 24$ / $24 \div 3$, 8 / $8 \div 3$ / $\dfrac{8}{3}$, $2\dfrac{2}{3}$

답 $2\dfrac{2}{3}$

3. 예 어떤 자연수를 ■라 하고 잘못 계산한 식을 쓰면
　　■$\times 4 = 28$입니다. 따라서 ■$=28 \div 4 = 7$이므로
　　바르게 계산하면 $7 \div 4 = \dfrac{7}{4} = 1\dfrac{3}{4}$　　답 $1\dfrac{3}{4}$

1. $\times$, $\dfrac{14}{9}$ / $\dfrac{14}{9}$, $\div$, 7 / $\dfrac{14}{9}$, $\times$, $\dfrac{1}{7}$, 2
　 / $\dfrac{2}{9}$, 7 / $\dfrac{2}{9}$, $\times$, $\dfrac{1}{7}$, $\dfrac{2}{63}$　　답 $\dfrac{2}{63}$

2. $\times$, 4, $4\dfrac{4}{5}$ / $4\dfrac{4}{5}$, $\div$, 4 / $\dfrac{24}{5}$, $\times$, $\dfrac{1}{4}$
　 / 6, $1\dfrac{1}{5}$ / $1\dfrac{1}{5} \div 4 = \dfrac{6}{5} \times \dfrac{1}{4} = \dfrac{3}{10}$　　답 $\dfrac{3}{10}$

첫째 마당 통과 문제　　　　34쪽

1. $\dfrac{4}{7}$ kg　　　　　2. $\dfrac{3}{14}$ L

3. $\dfrac{2}{5}$ m　　　　　4. $4\dfrac{1}{12}$ cm

5. $\dfrac{10}{21}$ m　　　　6. 4

7. $\dfrac{1}{12}$

---

1. (한 봉지에 담아야 하는 밀가루의 양)
　 $=$(전체 밀가루의 양)$\div$(봉지 수)
　 $=4 \div 7 = \dfrac{4}{7}$ (kg)

2. (한 사람이 마실 수 있는 식혜의 양)
　 $=$(전체 식혜의 양)$\div$(사람 수)
　 $=\dfrac{9}{14} \div 3 = \dfrac{9}{14} \times \dfrac{1}{3} = \dfrac{3}{14}$ (L)

3. (색 테이프 한 도막의 길이)
　 $=$(전체 색 테이프의 길이)$\div$(도막 수)
　 $=\dfrac{8}{5} \div 4 = \dfrac{8}{5} \times \dfrac{1}{4} = \dfrac{2}{5}$ (m)

4. (세로)$=$(직사각형의 넓이)$\div$(가로)
　 $=12\dfrac{1}{4} \div 3 = \dfrac{49}{4} \times \dfrac{1}{3} = \dfrac{49}{12} = 4\dfrac{1}{12}$ (cm)

5. (정삼각형 한 개의 둘레)
　 $=$(전체 철사의 길이)$\div$(삼각형 수)
　 $=4\dfrac{2}{7} \div 3 = \dfrac{30}{7} \times \dfrac{1}{3} = \dfrac{10}{7} = 1\dfrac{3}{7}$ (m)
　 (정삼각형의 한 변의 길이)
　 $=$(정삼각형 한 개의 둘레)$\div$(변의 수)
　 $=1\dfrac{3}{7} \div 3 = \dfrac{10}{7} \times \dfrac{1}{3} = \dfrac{10}{21}$ (m)

6. $6\dfrac{4}{5} \div 2 = \dfrac{34}{5} \times \dfrac{1}{2} = \dfrac{17}{5} = 3\dfrac{2}{5}$이므로
　 $3\dfrac{2}{5} < \square$입니다.
　 따라서 $\square$ 안에 들어갈 수 있는 가장 작은 자연수는
　 4입니다.

7. 어떤 수를 ■라 하고 잘못 계산한 식을 쓰면
　 ■$\times 5 = 2\dfrac{1}{12}$입니다.
　 따라서 ■$=2\dfrac{1}{12} \div 5 = \dfrac{25}{12} \times \dfrac{1}{5} = \dfrac{5}{12}$이므로
　 바르게 계산하면 $\dfrac{5}{12} \div 5 = \dfrac{5}{12} \times \dfrac{1}{5} = \dfrac{1}{12}$입니다.

둘째 마당 **각기둥과 각뿔**

06 각기둥

36쪽

1. 밑면 / 삼각형, 삼각기둥
   / 밑면의 모양: 삼각형, 각기둥의 이름: 삼각기둥
2. 사각형 / 4
3. 5 / 2, 5, 2, 7
4. 3 / 2 / 3, 2, 6

37쪽

1. 사각기둥 / 사각기둥, 4, 4, 3, 12 　　　　답 12개
2. 오각형, 오각기둥 / 오각기둥, 5 / 5×3, 15
   　　　　답 15개
3. 예 밑면의 모양이 육각형인 각기둥은 육각기둥입니다.
   육각기둥의 한 밑면의 변의 수는 6개이므로 모서리
   는 모두 6×3=18(개)입니다. 　　　　답 18개

38쪽

1. 2, 2, 4 / 4, 사각형, 사각기둥 　　　　답 사각기둥
2. ■+2 / 2, 9, 7 / 7, 예 칠각형이므로 면이 9개인
   각기둥은 칠각기둥 　　　　답 칠각기둥
3. 예 (■+2)개이므로 ■+2=12, ■=10입니다.
   따라서 한 밑면의 변의 수가 10개이면 밑면의 모양
   이 십각형이므로 면이 12개인 각기둥은 십각기둥입
   니다. 　　　　답 십각기둥

39쪽

1. 3, 3, 3 / 3, 삼각형, 삼각기둥 　　　　답 삼각기둥
2. ■×3 / 3, 15, 5 / 5, 예 오각형이므로 모서리가
   15개인 각기둥은 오각기둥입니다.
   　　　　답 오각기둥
3. 예 각기둥에서 한 밑면의 변의 수를 ■개라 하면 모
   서리의 수는 (■×3)개이므로 ■×3=24, ■=8
   입니다. 따라서 한 밑면의 변이 8개이면 밑면의 모
   양이 팔각형이므로 모서리가 24개인 각기둥은 팔각
   기둥입니다. 　　　　답 팔각기둥

40쪽

1. 2, 2, 5 / 5, 오각형, 오각기둥 　　　　답 오각기둥
2. ■×2 / 2, 12, 6 / 6, 예 육각형이므로 꼭짓점이
   12개인 각기둥은 육각기둥입니다. 　　　　답 육각기둥
3. 예 각기둥에서 한 밑면의 변의 수를 ■개라 하면 꼭
   짓점의 수는 (■×2)개이므로 ■×2=18, ■=9
   입니다.
   따라서 한 밑면의 변이 9개이면 밑면의 모양이 구각
   형이므로 꼭짓점이 18개인 각기둥은 구각기둥입니다.
   　　　　답 구각기둥

07 각기둥의 활용

41쪽

1. 6, 42 / 3, 18 / 42, 18, 60 　　　　답 60 cm
2. 3, 10, 30 / 5, 5, 25 / 30+25, 55 　　　　답 55 cm
3. 예 (길이가 5 cm인 모서리의 길이의 합)
   　　=5×12=60 (cm)
   (길이가 4 cm인 모서리의 길이의 합)
   　=4×6=24 (cm)
   따라서 각기둥의 모든 모서리의 길이의 합은
   60+24=84 (cm)입니다.
   　　　　답 84 cm

42쪽

1. 삼각기둥 / 삼각기둥, 3, 3, 3, 9 / 8, 9, 72
   　　　　답 72 cm
2. 오각기둥 / 오각기둥, 5×3, 15 / 4×15, 60
   　　　　답 60 cm
3. 예 밑면의 모양이 육각형인 각기둥은 육각기둥입니다.
   (육각기둥의 모서리의 수)=6×3=18(개)
   (모든 모서리의 길이의 합)=5×18=90 (cm)
   　　　　답 90 cm

1. 4, 5, 7, 6 / 16, 18, 32, 18, 50   답 50 cm
2. 8, 4, 8, 4, 2, 10, 4 / 24, 2, 40 / 48, 40, 88

답 88 cm

1. 4 / 4, 10, 40 / 40, 5, 200   답 200 cm^2
2. 3 / 3×8, 24 / 24×6, 144   답 144 cm^2

08 각뿔

1. 밑면 / 사각형, 사각뿔 / 사각형, 사각뿔
2. 삼각형 / 3
3. 6 / 1, 6, 1, 7
4. 5 / 2, 5, 2, 10

1. 오각뿔 / 오각뿔, 5, 5, 6   답 6개
2. 육각형, 육각뿔 / 육각뿔, 6 / 6+1, 7   답 7개
3. 예 밑면의 모양이 팔각형인 각뿔은 팔각뿔입니다.
   팔각뿔의 밑면의 변은 8개이므로 꼭짓점은 모두
   8+1=9(개)입니다.   답 9개

1. 1, 1, 5 / 5, 오각형, 오각뿔   답 오각뿔
2. ■+1, 1, 9, 8 / 8, 예 팔각형이므로 면이 9개인
   각뿔은 팔각뿔입니다.   답 팔각뿔
3. 예 각뿔에서 밑면의 변의 수를 ■개라 하면 면의 수
   는 (■+1)개이므로 ■+1=11, ■=10입니다.
   따라서 밑면의 변이 10개이면 밑면의 모양이 십각
   형이므로 면이 11개인 각뿔은 십각뿔입니다.
   답 십각뿔

1. 2, 2, 4 / 4, 사각형, 사각뿔   답 사각뿔
2. ■×2, 2, 14, 7 / 7, 예 칠각형이므로 모서리가 14
   개인 각뿔은 칠각뿔입니다.

답 칠각뿔

3. 예 각뿔에서 밑면의 변의 수를 ■개라 하면 모서리의
   수는 (■×2)개이므로 ■×2=18, ■=9입니다.
   따라서 밑면의 변이 9개이면 밑면의 모양이 구각형
   이므로 모서리가 18개인 각뿔은 구각뿔입니다.

답 구각뿔

1. 5, 3 / 5, 3, 2   답 2개
2. 8, 5 / 8−5, 3   답 3개
3. 7, 4
   / 예 칠각뿔은 사각뿔보다 옆면이 7−4=3(개)
   답 3개

09 각뿔의 활용

1. 1, 1, 3 / 3, 삼각형, 삼각뿔 / 삼각뿔, 2, 3, 2, 6
   답 6개
2. 1, 1, 6 / 6, 육각형, 육각뿔 / 육각뿔, 2, 6×2, 12
   답 12개

1. 3, 27 / 3, 18 / 27, 18, 45   답 45 cm
2. 7, 4, 28 / 4, 4, 16 / 28+16, 44   답 44 cm
3. 예 (길이가 5 cm인 모서리의 길이의 합)
   =5×5=25 (cm)
   (길이가 2 cm인 모서리의 길이의 합)
   =2×5=10 (cm)
   (각뿔의 모든 모서리의 길이의 합)
   =25+10=35 (cm)   답 35 cm

1. 1, 1, 2, 6, 3 / 3, 삼각뿔, 삼각뿔, 2, 3, 2, 6

                  답 6개

2. 1, 1, 2, 2, 2, 10, 5

  / 5, 오각뿔, 오각뿔, 2, 5×2, 10   답 10개

1. 사각뿔, 사각형 / 4, 28 / 4, 12 / 28, 12, 40

                답 40 cm

2. 오각뿔, 오각형 / 6×5, 30 / 5×5, 25

  / $30+25$, 55   답 55 cm

10. 각기둥과 각뿔

1. '각뿔'에 ○ / 1, 6 / 육각뿔   답 육각뿔
2. 2, 직사각형, 각기둥 / 3, 24, 8 / 팔각기둥

              답 팔각기둥

1. 3 / 3, 3, 9 / 36, 9, 4   답 4 cm
2. 5 / 5×2, 10 / $70 \div 10$, 7   답 7 cm
3. 예 (육각기둥의 한 밑면의 변의 수)＝6개

   (육각기둥의 모서리의 수)＝6×3＝18(개)

   (육각기둥의 한 모서리의 길이)＝$72 \div 18$＝4 (cm)

              답 4 cm

1. 육각기둥   2. 90 cm
3. 120 cm²   4. 팔각뿔
5. 108 cm   6. 칠각기둥
7. 7 cm

1. 각기둥의 한 밑면의 변의 수를 ■개라 하면 면의 수는 (■＋2)개이므로 ■＋2＝8, ■＝6입니다.

   따라서 한 밑면의 변이 6개이면 밑면의 모양이 육각형이므로 면이 8개인 각기둥은 육각기둥입니다.

2. 밑면의 모양이 오각형인 각기둥의 모서리의 수는 5×3＝15(개)입니다. 따라서 모든 모서리의 길이의 합은 6×15＝90 (cm)입니다.

3. 밑면이 삼각형이고, 옆면이 사각형인 입체도형은 삼각기둥입니다. 따라서 옆면은 모두 3개이고, 옆면의 가로는 5 cm, 세로는 8 cm입니다.

   (옆면 1개의 넓이)＝5×8＝40 (cm²)이므로

   (모든 옆면의 넓이의 합)＝40×3＝120 (cm²)입니다.

4. 각뿔의 밑면의 변의 수를 ■개라 하면 모서리의 수는 (■$\times 2$)개이므로 ■$\times 2$＝16, ■＝8입니다.

   따라서 밑면의 변이 8개이면 밑면의 모양이 팔각형이므로 모서리가 16개인 각뿔은 팔각뿔입니다.

5. 옆면이 6개인 각뿔은 육각뿔입니다.

   (길이가 8 cm인 모서리의 길이의 합)

   ＝8×6＝48 (cm)

   (길이가 10 cm인 모서리의 길이의 합)

   ＝10×6＝60 (cm)

   따라서 각뿔의 모든 모서리의 길이의 합은

   $48+60$＝108 (cm)입니다.

6. 밑면이 다각형이고 2개이면서 옆면이 모두 직사각형인 입체도형은 각기둥입니다.

   각기둥의 밑면의 변의 수를 ■개라 하면 꼭짓점의 수는 (■$\times 2$)개이므로 ■$\times 2$＝14, ■＝7입니다.

   따라서 설명하는 입체도형은 칠각기둥입니다.

7. (사각뿔의 모서리의 수)＝4×2＝18(개)

   (사각뿔의 한 모서리의 길이)＝$56 \div 8$＝7 (cm)

셋째 마당 **소수의 나눗셈**

11 (소수)÷(자연수) (1)

58쪽

1. (위에서부터)5.8, $\dfrac{1}{10}$ / $\dfrac{1}{10}$, 5.8

2. (위에서부터)16.79, $\dfrac{1}{100}$ / $\dfrac{1}{100}$, 16.79

3. 234, 2.34 / 2.34

59쪽

1. 14.4, 4, 3.6 　　　　　　　답 3.6 L
2. 도막 수 / 10.08÷8, 1.26 　　　답 1.26 m
3. 예 (한 명에게 나누어 줄 수 있는 귤의 무게)
　　　=(전체 귤의 무게)÷(사람 수)
　　　=19.81÷7=2.83 (kg) 　　답 2.83 kg

60쪽

1. 5, 3.27 / 6, 4.27 / 3.27, <, 4.27, 파란색
　　　　　　　　　　　답 파란색 테이프
2. 8.37÷3, 2.79 / 4.28÷2, 2.14 / 2.79, >, 2.14,
　노란색 　　　　　　　답 노란색 실
3. 예 (병 한 개에 담은 흰 우유의 양)
　　　=8.4÷2=4.2 (L)
　(병 한 개에 담은 초코 우유의 양)
　=17.6÷4=4.4 (L)
　따라서 4.2 L<4.4 L이므로 병 한 개에 초코 우유를
　더 많이 담았습니다. 　　답 초코 우유

61쪽

1. 21.5, 5, 4.3 　　　　　　답 4.3 cm
2. 3.24, 3, 9.72 / 둘레, 9.72, 4, 2.43
　　　　　　　　　　　답 2.43 cm
3. 6.71, 4, 10.71, 2, 21.42 / 둘레, 21.42÷3, 7.14
　　　　　　　　　　　답 7.14 cm

62쪽

1. 3, 9 / 52.2, 9, 5.8 　　　　답 5.8 cm
2. 4×2, 8 / 모서리, 49.04÷8, 6.13
　　　　　　　　　　　답 6.13 cm
3. 예 (사각기둥의 모서리의 수)=4×3=12(개)
　　(사각기둥의 한 모서리의 길이)
　　　=(모든 모서리의 길이의 합)÷(모서리의 수)
　　　=39.12÷12=3.26 (cm) 　　답 3.26 cm

63쪽

1. 8.7, 8.7 / 8, 9, 2 　　　　　답 2개
2. 2.45, 2.45 / 1, 2, 3, 4 / 4 　　답 4개
3. 예 13.14÷9=1.46이므로 1.46>1.4□입니다.
　　따라서 □ 안에 들어갈 수 있는 수는 1, 2, 3, 4,
　5로 모두 5개입니다. 　　　답 5개

12 (소수)÷(자연수) (2)

64쪽

1. (위에서부터)0.8, $\dfrac{1}{10}$ / $\dfrac{1}{10}$, 0.8

2. (위에서부터)1.82, $\dfrac{1}{100}$ / $\dfrac{1}{100}$, 1.82

3. (위에서부터)2.04, $\dfrac{1}{100}$ / $\dfrac{1}{100}$, $\dfrac{1}{100}$, 2.04

65쪽

1. 8.7, 6, 1.45 　　　　　　답 1.45 m^2
2. 5, 47.6÷5, 9.52 　　　　　답 9.52 m^2
3. 예 (색칠한 부분의 넓이)=(전체 넓이)÷8
　　　　　=34.8÷8=4.35 (m^2)
　　　　　　　　　　　답 4.35 m^2

1. 12.2, 4, 3.05   답 3.05 L
2. 상자 수 / 70.1÷5, 14.02   답 14.02 kg
3. 예 (병 한 개에 담은 설탕의 무게)
   =(전체 설탕의 무게)÷(병 수)
   =24.3÷6=4.05 (kg)   답 4.05 kg

1. 3.36, 4, 0.84 / 0.84, 3, 0.28   답 0.28 m
2. 2.55÷3, 0.85 / 0.85÷5, 0.17
   답 0.17 m
3. 예 (정사각형 한 개의 둘레)
   =(전체 철사의 길이)÷(정사각형의 수)
   =3.12÷6=0.52 (m)
   (정사각형의 한 변의 길이)=0.52÷4=0.13 (m)
   답 0.13 m

1. 2.88, 6, 0.48   답 0.48 kg
2. 전체 / 3.24÷9, 0.36   답 0.36 g
3. 1.5, 6, 0.25 / 전체 키위의 무게, 1.4, 5, 0.28
   / 0.25, <, 0.28, 키위   답 키위

1. 0.7, 1.2, 1.1, 0.85, 0.43, 4.28
   / 날수, 4.28, 5, 0.856   답 0.856 L
2. 1.37+1.14+0.8+1+0.95+1.2+1.1 / 7.56
   / 일주일, 날수, 7.56÷7, 1.08
   답 1.08 L

13 (자연수)÷(자연수)의 몫을 소수로 나타내기

1. (위에서부터)3.2, $\frac{1}{10}$ / $\frac{1}{10}$, 3.2
2. 25, 2.5 / 2.5
3. 48, 0.48 / 0.48

1. 84 / 273, 84, 3.25   답 3.25 m
2. 67 / 걸린 시간, 67÷5, 13.4   답 13.4분
3. 예 5분 15초=315초
   (수찬이가 1초 동안 달린 거리)
   =(달린 거리)÷(걸린 시간)
   =882÷315=2.8 (m)   답 2.8 m

1. 9, 4, 5 / 5, 4, 1.25   답 1.25배
2. 27, 6, 21 / 21÷6, 3.5   답 3.5배
3. 예 (남아 있는 물의 양)
   =(전체 물의 양)-(사용한 물의 양)
   =18-5=13 (L)
   따라서 남아 있는 물의 양은 사용한 물의 양의
   13÷5=2.6(배)입니다.   답 2.6배

1. 4, 25, 0.16 / 0.16, 7, 1.12   답 1.12 cm
2. 무게, 길이, 91÷28, 3.25 / 3.25×8, 26
   답 26 kg
3. 예 =126÷12=10.5 (km)
   (휘발유 22 L로 갈 수 있는 거리)
   =10.5×22=231 (km)   답 231 km

1. 3.25, 9.5, 3.25, 9.5 / 4, 5, 6, 7, 8, 9 / 6

    답 6개

2. 3.2, 7.75, 3.2, 7.75 / 4, 5, 6, 7 / 4 　답 4개

3. 예 $114÷12＝9.5$, $177÷15＝11.8$이므로

   $9.5<□<11.8$입니다.

   따라서 □ 안에 들어갈 수 있는 자연수는 10, 11로

   모두 2개입니다. 　　　　　　　　　답 2개

14 소수의 나눗셈 활용 (1)

1. 2, 2, 24.6 / 24.6, 12, 2.05 　　　답 2.05

2. ■×5, 61.5, 61.5÷5, 12.3

   / 15, 12.3÷15, 0.82 　　　　　　답 0.82

3. 예 어떤 수를 ■라 하면 $■×6＝43.2$이므로

   $■＝43.2÷6＝7.2$입니다.

   따라서 어떤 수를 16으로 나누면

   $7.2÷16＝0.45$입니다. 　　　　답 0.45

1. 7, 69.58, 69.58, 7, 9.94 / 9.94, 7, 1.42

    답 1.42

2. ■×4, 10.4 / 10.4÷4, 2.6 / 2.6÷4, 0.65

    답 0.65

3. 예 어떤 수를 ■라 하고 잘못 계산한 식을 쓰면

   $■×8＝54.4$이므로 $■＝54.4÷8＝6.8$입니다.

   따라서 바르게 계산하면 $6.8÷8＝0.85$입니다.

    답 0.85

1. 81, 5, 16.2 / 16.2, 2, 8.1 　　　답 8.1 kg

2. 7÷5, 1.4 / 1.4÷4, 0.35 　　　답 0.35 kg

3. 예 (포도 한 상자의 무게)

   ＝(포도 8상자의 무게)÷(상자 수)

   ＝$12÷8＝1.5$ (kg)

   (포도 한 송이의 무게)

   ＝(포도 한 상자의 무게)÷(포도 수)

   ＝$1.5÷6＝0.25$ (kg) 　　　답 0.25 kg

1. 6, 5, 2 / 6, 5, 2, 3.25 　　　　답 3.25

2. 1, 3, 6, 8 / 1.36÷8＝0.17 　　답 0.17

3. 예 몫이 가장 크려면 가장 큰 수를 가장 작은 수로

   나누어야 합니다.

   $6>5>4>2$이므로 몫이 가장 큰 나눗셈식을 만들

   었을 때의 몫은 $6.54÷2＝3.27$입니다.

    답 3.27

15 소수의 나눗셈 활용 (2)

1. 14, 8, 1.75 　　　　　　　　　답 1.75분

2. 느려진 시간 / 15.3÷5, 3.06 　답 3.06분

3. 14

   / 예 (하루에 빨라지는 시간)

   ＝(빨라진 시간)÷(날수)

   ＝$17.5÷14＝1.25$(분) 　　답 1.25분

4. 예 3주일＝21일

   (하루에 느려지는 시간)＝(느려진 시간)÷(날수)

   ＝$43.05÷21$

   ＝2.05(분)

    답 2.05분

1. 54.54, 3, 18.18 / 18.18, 6, 3.03　　　답 3.03 kg
2. 84÷3, 28 / 28÷8, 3.5　　　답 3.5 kg

1. 536, 120, 416 / 416, 41.6　　　답 41.6 g
2. 342−80, 262 / 262÷5, 52.4　　　답 52.4 g
3. 1575−115, 1460 / 1460÷8, 182.5
　 / 182.5, 115, 297.5　　　답 297.5 g

1. 5.2, 5, 1.04 / 13.45, 10, 1.345 / 1.04, 1.345,
　 2.385 / 2.385, 7.155　　　답 7.155 L
2. 12.6÷7=1.8 (L)
　 / 예 (나 수도에서 1분 동안 나오는 물의 양)
　　　 =16.4÷8=2.05 (L)
　 (가와 나 수도에서 1분 동안 나오는 물의 양)
　　 =1.8+2.05=3.85 (L)
　 따라서 두 수도를 동시에 틀어 3분 동안 수조에 받은
　 물은 3.85×3=11.55 (L)입니다.　　　답 11.55 L

1. 5, 4 / 28.24, 4, 7.06　　　답 7.06 m
2. 6, 5 / 54.3÷5, 10.86　　　답 10.86 m
3. 예 (꽃 사이의 간격 수)=(꽃의 수)−1
　　　　　　　　　=6−1=5(군데)
　 (꽃 사이의 간격)
　 =(전체 길의 길이)÷(꽃 사이의 간격의 수)
　 =9.2÷5=1.84 (m)　　　답 1.84 m

---

1. 1.4 m　　　　2. 4.73 cm
3. 0.16 m　　　 4. 36.2초
5. 0.8　　　　　6. 3.5분
7. 0.75 kg

1. (사용한 리본의 길이)
　 =(전체 리본의 길이)÷(도막 수)
　 =8.4÷6=1.4 (m)
2. (삼각뿔의 모서리의 수)=6개
　 (삼각뿔의 한 모서리의 길이)
　 =(전체 모서리의 길이의 합)÷(모서리의 수)
　 =28.38÷6=4.73 (cm)
3. (정육각형 1개의 둘레)
　 =(전체 철사의 길이)÷(정육각형의 수)
　 =2.88÷3=0.96 (m)
　 (정육각형의 한 변의 길이)=(둘레)÷(변의 수)
　　　　　　　　=0.96÷6=0.16 (m)
4. 3분 1초=181초
　 (공원을 한 바퀴 도는 데 걸린 시간)
　 =(걸린 시간)÷(돈 바퀴 수)
　 =181÷5=36.2(초)
5. 어떤 수를 □라 하고 잘못 계산한 식을 쓰면
　 □×9=64.8이므로 □=64.8÷9=7.2입니다.
　 따라서 바르게 계산하면 7.2÷9=0.8입니다.
6. (하루에 빨라지는 시간)=(빨라진 시간)÷(날수)
　　　　　　　　=21÷6=3.5(분)
7. (망고 한 상자의 무게)
　 =(전체 상자의 무게)÷(상자 수)
　 =18÷4=4.5 (kg)
　 (망고 한 개의 무게)
　 =(망고 한 상자의 무게)÷(망고 수)
　 =4.5÷6=0.75 (kg)

16 비 알아보기

86쪽

1. 초콜릿 / 2, 5
2. 수박, 파인애플 / 4, 3
3. 흰, 검은 / 5, 6

87쪽

1. 5000, 8000   답 5000 : 8000
2. 승용차 수, 버스 수 / 8, 3   답 8 : 3
3. 설탕 컵 수, 밀가루 컵 수 / 4 : 7   답 4 : 7
4. 예 국화 수와 장미 수의 비
   ➡ (국화 수) : (장미 수)=14 : 20   답 14 : 20

88쪽

1. 3, 4, 7 / 남학생 수, 전체 학생 수 / 3, 7   답 3 : 7
2. 13, 12, 25 / 여학생 수, 전체 학생 수 / 12 : 25   답 12 : 25
3. 예 (판매한 모자와 부채 수)=250+241=491(개)
   판매한 모자와 부채 수에 대한 부채 수의 비
   ➡ (부채 수) : (모자와 부채 수)=241 : 491   답 241 : 491

89쪽

1. 50, 30, 20 / 전체, 오이 / 50, 20   답 50 : 20
2. 달린, 100, 57, 43 / 도착점까지 남은, 달린 / 43 : 57   답 43 : 57

17 비율 알아보기

90쪽

1.

(비율)=(비교하는 양)÷(기준량)=$\dfrac{비교하는 양}{기준량}$

/ 2, 7, $\dfrac{2}{7}$

2. 6, 5 / 6, 5, $\dfrac{6}{5}$ / 12, 1.2
3. 13, 20, $\dfrac{13}{20}$ / 11, 20, $\dfrac{11}{20}$ / $\dfrac{13}{20}$, >, $\dfrac{11}{20}$, ㉠

91쪽

1. 80, 200 / $\dfrac{80}{200}$, $\dfrac{2}{5}$ / $\dfrac{80}{200}$, 4, 0.4

     답 분수: $\dfrac{2}{5}$, 소수: 0.4

2. 13, 25 / $\dfrac{13}{25}$, $\dfrac{13}{25}$, 52, 0.52

     답 분수: $\dfrac{13}{25}$, 소수: 0.52

3. 예 남자 수에 대한 여자 수의 비율은 7 : 10입니다.

따라서 비율을 분수로 나타내면 $\dfrac{7}{10}$이고,

소수로 나타내면 $\dfrac{7}{10}$=0.7입니다.

     답 분수: $\dfrac{7}{10}$, 소수: 0.7

92쪽

1. 20, 9, 11 / (위에서부터)남은, 전체 / $\dfrac{11}{20}$, 55, 0.55

     답 0.55

2. 남은, 전체, 42, 23, 19 / 전체 귤 상자 수, $\dfrac{19}{42}$

     답 $\dfrac{19}{42}$

3. 예 (틀린 문제 수)=(전체 문제 수)−(맞힌 문제 수)
   =25−20=5(문제)
   (전체 문제 수에 대한 틀린 문제 수의 비율)
   $=\dfrac{(틀린 문제 수)}{(전체 문제 수)}=\dfrac{5}{25}=\dfrac{1}{5}=\dfrac{2}{10}=0.2$

     답 0.2

93쪽

1. $150, 45 / \dfrac{45}{150}, 3, 0.3$

   $/ 120, 30 / \dfrac{30}{120}, 25, 0.25$

   $/ 0.3, >, 0.25$, 준기   답 준기

2. $\dfrac{6}{30}, 2, 0.2 / \dfrac{62}{200}, 31, 0.31 / 0.2, <, 0.31$, 민수

   답 민수

94쪽

1. $\dfrac{56}{400}, 14, 0.14 / \dfrac{70}{560}, 125, 0.125$

   $/ 0.14, >, 0.125$, 소망

   답 소망 마을

2. 예 행복 마을은 $\dfrac{3088}{4} = 772$이고,

   사랑 마을은 $\dfrac{2280}{3} = 760$입니다.

   따라서 $772 > 760$이므로 인구가 더 밀집한 곳은 행복 마을입니다.   답 행복 마을

95쪽

1. 간 거리, $\dfrac{280}{4}, 70 / 70$ 답 70 km

2. $\dfrac{(이동\ 거리)}{(휘발유량)}, \dfrac{520}{13}, 40 / 40$ 답 40 L

3. 예 (걸린 시간에 대한 간 거리의 비율)

   $= \dfrac{(간\ 거리)}{(걸린\ 시간)} = \dfrac{330}{5} = 66$

   따라서 1시간 동안 간 거리는 66 km입니다.

   답 66 km

96쪽

1. 방법 1 $100 / 35, 35$

   방법 2 $100, 35$

2. $100, 153 / 153$

3. $2, 5, \dfrac{2}{5}, \dfrac{2}{5}\ 100, 40 / 40$

97쪽

1. $\dfrac{45}{50}, 100, 90$ 답 90 %

2. 맞힌 문제 수, $100 / \dfrac{21}{25}, 100, 84$ 답 84 %

3. 예 (참가한 전체 학생 수에 대한 완주한 학생 수의 비율)

   $= \dfrac{(완주한\ 학생\ 수)}{(전체\ 학생\ 수)} = \dfrac{160}{200} \times 100 = 80\ (\%)$

   답 80 %

98쪽

1. $23, 27, 50 / 100, \dfrac{27}{50}, 100, 54$ 답 54 %

2. $17+3, 20 / 전체, 100 / \dfrac{3}{20} \times 100, 15$ 답 15 %

3. 예 (전체 구슬 수) $= 16+9 = 25$(개)

   (전체 구슬 수에 대한 노란색 구슬 수의 비율)

   $= \dfrac{(노란색\ 구슬\ 수)}{(전체\ 구슬\ 수)} \times 100 = \dfrac{9}{25} \times 100 = 36\ (\%)$

   답 36 %

99쪽

1. $100 / \dfrac{30}{200}, 100, 15$ 답 15 %

2. $1\,kg = \boxed{1000}\ g$

   / (위에서부터)설탕, 설탕물, 100

   $/ \dfrac{350}{1000} \times 100, 35$ 답 35 %

3. 예 (소금물의 진하기) $= \dfrac{(소금의양)}{(소금물의양)} \times 100$

   $= \dfrac{60}{240} \times 100 = 25\ (\%)$

   답 25 %

100쪽

1. 불량품, 100 / $\dfrac{6}{200}$, 100, 3   답 3 %

2. $\dfrac{5}{250}$, 100, 2 / $\dfrac{9}{300}$, 100, 3 / 2, <, 3, ㉯

답 ㉯ 공장

101쪽

1. 현수, 100 / $\dfrac{8}{32}$, 100, 25   답 25 %

2. 12, 11, 2, 25 / 민서, 100, $\dfrac{12}{25}\times100$, 48

/ 지효, 100, $\dfrac{11}{25}\times100$, 44

답 민서: 48 %, 지효: 44 %

102쪽

1. 5000, 3500, 1500 / 100, $\dfrac{1500}{5000}$, 100, 30

답 30 %

2. $\dfrac{360}{1800}$, 100, 20 / $\dfrac{240}{1600}$, 100, 15

/ $\dfrac{600}{2000}$, 100, 30 / 다

답 다 마트

103쪽

1. 30000, 1500 / 100, 1500, 100, 5   답 5 %

2. 2800, 100, 4 / $\dfrac{1500}{50000}$, 100, 3 / 4, >, 3, 사랑

답 사랑 은행

1. 13 : 29   2. $\dfrac{3}{10}$, 0.3

3. 0.2   4. 민휘

5. 60 %   6. 75 %

7. 20 %

1. (전체 학생 수)＝13＋16＝29(명)

남학생 수의 전체 학생 수에 대한 비

➡ 13 : 29

2. 3 : 10 ➡ $\dfrac{3}{10}$＝0.3

3. (틀린 문제 수)＝30－24＝6(문제)

(전체 문제 수에 대한 틀린 문제 수의 비율)

＝$\dfrac{(틀린\ 문제\ 수)}{(전체\ 문제\ 수)}$＝$\dfrac{6}{30}$＝$\dfrac{2}{10}$＝0.2

4. (민휘의 타율)＝$\dfrac{66}{200}\times100$＝33 (%)

(정은이의 타율)＝$\dfrac{42}{150}\times100$＝28 (%)

따라서 33 %＞28 %이므로 민휘의 타율이 더 높습니다.

5. (전체 피자빵 수에 대한 팔린 피자빵 수의 비율)

＝$\dfrac{(팔린\ 피자빵\ 수)}{(전체\ 피자빵\ 수)}\times100$＝$\dfrac{15}{25}\times100$＝60 (%)

6. (종민이의 득표율)＝$\dfrac{21}{28}\times100$＝75 (%)

7. (할인 금액)＝12000－9600＝2400(원)

(책의 할인율)＝$\dfrac{2400}{12000}\times100$＝20 (%)

1. 7, 4, 3, 6 / $\dfrac{6}{20}$, 30　　답 30 %

2. 예 (띠그래프에서 딸기 주스의 길이)

$$=30-(9+6+3)=12 \text{ (cm)}$$

(딸기 주스를 좋아하는 학생의 백분율)

$$=\dfrac{12}{30}\times100=40 \text{ (\%)}$$　　답 40 %

다섯째 마당 여러 가지 그래프

21 띠그래프

1. 40 / 25, 40, 10　　답 10명

2. 12 / $300\times\dfrac{12}{100}$, 36　　답 36명

3. 예 20 %를 분수로 나타내면 $\dfrac{20}{100}$입니다.

(장구를 좋아하는 학생 수)=(전체 학생 수)×(비율)

$$=90\times\dfrac{20}{100}=18(명)$$

답 18명

1. 25, 25, 25 / 120, 25, 30　　답 30명

2. 40, 40, $\dfrac{40}{100}$ / $130\times\dfrac{40}{100}$, 52　　답 52 m^2

1. 100 / 100, 40, 15, 10, 5, 30 / 500, 30, 150

답 150명

2. 100, 25+20+15+10, 30 / $800\times\dfrac{30}{100}$, 240

답 240명

1. 은행, 40 / 은행나무 / 20, 40, 8　　답 8 cm

2. 바이킹, 50 / 바이킹, $30\times\dfrac{50}{100}$, 15　　답 15 cm

1. 35, 25 / 20000, 35, 7000 / 20000, $\dfrac{25}{100}$, 5000

/ 7000, 5000, 2000　　답 2000원

2. 30, 25

/ 예 (교육비)=$200만\times\dfrac{30}{100}=60만$ (원)

(식품비)=$200만\times\dfrac{25}{100}=50만$ (원)

따라서 60만－50만＝10만 (원) 더 많습니다.

답 10만 원

112쪽

1. 40, 25, 15, 20 / 40, 20, 2 **답** 2배
2. 100, 35＋25＋10, 30

   / 캐나다, 스위스, 30÷10, 3 **답** 3배

113쪽

1. 25, 25, 4, 100 / 4, 35, 4, 140 **답** 140명
2. 20, 20, 5, 100 / 플라스틱, 5, 82×5, 410

   답 410 kg

114쪽

1. 5, 25, 25, 5, 5 / 5, 5, 60 **답** 60명
2. 40÷10, 4 / 팽이치기, 4 / 20×4, 80

   답 80명

115쪽

1. 25, 15, 25, 15, 40 / 400, 40, 160 **답** 160명
2. **예** 닭강정의 비율은 40 %이고, 불고기의 비율은

   15 %이므로 닭강정과 불고기를 좋아하는 학생 수

   의 비율은 40＋15＝55 (%)입니다.

   (닭강정과 불고기를 좋아하는 학생 수)

   $=1500 \times \dfrac{55}{100}=825$(명) **답** 825명

116쪽

1. 500, 25, 125 / 450, 30, 135 / 2, 135, 125, 10

   답 2반, 10권

2. $360 \times \dfrac{30}{100}$, 108 / $320 \times \dfrac{30}{100}$, 96

   / 5, 108－96, 12 **답** 5학년, 12명

117쪽

1. 600, 10 / 600, 10, 60 / 30 / 60, 30, 18

   답 18 kg

2. 2000, 15 / $2000 \times \dfrac{15}{100}$, 300 / 40

   / $300 \times \dfrac{40}{100}$, 120 **답** 120명

1. 210 kg 　2. 12명
3. 40 % 　4. 140명
5. 2반, 2명

1. (플라스틱 배출량)＝(전체 배출량)×(비율)

   $$=600 \times \dfrac{35}{100}=210 \text{ (kg)}$$

2. (축구를 좋아하는 학생 수)$=80 \times \dfrac{45}{100}=36$(명)

   (야구를 좋아하는 학생 수)$=80 \times \dfrac{30}{100}=24$(명)

   ➡ 36－24＝12(명) 더 많습니다.

3. (띠그래프에서 휴대 전화의 길이)

   ＝40－(12＋8＋4)＝16 (cm)

   (휴대 전화를 받고 싶어 하는 학생의 비율)

   $=\dfrac{16}{40} \times 100=40$ (%)

4. $400 \times \dfrac{35}{100}=140$(명)

5. (컴퓨터 수업을 신청한 1반 학생 수)

   $=30 \times \dfrac{40}{100}=12$(명)

   (컴퓨터 수업을 신청한 2반 학생 수)

   $=40 \times \dfrac{35}{100}=14$(명)

   ➡ 2반 학생이 14－12＝2(명) 더 많이 신청했습니다.

23 직육면체의 부피 (1)

120쪽

1. 4, 3, 4, 3, 2 / 4, 3, 2, 24 / 24
2. 3, 3, 3, 3, 3 / 3, 3, 3, 27 / 27
3. 2, 2, 2, 2, 2 / 2×2×2, 8
   / 예 정육면체의 부피는 8 m^{3}입니다.

121쪽

1. 5, 8, 7, 280   답 280 cm^3
2. 세로 / 3, 1.5, 0.8, 3.6   답 3.6 m^3
3. 높이 / 18, 4, 72   답 72 cm^3

122쪽

1. 6, 6, 6, 216   답 216 cm^3
2. 20, 20, 20, 8000   답 8000 cm^3
3. 정육면체는 모든 면이 ((정사각형), 직사각형)이므로
   가로, 세로, 높이가 모두 ((같습니다), 다릅니다).
   / 5, 5, 5 / 5, 5, 5, 125   답 125 cm^3

123쪽

1. 0.8 m = 80 cm
   / 높이, 80, 13, 10, 10400   답 10400 cm^3
2. 200 cm = 2 m
   / 세로, 2, 6, 0.4, 4.8   답 4.8 m^3
3. 70 cm = 0.7 m
   / 0.7, 0.7, 0.7, 0.343   답 0.343 m^3

124쪽

1. 3, 3, 3, 27 / 3, 6 / 6, 3, 3, 54 / 54, 27, 2
      답 2배
2. 4×4×4, 64 / 4×2, 8 / 8×8×8, 512
   / 512÷64, 8   답 8배

24 직육면체의 부피 (2)

125쪽

1. 높이 / 336, 7, 48   답 48 cm^2
2. 한 밑면의 넓이 / 한 밑면의 넓이, 396÷9, 44
      답 44 cm^2
3. 예 (직육면체의 부피)=(한 밑면의 넓이)×(높이)이므로
   (한 밑면의 넓이)=(직육면체의 부피)÷(높이)
   $$=420÷12=35 \ (cm^2)$$
      답 35 cm^2

126쪽

1. 3, 5, 105, 15, 105, 7 / 7   답 7 cm
2. 가로, 9, 8, 432, 72, 432, 6
   / 직육면체의 가로는 6 cm   답 6 cm
3. 예 직육면체의 높이를 ■ cm라 하면
   14×6×■=420, 84×■=420, ■=5입니다.
   따라서 직육면체의 높이는 5 cm입니다.
      답 5 cm

127쪽

1. 12, 2, 5, 120 / 3, 4, 120, 12, 120, 10 / 10
      답 10 cm
2. 10, 12, 2, 240 / 6, 5, 240, 30, 240, 8
   / 가 직육면체의 세로는 8 cm   답 8 cm

128쪽

1. 3 / 3, 3, 3, 27   답 27 cm^3
2. 5 / 부피, 한 모서리의 길이, 5×5×5, 125
      답 125 cm^3
3. 예 (만들 수 있는 가장 큰 정육면체의 한 모서리의 길이)
   $$=7 \ cm$$
   (만들 수 있는 가장 큰 정육면체의 부피)
   =(한 모서리의 길이)×(한 모서리의 길이)
   ×(한 모서리의 길이)
   $$=7×7×7=343 \ (cm^3)$$ 답 343 cm^3

1. 10, 8, 20, 1600 / 40, 8, 1600 / 320, 1600, 5

답 5 cm

2. $12 \times 5 \times 8$, 480 / $10 \times 8 \times$ (높이), 480
   / $80 \times$ (높이)$=480$, (높이)$=6$ (cm)

답 6 cm

25 직육면체의 겉넓이 (1)

130쪽

1. 방법1 2, 3, 3 / 8, 6, 12 / 26, 52
   방법2 2 / 16, 36, 52

2. 2, 2, 4, 24

131쪽

1. 4, 4, 16, 96　　　　　　답 96 cm^2

2. 6, 64×6, 384　　　　答 384 cm^2

3. 예 (정육면체의 겉넓이)
   $=$(한 모서리의 길이)$\times$(한 모서리의 길이)$\times 6$
   $=7 \times 7 \times 6 = 294$ (cm^2)　　答 294 cm^2

132쪽

1. 60, 12, 5 / 5, 5, 150　　　　답 150 cm^2

2. 모든 모서리, $84 \div 12$, 7 / 6, $7 \times 7 \times 6$, 294

답 294 cm^2

133쪽

1. 216, 6, 36 / 6, 6, 36, 6　　　　답 6 cm

2. 겉넓이, $486 \div 6$, 81
   / 9, 9, 81, 한 모서리의 길이는 9 cm　　답 9 cm

26 직육면체의 겉넓이 (2)

134쪽

1. 94, 47, 35, 5 / 5　　　　답 5 cm

2. $5 \times 7 + 5 \times \square + 7 \times \square$, 310
   / 35, 155, 120, 10
   / 직육면체의 높이는 10 cm

답 10 cm

135쪽

1. 7, 3, 21 / 142, 21, 142, 42, 100
   / 100, 7, 3, 100, 20, 5　　　　답 5

2. 5, 2, 10 / 160, 10, 160, 20, 140
   / 140, 2, 5, 140, 14, 10　　　　답 10

136쪽

1. 6, 6, 36, 2, 72 / 72　　　　답 72 cm^2

2. 4×4, 16, 2, 32 / 처음 떡의 겉넓이보다 32 cm^2

답 32 cm^2

137쪽

1. 8, 96, 24, 96, 4 / 4, 4, 2, 68, 2, 136

답 136 cm²

2. 2, 2, 2, 8, 2 / 6, 2, 2, 6, 24　　답 24 cm²

3. 280, 28, 280, 10

$/$ 예 $(10 \times 7 + 10 \times 4 + 7 \times 4) \times 2 = 138 \times 2$
$$= 276 \ (\text{cm}^2)$$

답 276 cm²

138쪽

1. 54, 6, 9 / 9, 3, 3 / 3, 3, 3, 27　　답 27 cm³

2. 384÷6, 64 / 64, 8, 8 / 8×8×8, 512

답 512 cm³

3. 예 (정육면체의 한 면의 넓이)=486÷6=81 (cm²)
정육면체의 한 모서리의 길이를 ■ cm라 하고
정육면체의 한 면의 넓이를 구하면 ■×■=81에서
■=9이므로 한 모서리의 길이는 9 cm입니다.
(정육면체의 부피)=9×9×9=729 (cm³)

답 729 cm³

139쪽

1. 3, 2, 82, 5, 41, 5, 35, 7 / 7, 3, 2, 42

답 42 cm³

2. 7, 7, 7, 2, 210, 14, 49, 105, 14, 56, 4
/ 7×4×7, 196　　답 196 cm³

3. 예 (□×6+□×5+6×5)×2=126,
□×11+30=63, □×11=33, □=3
(직육면체의 부피)=3×6×5=90 (cm³)

답 90 cm³

1. 630 cm³　　2. 45 cm²
3. 10 cm　　4. 10 cm
5. 384 cm²　　6. 7 cm
7. 158 cm²

2. 직육면체의 한 밑면의 넓이를 ■ cm²라 하면
(직육면체의 부피)=(가로)×(세로)×(높이)
　　　　　　　=(한 밑면의 넓이)×(높이)
　　　　　　　=■×12=540 (cm³)입니다.
따라서 ■=540÷12=45입니다.

3. (나 직육면체의 부피)=5×6×12=360 (cm³)
(가 직육면체의 부피)=6×(세로)×6=360 (cm³)
이므로 36×(세로)=360,
(세로)=360÷36=10 (cm)입니다.

4. 직육면체의 높이를 ■ cm라 하면
(직육면체의 겉넓이)=(6×3+6×■+3×■)×2
　　　　　　　　　=216 (cm²)이므로
(18+9×■)×2=216, 18+9×■=108,
9×■=90, ■=10입니다.
따라서 직육면체의 높이는 10 cm입니다.

5. (정육면체의 모든 모서리의 길이의 합)
　=(한 모서리의 길이)×12=96,
(한 모서리의 길이)=96÷12=8 (cm)이므로
(정육면체의 겉넓이)
　=(한 면의 넓이)×(면의 수)
　=8×8×6=384 (cm²)입니다.

6. (정육면체의 겉넓이)
　=(한 면의 넓이)×6=294 (cm²)이므로
(한 면의 넓이)=294÷6=49 (cm²)입니다.
7×7=49이므로 한 모서리의 길이는 7 cm입니다.

7. (직육면체의 부피)=(가로)×5×8=120 (cm³)이므
로 (가로)×40=120, (가로)=3 (cm)입니다.
따라서
(직육면체의 겉넓이)
　=(3×5+3×8+5×8)×2
　=79×2=158 (cm²)입니다.

1. $\dfrac{2}{3}$　　2. $\dfrac{1}{9}$

3. (1) $\dfrac{3}{20}$　(2) $\dfrac{11}{24}$　(3) $\dfrac{3}{4}$

4. 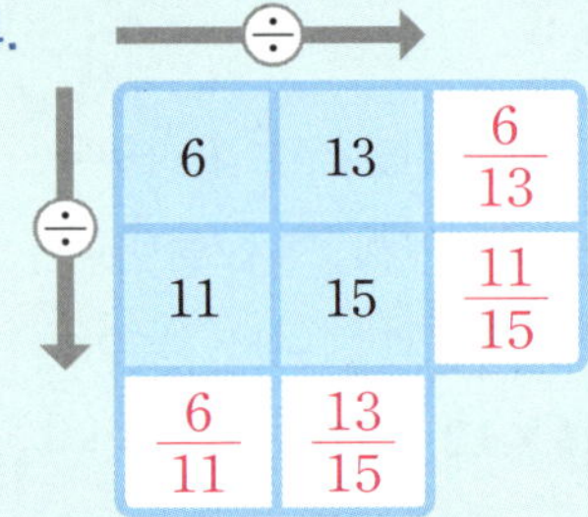

÷		
6	13	$\dfrac{6}{13}$
11	15	$\dfrac{11}{15}$
$\dfrac{6}{11}$	$\dfrac{13}{15}$	

5. (1) $>$　(2) $<$

6. 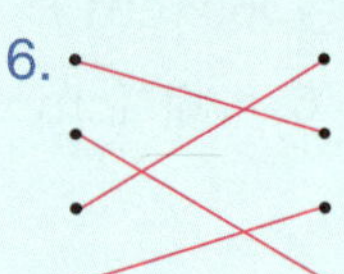

7. $\dfrac{1}{30}$

8. 지수

9. $1\dfrac{1}{6}$ cm

10. **풀이** **예** (정사각형 1개의 둘레)

$$=3\dfrac{2}{5} \div 2 = \dfrac{17}{5} \times \dfrac{1}{2} = \dfrac{17}{10} = 1\dfrac{7}{10}\ (\text{m})$$

(정사각형의 한 변의 길이)

$$=1\dfrac{7}{10} \div 4 = \dfrac{17}{10} \div 4 = \dfrac{17}{10} \times \dfrac{1}{4} = \dfrac{17}{40}\ (\text{m})$$

답 $\dfrac{17}{40}$ m

5. (1) $\dfrac{15}{4} \div 3 = 1\dfrac{1}{4}$, $\dfrac{12}{5} \div 2 = 1\dfrac{1}{5}$ ➡ $1\dfrac{1}{4} > 1\dfrac{1}{5}$

(2) $\dfrac{18}{7} \div 6 = \dfrac{3}{7}$, $\dfrac{8}{3} \div 4 = \dfrac{2}{3}$ ➡ $\dfrac{3}{7} < \dfrac{2}{3}$

7. 어떤 수를 □라고 하면 $□ \times 6 = 1\dfrac{1}{5}$입니다.

$$□ = 1\dfrac{1}{5} \div 6 = \dfrac{6}{5} \div 6 = \dfrac{6}{5} \times \dfrac{1}{6} = \dfrac{1}{5}$$

➡ $\dfrac{1}{5} \div 6 = \dfrac{1}{5} \times \dfrac{1}{6} = \dfrac{1}{30}$

8. 재석: $1\dfrac{3}{4} \div 7 = \dfrac{7}{4} \times \dfrac{1}{7} = \dfrac{1}{4}$ (L)

지수: $1\dfrac{3}{10} \div 5 = \dfrac{13}{10} \times \dfrac{1}{5} = \dfrac{13}{50}$ (L)　$\dfrac{1}{4} < \dfrac{13}{50}$

9. (다른 대각선의 길이)

$$=1\dfrac{3}{4} \times 2 \div 3 = \dfrac{7}{4} \times 2 \div 3 = \dfrac{7}{2} \div 3 = \dfrac{7}{2} \times \dfrac{1}{3}$$

$$=\dfrac{7}{6} = 1\dfrac{1}{6}\ (\text{cm})$$

---

1. (1) 나, 라, 바, 사　(2) 다, 마

2.

도형의 이름	오각기둥	오각뿔
밑면의 모양	오각형	오각형
옆면의 모양	직사각형	삼각형
꼭짓점의 수(개)	10	6
모서리의 수(개)	15	10

3. ㉢, ㉣, ㉡, ㉠　　　4. 48 cm

5. ㉢　　　6. 150 cm^2

7. 14 cm　　　8. 삼각기둥

9. 65 cm

10. **풀이** **예** 옆면의 가로는 밑면의 한 변의 길이와

같으므로 4 cm입니다.

(옆면 1개의 넓이)$=4 \times 6 = 24\ (\text{cm}^2)$이므로

(모든 옆면의 넓이의 합)

$$=24 \times 5 = 120\ (\text{cm}^2)\text{입니다.}$$

답 120 cm^2

3. ㉠ 12개, ㉡ 10개, ㉢ 4개, ㉣ 8개

➡ $\underset{㉢}{4} < \underset{㉣}{8} < \underset{㉡}{10} < \underset{㉠}{12}$

4. (사각기둥의 모서리의 수)$=4 \times 3 = 12$(개)

(모든 모서리의 길이의 합)$=4 \times 12 = 48\ (\text{cm})$

5. ㉠ 육각뿔, ㉡ 육각뿔, ㉢ 칠각뿔, ㉣ 육각뿔

6. 오각뿔의 옆면은 5개입니다.

(옆면 1개의 넓이)$=6 \times 10 \div 2 = 30\ (\text{cm}^2)$

(모든 옆면의 넓이의 합)$=30 \times 5 = 150\ (\text{cm}^2)$

7. (삼각뿔의 모서리의 수)$=3 \times 2 = 6$(개)

(한 모서리의 길이)$=84 \div 6 = 14\ (\text{cm})$

8. 각기둥의 한 밑면의 변의 수를 □라 하면 꼭짓점의

수는 ($□ \times 2$)개, 모서리의 수는 ($□ \times 3$)개입니다.

➡ 한 밑면의 변의 수가 3개이므로 삼각기둥입니다.

9. (한 밑면의 모서리의 길이의 합)$\times 2$

$+$(높이)$\times$(한 밑면의 변의 수)

$$=(3 \times 5) \times 2 + 7 \times 5 = 15 \times 2 + 30 = 65\ (\text{cm})$$

1. (1) 12, 1.2 (2) 5, 0.5
2. (1) 6.3 (2) 1.28 (3) 0.24 (4) 2.2
3. (선 잇기)
4. (1) $<$ (2) $=$ 5. ㉢
6. 6.5 L   7. 6.2
8. 4.25   9. 10.8 km
10. 풀이 ⑩ 기계 1대가 5시간 동안 만들 수 있는 사탕은 $70.2÷4=17.55$ (kg)입니다.

따라서 기계 1대가 1시간 동안 만들 수 있는 사탕은 $17.55÷5=3.51$ (kg)입니다.

답 3.51 kg

4. (1) $3.24÷3=1.08$, $6÷5=1.2$ ➡ $1.08<1.2$
   (2) $14.7÷7=2.1$, $18.9÷9=2.1$
5. ㉠ $16.08÷8=2.01$ ㉡ $6.12÷3=2.04$
   ㉢ $11÷5=2.2$ ㉣ $8.2÷4=2.05$
   ㉢ ㉣ ㉡ ㉠
   ➡ $2.2>2.05>2.04>2.01$
6. (벽 $1\,m^2$를 칠하는 데 사용한 페인트의 양)
   $=32.5÷5=6.5$ (L)
7. 어떤 소수를 □라고 하면 $□×6=73.2$이므로
   $□=73.2÷6=12.2$입니다.
   따라서 바르게 계산하면 $12.2-6=6.2$입니다.
8. 몫이 가장 작으려면 가장 작은 수를 가장 큰 수로 나누어야 합니다. $3<4<7<8$이므로 몫이 가장 작은 나눗셈식을 만들었을 때의 몫은 $34÷8=4.25$입니다.
9. 1시간=60분
   (버스가 1분 동안 이동하는 거리)
   $=54÷60=0.9$ (km)
   (버스가 12분 동안 이동하는 거리)
   $=0.9×12=10.8$ (km)

1. (1) 3, 4 (2) 5, 2   2. (선 잇기)
3. $\dfrac{5}{8}$ 4. 0.45
5. ㉡   6. 72 %
7. 하은   8. 44 %
9. 신발
10. 풀이 ⑩ 전체 과일 수에 대한 사과 수의 비율은 $100-25=75$ %입니다.

$75\% ➡ \dfrac{75}{100}=\dfrac{3}{4}=\dfrac{15}{20}$이므로 사과는 15개입니다.

답 15개

3. (남은 피자 조각 수)$=8-3=5$(조각)
   전체 피자 조각 수에 대한 남은 피자 조각 수의 비
   ➡ $5:8$ ➡ $\dfrac{5}{8}$
4. (전체 학생 수)$=9+11=20$(명)
   전체 학생 수에 대한 남학생 수의 비
   ➡ $9:20$ ➡ $\dfrac{9}{20}=\dfrac{45}{100}=0.45$
5. ㉠ 15% ➡ 0.15, ㉡ $\dfrac{4}{25}=\dfrac{16}{100}=0.16$
   $0.15<0.16$이므로 더 높은 것은 ㉡입니다.
6. (전체 던진 횟수에 대한 성공한 횟수의 비율)
   $=\dfrac{18}{25}×100=72$ (%)
7. 달린 시간에 대한 달린 거리의 비율을 비교해 봅니다.
   하은: $\dfrac{960}{6}=160$, 연하: $\dfrac{1160}{8}=145$
   따라서 더 빨리 달리는 사람은 하은입니다.
8. (다영이의 득표율)$=\dfrac{11}{25}×100=44$ (%)
9. (신발의 할인 금액)$=50000-38000=12000$(원)
   (신발의 할인율)$=\dfrac{12000}{50000}×100=24$ (%)
   (가방의 할인 금액)$=40000-31200=8800$(원)
   (가방의 할인율)$=\dfrac{8800}{40000}×100=22$ (%)
   따라서 할인율이 더 높은 상품은 신발입니다.

1. 500, 40, 200
2. 300, 15, 45
3. 30 %
4. 75명
5. 6명
6. 128, 80, 48, 64
7. 200 kg
8. 30 %
9. 320명
10. 풀이 ⓔ 놀이공원의 비율은 50 %입니다.
    (놀이공원에 가고 싶어 하는 학생 수)
    $$=320 \times \frac{50}{100} = 160(명)$$
    답 160명

[3~4] 지하철을 이용하는 사람 수의 비율은
$$100-(40+15+10+5)=30 (\%)이므로$$
$$250 \times \frac{30}{100} = 75(명)입니다.$$

5. (물김치를 좋아하는 학생 수) $= 120 \times \frac{20}{100} = 24(명)$
(깍두기를 좋아하는 학생 수)
$$=120 \times \frac{15}{100} = 18(명)$$
➡ $24-18=6(명)$ 더 많습니다.

7. 1월의 플라스틱 배출량의 비율은 30 %이고,
30 %의 $\frac{10}{3}$배가 100 %이므로 1월의 쓰레기 배출
량은 $\overset{8}{24} \times \frac{10}{\underset{1}{3}} = 80 (kg)$입니다.
2월은 플라스틱 배출량의 비율은 20 %이고,
20 %의 5배가 100 %이므로 2월의 쓰레기 배출량
은 $24 \times 5 = 120 (kg)$입니다.
➡ $80+120=200 (kg)$

8. (크림빵의 길이) $= 40-(14+8+6)=12 (cm)$
➡ (크림빵의 비율) $= \frac{12}{40} \times 100 = 30 (\%)$

9. 과학관의 비율은 20 %이고, 20 %의 5배가 100 %
이므로 전체 학생은 $64 \times 5 = 320(명)$입니다.

1. 5, 3, 4, 60
2. 6 / 3, 3, 6, 54
3. 162 cm^2
4. 다
5. 294 cm^2
6. 4 cm
7. 10.24 / 10240000
8. 512 cm^3
9. 200 cm^3
10. 풀이 ⓔ 직육면체의 세로를 □ cm라 하면
    $$(6 \times □ + 6 \times 9 + □ \times 9) \times 2 = 168,$$
    $$15 \times □ + 54 = 84, \ 15 \times □ = 30, \ □ = 2이므로$$
    직육면체의 세로는 2 cm입니다.
    답 2 cm

3. (겉넓이) $=(6 \times 3) \times 2 + (3+6+3+6) \times 7$
$$=18 \times 2 + 126 = 162 (cm^2)$$

4. (가의 부피) $=3 \times 5 \times 8 = 120 (cm^3)$
(나의 부피) $=6 \times 2 \times 10 = 120 (cm^3)$
(다의 부피) $=5 \times 5 \times 5 = 125 (cm^3)$

5. (한 모서리의 길이) $=84 \div 12 = 7 (cm)$
(겉넓이) $=7 \times 7 \times 6 = 294 (cm^2)$

6. 직육면체의 높이를 □ cm라 하면 $7 \times 6 \times □ = 168$
입니다. $42 \times □ = 168, \ □ = 4$

7. 160 cm = 1.6 m
(부피) $=3.2 \times 2 \times 1.6 = 10.24 (m^3)$
➡ $10.24 m^3 = 10240000 cm^3$

8. (한 면의 넓이) $=384 \div 6 = 64 (cm^2)$
$8 \times 8 = 64$이므로 한 모서리의 길이는 8 cm입니다.
➡ (부피) $=8 \times 8 \times 8 = 512 (cm^3)$

9.
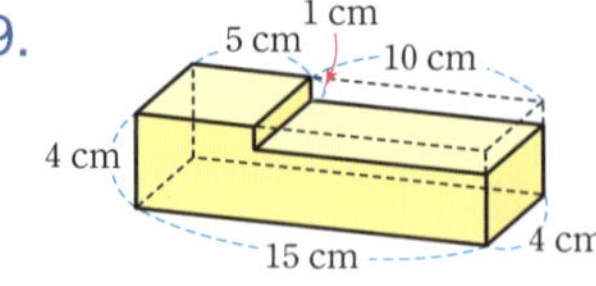

(부피)
$$=15 \times 4 \times 4 - 10 \times 4 \times 1$$
$$=240-40=200 (cm^3)$$

[1~2] 그림을 보고 ☐ 안에 알맞은 분수를 써넣으세요.

1.

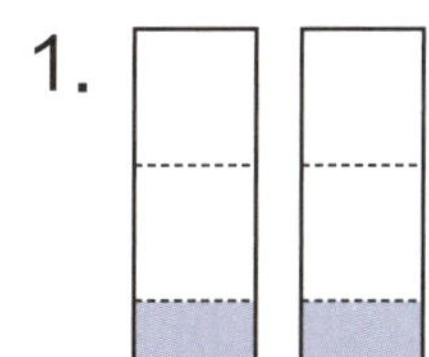

$2 \div 3 = \boxed{}$

2.

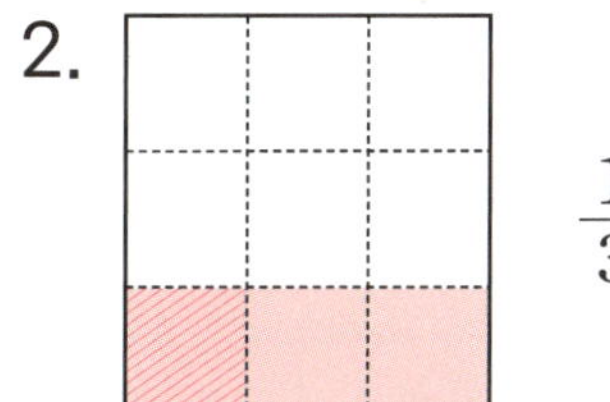

$\dfrac{1}{3} \div 3 = \boxed{}$

3. 계산해 보세요.

(1) $\dfrac{9}{10} \div 6$

(2) $\dfrac{11}{6} \div 4$

(3) $2\dfrac{1}{4} \div 3$

4. 빈칸에 알맞은 분수를 써넣으세요.

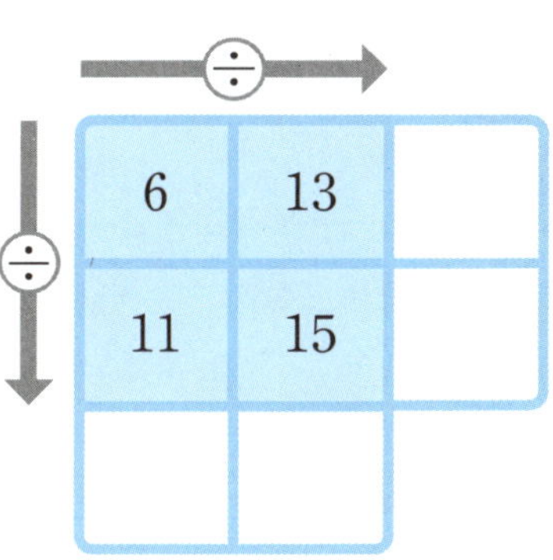

5. 몫의 크기를 비교하여 ◯ 안에 $>, =, <$ 중 알맞은 것을 써넣으세요.

(1) $\dfrac{15}{4} \div 3 \bigcirc \dfrac{12}{5} \div 2$

(2) $\dfrac{18}{7} \div 6 \bigcirc \dfrac{8}{3} \div 4$

6. 나눗셈의 몫을 찾아 이어 보세요.

$4\frac{4}{5} \div 4$ ·　　　· $\frac{4}{9}$

$3\frac{3}{7} \div 6$ ·　　　· $1\frac{1}{5}$

$2\frac{2}{9} \div 5$ ·　　　· $1\frac{7}{8}$

$5\frac{5}{8} \div 3$ ·　　　· $\frac{4}{7}$

7. 어떤 분수를 6으로 나누어야 할 것을 잘못 하여 곱했더니 $1\frac{1}{5}$이 되었습니다. 바르게 계산하면 얼마인지 구하세요.

(　　　　　　　　)

8. 재석이는 우유 $1\frac{3}{4}$ L를 7일 동안 매일 똑같이 나누어 마셨고, 지수는 우유 $1\frac{3}{10}$ L를 5일 동안 매일 똑같이 나누어 마셨습니다. 하루에 우유를 더 많이 마신 사람은 누구인지 구하세요.

(　　　　　　　　)

9. 넓이가 $1\frac{3}{4}$ cm²이 마름모가 있습니다. 이 마름모의 한 대각선의 길이가 3 cm일 때, 다른 대각선의 길이는 몇 cm인지 구하세요.

(　　　　　　　　)

10. 철사 $3\frac{2}{5}$ m를 겹치지 않게 모두 사용하여 크기가 똑같은 정사각형 2개를 만들었습니다. 만든 정사각형의 한 변의 길이는 몇 m인지 풀이 과정을 쓰고, 답을 구하세요.

풀이

답

점수　　　/ 100

한 문제당 10점

1. 도형을 보고 물음에 답하세요.

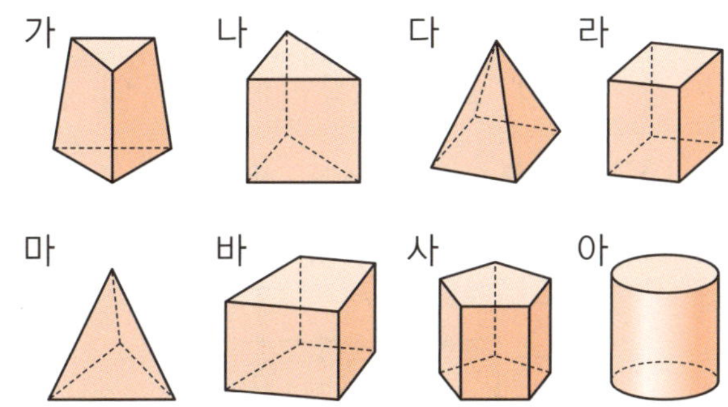

(1) 각기둥을 모두 찾아 기호를 쓰세요.

(　　　　　)

(2) 각뿔을 모두 찾아 기호를 쓰세요.

(　　　　　)

2. 도형을 보고 빈칸에 알맞은 말이나 수를 써넣으세요.

도형		
도형의 이름		
밑면의 모양		
옆면의 모양		
꼭짓점의 수(개)		
모서리의 수(개)		

3. 수가 작은 것부터 차례대로 기호를 쓰세요.

ㄱ 육각기둥의 꼭짓점의 수

ㄴ 오각뿔의 모서리의 수

ㄷ 사각기둥의 옆면의 수

ㄹ 칠각뿔의 꼭짓점의 수

(　　　　　)

4. 밑면과 옆면의 모양이 모두 정사각형이고, 한 모서리의 길이가 4 cm인 사각기둥이 있습니다. 이 사각기둥의 모든 모서리의 길이의 합은 몇 cm일까요?

(　　　　　)

5. 설명하는 도형이 다른 것을 찾아 기호를 쓰세요.

ㄱ 면이 7개인 각뿔

ㄴ 꼭짓점이 7개인 각뿔

ㄷ 옆면이 7개인 각뿔

ㄹ 모서리가 12개인 각뿔

(　　　　　)

6. 밑면이 정오각형이고, 옆면이 모두 그림과 같은 이등변삼각형으로 이루어진 오각뿔이 있습니다. 이 오각뿔의 모든 옆면의 넓이의 합은 몇 cm^2일까요?

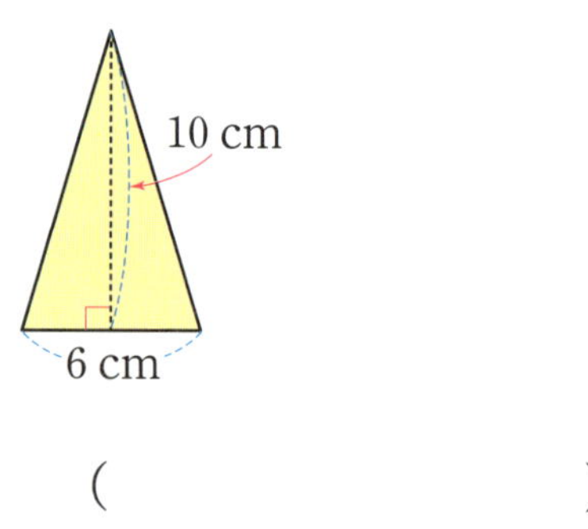

(   )

7. 모서리의 길이가 모두 같은 삼각뿔이 있습니다. 이 삼각뿔의 모든 모서리의 길이의 합은 84 cm일 때 한 모서리의 길이는 몇 cm일까요?

(   )

8. 다음을 만족하는 각기둥의 이름을 쓰세요.

> (꼭짓점의 수)＋(모서리의 수)＝15

(   )

9. 밑면이 정오각형인 오각기둥의 전개도입니다. 이 전개도를 접었을 때 만들어지는 각기둥의 모든 모서리의 길이의 합은 몇 cm일까요?

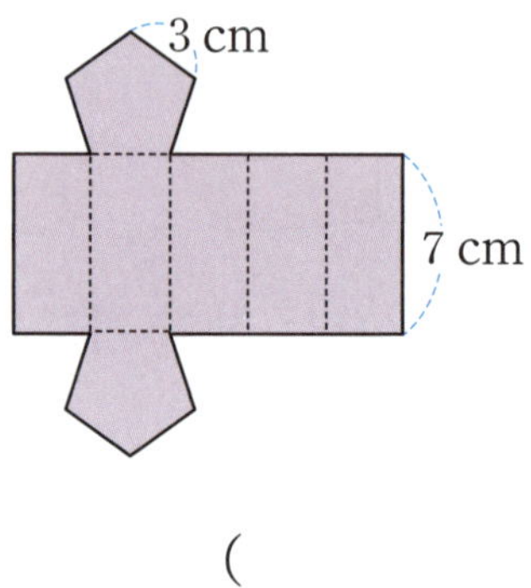

(   )

10. 밑면과 옆면이 다음과 같은 입체도형의 모든 옆면의 넓이의 합은 몇 cm^2인지 풀이 과정을 쓰고, 답을 구하세요. (단, 밑면은 정다각형입니다.)

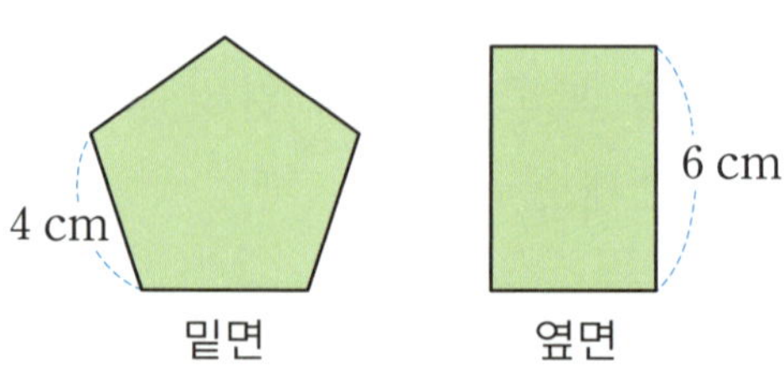

풀이

____

____

____

____

답 _______________________________

1. ☐ 안에 알맞은 수를 써넣으세요.

(1) $72 \div 6 = \boxed{} \Rightarrow 7.2 \div 6 = \boxed{}$

(2) $40 \div 8 = \boxed{} \Rightarrow 4 \div 8 = \boxed{}$

2. 계산해 보세요.

(1) $25.2 \div 4$

(2) $7.68 \div 6$

(3) $1.2 \div 5$

(4) $15.4 \div 7$

3. 계산 결과를 찾아 이어 보세요.

$1.8 \div 2$ •	• 0.75
$3 \div 4$ •	• 0.9
$10 \div 8$ •	• 0.325
$13 \div 40$ •	• 1.25

4. 몫의 크기를 비교하여 ◯ 안에 $>$, $=$, $<$ 중 알맞은 것을 써넣으세요.

(1) $3.24 \div 3 \ \bigcirc \ 6 \div 5$

(2) $14.7 \div 7 \ \bigcirc \ 18.9 \div 9$

5. 몫이 가장 큰 나눗셈식을 찾아 기호를 쓰세요.

㉠ $16.08 \div 8$	㉡ $6.12 \div 3$
㉢ $11 \div 5$	㉣ $8.2 \div 4$

(　　　　　　)

6. 페인트 32.5 L를 사용하여 넓이가 5 m²인 벽을 칠했습니다. 벽 1 m²를 칠하는 데 사용한 페인트는 몇 L일까요? (단, 벽 1 m²를 칠하는 데 사용한 페인트의 양은 일정합니다.)

( )

7. 어떤 소수에서 6을 빼야 할 것을 잘못하여 곱했더니 73.2가 되었습니다. 바르게 계산하면 얼마인지 구하세요.

( )

8. 수 카드 4장 중에서 3장을 골라 한 번씩만 사용하여 (두 자리 수)÷(한 자리 수)의 나눗셈을 만들려고 합니다. 몫이 가장 작을 때의 몫을 소수로 나타내세요.

| 8 | 4 | 7 | 3 |

( )

9. 일정한 빠르기로 한 시간에 54 km를 이동하는 버스가 있습니다. 이 버스가 12분 동안 이동하는 거리는 몇 km인지 소수로 나타내세요.

( )

10. 사탕 공장에서 똑같은 기계 4대가 일정한 빠르기로 5시간 동안 만들 수 있는 사탕은 70.2 kg입니다. 기계 한 대가 1시간 동안 만들 수 있는 사탕은 몇 kg인지 풀이 과정을 쓰고 답을 구하세요.

(단, 기계는 쉬지 않고 사탕을 만듭니다.)

풀이

답

점수　　　/ 100

한 문제당 10점

1. 그림을 보고 ☐ 안에 알맞은 수를 써넣으세요.

(1)

바나나 수의 딸기 수에 대한 비

➡ ☐ : ☐

(2)

빨간 구슬 수에 대한 파란 구슬의 비

➡ ☐ : ☐

2. 비율이 같은 것끼리 이어 보세요.

23에 대한 20의 비	•	•	$\dfrac{23}{20}$
23의 20에 대한 비	•	•	$\dfrac{20}{23}$

3. 전체가 8조각으로 똑같이 나누어진 원 모양의 피자에서 3조각을 먹었습니다. 전체 피자 조각 수에 대한 남은 피자 조각 수의 비율을 분수로 나타내세요.

(　　　　　　　)

4. 지나네 반 남학생은 9명, 여학생은 11명입니다. 지나네 반 전체 학생 수에 대한 남학생 수의 비율을 소수로 나타내세요.

(　　　　　　　)

5. 비율이 더 높은 것의 기호를 쓰세요.

㉠ 15 %	㉡ $\dfrac{4}{25}$

(　　　　　　　)

6. 정우는 자유투를 25번 던져서 18번 성공했습니다. 전체 던진 횟수에 대한 성공한 횟수의 비율은 몇 %인지 구하세요.

(   )

7. 하은이는 960 m를 6분 만에 달리고, 연하는 1160 m를 8분 만에 달립니다. 두 사람이 일정한 빠르기로 달린다고 할 때, 더 빨리 달리는 사람은 누구일까요?

(   )

8. 반 회장 선거에 25명이 참여했습니다. 다영이의 득표율은 몇 %일까요?

후보	다영	윤민
득표 수(표)	11	14

(   )

9. 쇼핑몰에서 정가 50000원인 신발을 38000원에, 정가 40000원인 가방을 31200원에 팔고 있습니다. 신발과 가방 중 할인율이 더 높은 상품은 무엇일까요?

(   )

10. 주영이는 사과와 오렌지를 합하여 20개 샀습니다. 전체 과일 수에 대한 오렌지 수의 비율이 25 %일 때 사과는 몇 개인지 풀이 과정을 쓰고, 답을 구하세요.

풀이

____

____

____

____

답 _______________________________

점수　　/ 100

한 문제당 10점

1. 초등학생 500명이 즐겨 보는 운동 경기를 조사하여 나타낸 띠그래프입니다. ☐ 안에 알맞은 수를 써넣으세요.

즐겨 보는 운동 경기별 학생 수의 비율

0　10　20　30　40　50　60　70　80　90　100 (%)

| 야구 (40 %) | 축구 (30 %) | 농구 (15 %) | | |

배구(10 %)

기타 (5 %)

(야구를 즐겨 보는 학생 수)

=(전체 학생 수)×(비율)

=☐×$\dfrac{☐}{100}$=☐ (명)

2. 어느 어린이 도서관에 있는 책 300권의 종류를 조사하여 나타낸 원그래프입니다. ☐ 안에 알맞은 수를 써넣으세요.

책 종류별 권 수의 비율

기타 (5 %)

만화책 (15 %)

위인전 (35 %)

동화책 (15 %)

과학책 (30 %)

0　25　50　75

(동화책 수)

=(전체 책 수)×(비율)

=☐×$\dfrac{☐}{100}$=☐ (권)

[3~4] 마을 사람 250명이 자주 이용하는 교통 수단을 조사하여 나타낸 띠그래프입니다. 물음에 답하세요.

자주 이용하는 교통수단별 사람 수의 비율

0　10　20　30　40　50　60　70　80　90　100 (%)

| 버스 (40 %) | 지하철 | 자동차 (15 %) | | |

자전거(10 %)

기타 (5 %)

3. 지하철을 자주 이용하는 사람은 전체의 몇 %일까요?

(　　　　　　　　　)

4. 지하철을 자주 이용하는 사람은 몇 명일까요?

(　　　　　　　　　)

5. 윤하네 학교 6학년 학생 120명이 좋아하는 김치를 조사하여 나타낸 원그래프입니다. 물김치를 좋아하는 학생은 깍두기를 좋아하는 학생보다 몇 명 더 많을까요?

좋아하는 김치별 학생 수의 비율

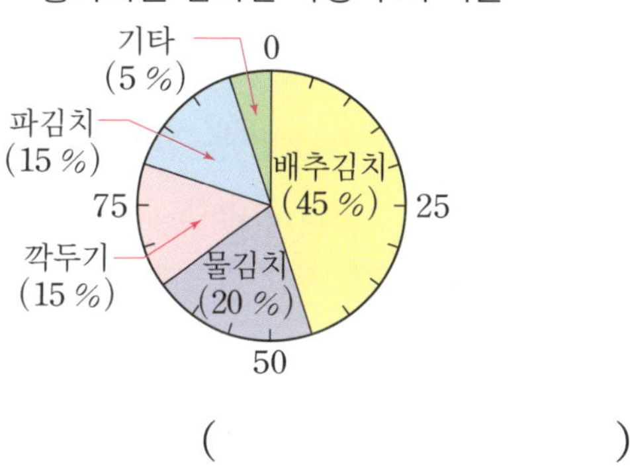

(　　　　　　　　　)

6. 재영이네 학교 학생 320명이 좋아하는 계절을 조사하여 나타낸 띠그래프입니다. 표를 완성하세요.

좋아하는 계절별 학생 수의 비율

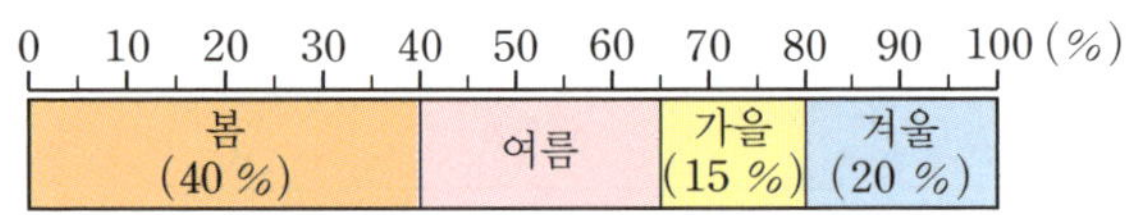

좋아하는 계절별 학생 수의 비율

계절	봄	여름	가을	겨울	합계
학생 수(명)					320

7. 어느 마을의 쓰레기 배출량을 조사하여 나타낸 원그래프입니다. 1월과 2월의 플라스틱 배출량이 각각 24 kg일 때, 1월과 2월의 전체 쓰레기 배출량은 모두 몇 kg일까요?

1월의 쓰레기 배출량의 비율   2월의 쓰레기 배출량의 비율

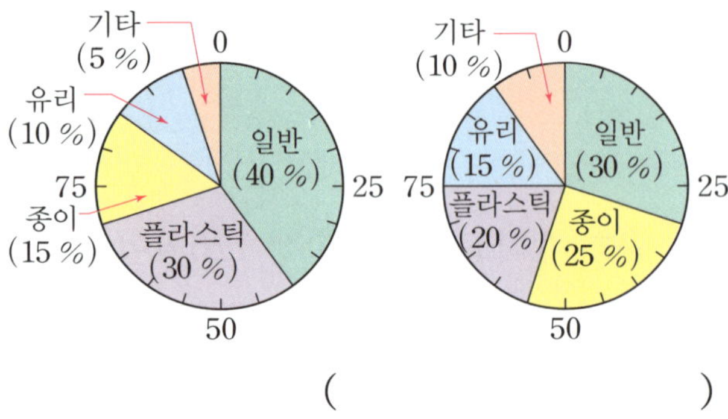

(   )

8. 어느 빵집의 종류별 빵 판매량을 조사하여 길이가 40 cm인 띠그래프로 나타낸 것입니다. 크림빵 판매량은 전체의 몇 %일까요?

종류별 빵 판매량의 비율

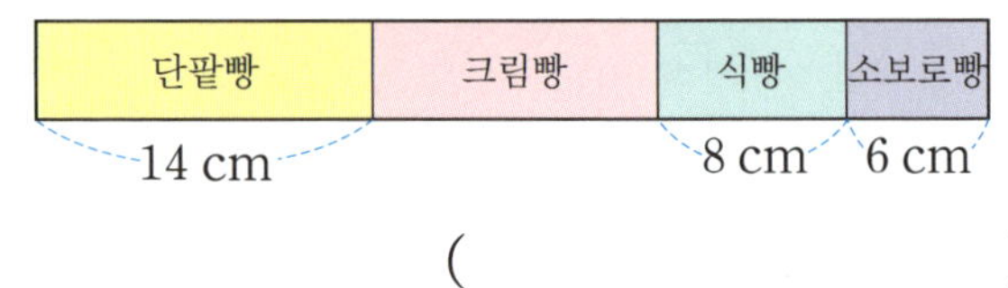

(   )

[9~10] 은지네 학교 학생들이 가고 싶어 하는 체험학습 장소를 조사하여 나타낸 원그래프입니다. 과학관에 가고 싶어 하는 학생이 64명일 때, 물음에 답하세요.

가고 싶어 하는 체험학습 장소별 학생 수의 비율

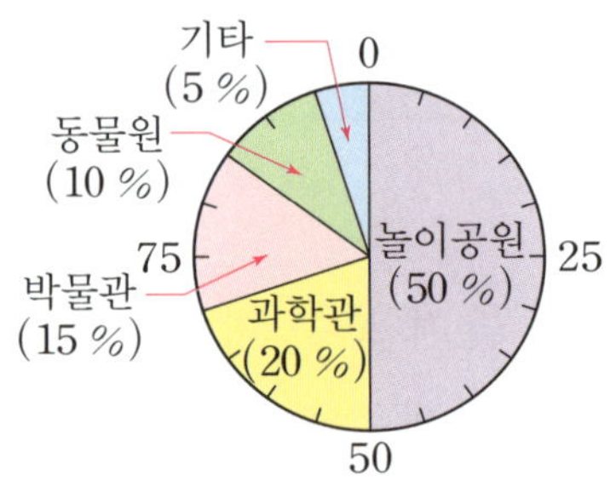

9. 은지네 학교 전체 학생은 몇 명일까요?

(   )

10. 놀이공원에 가고 싶어 하는 학생은 몇 명인지 풀이 과정을 쓰고, 답을 구하세요.

풀이

답

6. 직육면체의 부피와 겉넓이

1. 직육면체의 부피를 구하려고 합니다. ◻ 안에 알맞은 수를 써넣으세요.

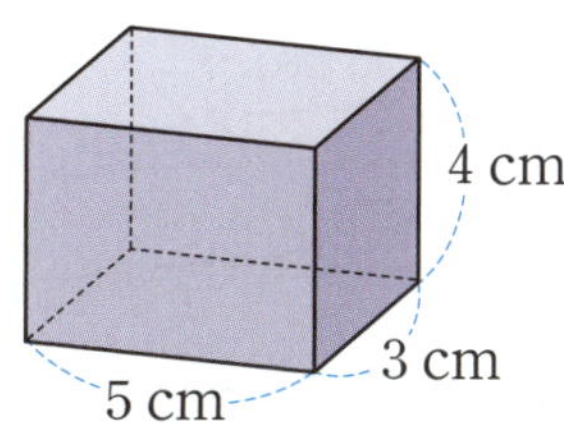

(직육면체의 부피)

=(가로)×(세로)×(높이)

=◻×◻×◻=◻(cm³)

2. 정육면체의 겉넓이를 구하려고 합니다. ◻ 안에 알맞은 수를 써넣으세요.

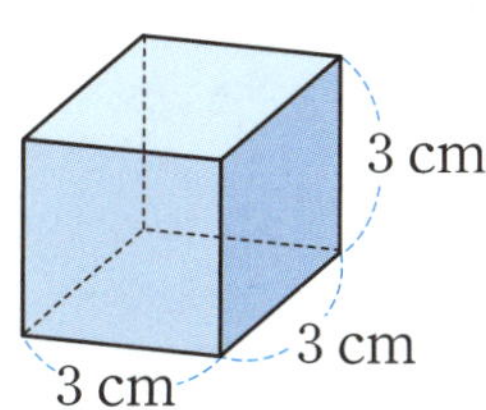

(정육면체의 겉넓이)

=(한 면의 넓이)×◻

=◻×◻×◻=◻(cm²)

3. 다음 전개도를 이용하여 만든 직육면체의 겉넓이는 몇 cm²일까요?

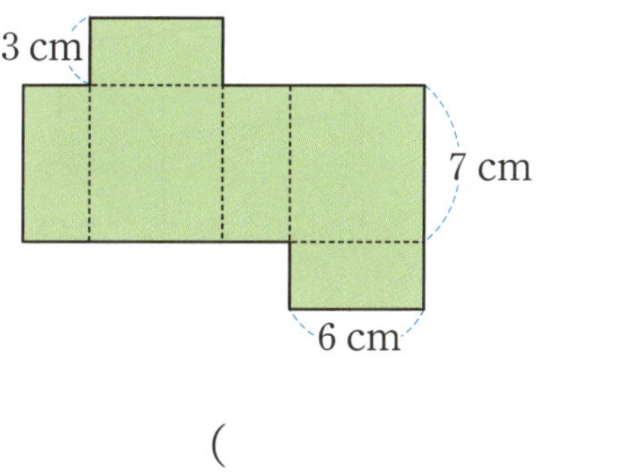

(　　　　　　　　　　)

4. 직육면체의 부피가 다른 하나를 찾아 기호를 쓰세요.

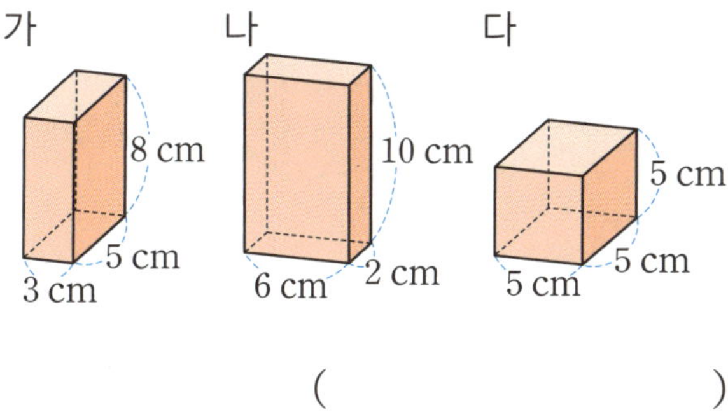

(　　　　　　　　　　)

5. 모든 모서리의 길이의 합이 84 cm인 정육면체가 있습니다. 이 정육면체의 겉넓이는 몇 cm²일까요?

(　　　　　　　　　　)

6. 직육면체의 부피가 168 cm^{3}일 때, 높이는 몇 cm일까요?

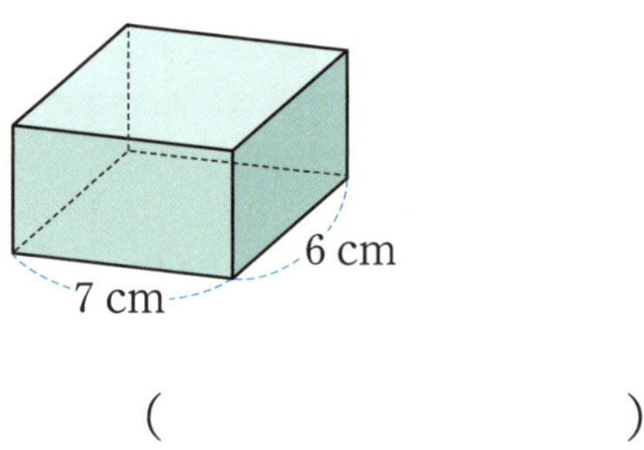

(   )

7. 직육면체의 부피는 몇 cm^{3}일까요?

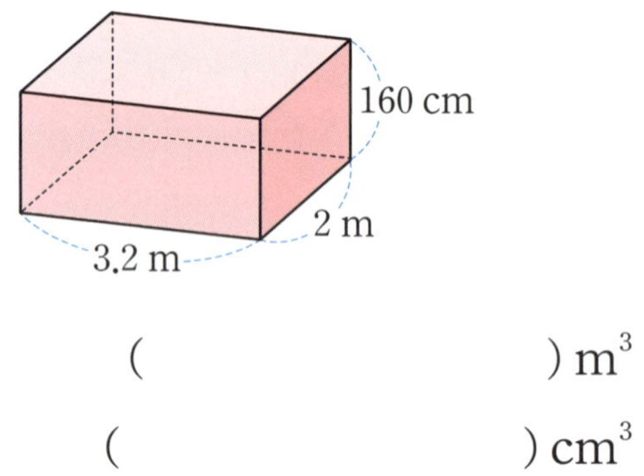

(   ) m^3

(   ) cm^3

8. 겉넓이가 384 cm^{2}인 정육면체가 있습니다. 이 정육면체의 부피는 몇 cm^{3}일까요?

(   )

9. 다음와 같은 입체도형의 부피는 몇 cm^{3}일까요?

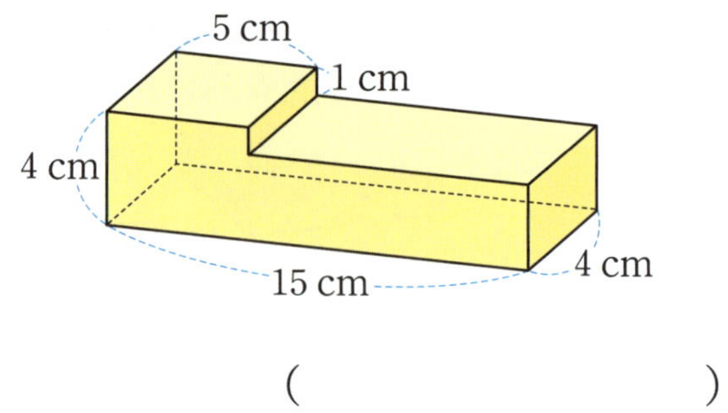

(   )

10. 겉넓이가 168 cm^{2}인 직육면체가 있습니다. 이 직육면체의 가로가 6 cm, 높이가 9 cm일 때 세로는 몇 cm인지 풀이 과정을 쓰고, 답을 구하세요.

풀이

답

빈칸을 채우면 풀이는 저절로 완성!

나혼자푼다 바빠 수학 문장제 6-1

알찬 교육 정보도 만나고 출판사 이벤트에도 참여하세요!

바빠 공부단 카페	인스타그램	카카오톡 채널

cafe.naver.com/easyispub

@easys_edu

이지스에듀 검색!

'바빠 공부단' 카페에서 함께 공부해요!
수학, 영어 담당 바빠쌤의 지도를 받을 수 있어요.

바빠 시리즈 출간 소식과 출판사 이벤트,
교육 정보를 제일 먼저 알려 드려요!